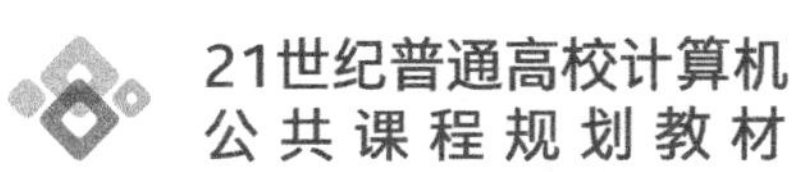

C语言程序设计

孙海洋 编著

清华大学出版社
北京

内 容 简 介

全书共分为 11 章，前 5 章主要介绍了 C 语言的基本语法、基本数据类型、运算符及表达式和三大流程结构，第 6 章引入批量处理数据的类型——数组。本教材从第 7 章开始对函数、指针、自定义类型等 C 语言的精髓和核心进行了重点介绍。第 10 章输入和输出也是综合性且实用性较强的重点章节，第 11 章预处理和位操作在编程中是比较实用的，例如，解决了头文件重复包含等问题及相关位操作。

全书提供了大量应用实例及源代码，每节均对应复习思考题，便于对所学知识及时巩固提高。每章有大量精心设计的习题，均是在例题及复习思考题基础上的提升，且按章节按知识点划分。每章小结均以表格的形式列出本章的重点、难点及易错点，结构清晰，便于读者学习把握。

本教材所有例题、习题均严格遵守业界较通用的编程规范，设计结构合理，思路清晰，注重程序的可读性和健壮性。

本书适合作为高等院校计算机、软件工程、电子、通信、自动化等专业高年级本科生的教材，同时也可作为计算机等级考试的参考用书。

本书为“十三五”江苏省高等学校重点教材，重点教材编号为 2017-2-021。

图书在版编目(CIP)数据

C 语言程序设计/孙海洋编著. —北京：清华大学出版社，2018（2025.7重印）
（21 世纪普通高校计算机公共课程规划教材）
ISBN 978-7-302-48391-5

Ⅰ. ①C… Ⅱ. ①孙… Ⅲ. ①C 语言－程序设计－高等学校－教材 Ⅳ. ①TP312.8

中国版本图书馆 CIP 数据核字(2017)第 216424 号

责任编辑：贾 斌 薛 阳
封面设计：刘 键
责任校对：时翠兰
责任印制：丛怀宇

出版发行：清华大学出版社
网 址：https://www.tup.com.cn，https://www.wqxuetang.com
地 址：北京清华大学学研大厦 A 座　**邮 编**：100084
社 总 机：010-83470000　**邮 购**：010-62786544
投稿与读者服务：010-62776969，c-service@tup.tsinghua.edu.cn
质量反馈：010-62772015，zhiliang@tup.tsinghua.edu.cn
课件下载：https://www.tup.com.cn，010-62795954
印 装 者：天津鑫丰华印务有限公司
经 销：全国新华书店
开 本：185mm×260mm　**印 张**：24.75　**字 数**：603 千字
版 次：2018 年 7 月第 1 版　**印 次**：2025 年 7 月第 5 次印刷
印 数：2701～3000
定 价：69.80 元

产品编号：072914-02

出版说明

随着我国改革开放的进一步深化，高等教育也得到了快速发展，各地高校紧密结合地方经济建设发展需要，科学运用市场调节机制，加大了使用信息科学等现代科学技术提升、改造传统学科专业的投入力度，通过教育改革合理调整和配置了教育资源，优化了传统学科专业，积极为地方经济建设输送人才，为我国经济社会的快速、健康和可持续发展以及高等教育自身的改革发展做出了巨大贡献。但是，高等教育质量还需要进一步提高以适应经济社会发展的需要，不少高校的专业设置和结构不尽合理，教师队伍整体素质亟待提高，人才培养模式、教学内容和方法需要进一步转变，学生的实践能力和创新精神亟待加强。

教育部一直十分重视高等教育质量工作。2007 年 1 月，教育部下发了《关于实施高等学校本科教学质量与教学改革工程的意见》，计划实施“高等学校本科教学质量与教学改革工程(简称‘质量工程’)”，通过专业结构调整、课程教材建设、实践教学改革、教学团队建设等多项内容，进一步深化高等学校教学改革，提高人才培养的能力和水平，更好地满足经济社会发展对高素质人才的需要。在贯彻和落实教育部“质量工程”的过程中，各地高校发挥师资力量强、办学经验丰富、教学资源充裕等优势，对其特色专业及特色课程(群)加以规划、整理和总结，更新教学内容、改革课程体系，建设了一大批内容新、体系新、方法新、手段新的特色课程。在此基础上，经教育部相关教学指导委员会专家的指导和建议，清华大学出版社在多个领域精选各高校的特色课程，分别规划出版系列教材，以配合“质量工程”的实施，满足各高校教学质量和教学改革的需要。

本系列教材立足于计算机公共课程领域，以公共基础课为主、专业基础课为辅，横向满足高校多层次教学的需要。在规划过程中体现了如下一些基本原则和特点。

(1) 面向多层次、多学科专业，强调计算机在各专业中的应用。教材内容坚持基本理论适度，反映各层次对基本理论和原理的需求，同时加强实践和应用环节。

(2) 反映教学需要，促进教学发展。教材要适应多样化的教学需要，正确把握教学内容和课程体系的改革方向，在选择教材内容和编写体系时注意体现素质教育、创新能力与实践能力的培养，为学生知识、能力、素质协调发展创造条件。

(3) 实施精品战略，突出重点，保证质量。规划教材把重点放在公共基础课和专业基础课的教材建设上；特别注意选择并安排一部分原来基础比较好的优秀教材或讲义修订再版，逐步形成精品教材；提倡并鼓励编写体现教学质量和教学改革成果的教材。

(4) 主张一纲多本，合理配套。基础课和专业基础课教材配套，同一门课程有针对不同层次、面向不同专业的多本具有各自内容特点的教材。处理好教材统一性与多样化，基本教材与辅助教材、教学参考书，文字教材与软件教材的关系，实现教材系列资源配套。

(5) 依靠专家，择优选用。在制定教材规划时要依靠各课程专家在调查研究本课程教材建设现状的基础上提出规划选题。在落实主编人选时，要引入竞争机制，通过申报、评审确定主题。书稿完成后要认真实行审稿程序，确保出书质量。

繁荣教材出版事业，提高教材质量的关键是教师。建立一支高水平教材编写梯队才能保证教材的编写质量和建设力度，希望有志于教材建设的教师能够加入到我们的编写队伍中来。

21世纪普通高校计算机公共课程规划教材编委会

联系人：魏江江 weijj@tup.tsinghua.edu.cn

前　言

未来的世界是自动化一统天下的时代，智能控制离不开程序，由于 C 语言是所有高级程序设计语言中最接近硬件且可移植性较好的高效编程语言，其在系统编程和嵌入式开发中具有不可比拟的优势。而且学习 C 语言是进一步学习其他高级编程语言，如 C++和 Java 的基础。

【本书主要内容】

本书共分为 11 章，内容包括 C 语言概述、顺序结构程序设计、运算符与表达式、分支结构、循环结构、数组、函数、指针、自定义类型、输入和输出、预处理和位操作等。

本教材在讲解 C 语言基础知识时，力求简单、明了，并均有对应实例。而对于 C 语言的精髓部分，如函数、指针、自定义类型等做了由浅入深的详细讲解，并设计了大量的例题和实例。

从文件中获取数据进行处理，然后把处理的结果保存到文件中，这可能是多数读者通过学习 C 语言渴望掌握的技能。故本教材把“输入和输出”作为非常重要的章节，该章节涉及对整本教材的复习巩固提高。该章配以大量的常用实例，提高读者的学习兴趣。

第 11 章“预处理和位操作”通常是被 C 语言读者忽略的部分，而该部分在实际的程序开发中占有非常重要的地位，如涉及带参、无参宏定义，以及如何使用预处理命令避免头文件的重复包含等问题。如果能使用位运算代替程序中的乘除等算术运算，将提高运算效率，且能体现掌握 C 语言的深度。

【本书特色】

(1) 把枯燥、复杂的语法概念简单化、实例化。本教材几乎对涉及的所有知识点均设计实例进行讲解，通俗易懂，便于读者自学。

(2) 例题设计具有代表性，把在实际程序开发过程中经常遇到的错误及不规范的语法，均以例题的形式进行分析总结，分析思路详尽，所有实例均提供了源代码，便于读者使用。

(3) 每一节讲解完均有对应的复习思考题，便于对本节重点知识及时巩固提高。

(4) 分章节分知识点设计的课后习题结构，几乎覆盖了所有重要知识点，且均是在例题及复习思考题基础上的提升，能够让读者由浅入深地加深对知识点的理解，便于及时复习巩固知识点的学习。

(5) 本教材所有例题、习题均严格遵守业界较通用的编程规范，设计结构合理，思路清晰，注重程序的可读性和健壮性。

(6) 每章小结均以表格的形式列出本章的重点、难点及常见易错点，结构清晰，便于读者复习把握。

【C语言学习的误区】

(1) 只注重功能实现,不注重编程规范,导致代码的可读性及可维护性较差。

(2) 认为只要编写的代码在编译阶段没有错误,且能运行出正确结果就万事大吉了。编译器不是万能的,尤其是C编译器语法检查不够严格,有些潜在的风险难以发现。且由于测试用例的有限性和片面性,一两次的正确运行结果不能保证程序的绝对正确性。

(3) 不注重代码调试。当发现编译错误时,根据编译器的提示很容易发现并修改,出现结果错误时,采用从前往后逐条分析代码的方法排查错误,认为掌握这种方法和具备这种能力已足够了,而不采用科学的代码调试工具进行排查错误。

(4) 仅为了等级考试,死记硬背枯燥的知识点、套题型,造成学习枯燥,所掌握的全是零散的、片面的知识点的堆砌,只见树木不见森林。

【C语言学习的建议】

(1) 在学习C语言的过程中始终要围绕着锻炼编程思维和解决问题的能力,注重编程素养的提高而进行。

(2) 注重读写。多读程序,不仅只读规范的好程序,从而借鉴优秀程序的优点,还要以批判的精神对不规范,可读性、健壮性差的程序提出修改意见。多写程序,在写程序之前一定要有清晰的算法设计思路,选择好的数据结构和程序结构。运行正确后,要思考改进,久而久之,使用C语言解决问题的能力会得到进一步提高。

(3) 注重调试能力。程序设计中出现错误在所难免,这里所指的错误不仅是C语法错误,还包括逻辑错误。而后者是比较难发现和解决的,要使用调试工具,通过设置断点,进行代码走读,逐步缩小错误源的范围,最终找到并解决。

本书全部章节均由孙海洋编写,在编写过程中得到了黄润生院长、赵志宏院长及其他教师的大力帮助和支持,在此一并向他们表示衷心的感谢!

由于编者水平有限、时间仓促,书中疏漏和不足之处在所难免,恳请专家、读者批评指正。

编著者
2018年于南京大学金陵学院

目　录

第 1 章　C 语言概述

本章学习目标

- 了解 C 语言的起源及发展历史
- 掌握 C 语言的特点
- 掌握编写简单 C 语言程序的方法
- 掌握在集成开发环境 VC++ 6.0 中开发 C 程序的方法和步骤
- 掌握算法的概念及常见的算法描述形式

本章先向读者简单介绍 C 语言的起源及发展史、特点及 C 语言的标准，再通过简单的 C 语言程序举例介绍 C 语言程序的组成，以及在集成开发环境中开发 C 语言程序的方法和步骤。最后简单介绍算法及其基本概念。

1.1　计算机系统

计算机系统由硬件系统和软件系统两部分组成，一般把没有安装任何软件(包括系统软件、应用软件等)的计算机称为“裸机”，“裸机”不能完成任何操作。

软件又称为程序，是计算机能识别和执行的一系列指令的集合。一般包括系统软件(如操作系统等)和应用软件(如办公软件、QQ、WeChat 聊天软件等)。

显然仅是计算机硬件无法完成各功能操作，而如果在计算机硬件上仅安装了单纯的系统软件，只能说此时具备了一个最基本的计算机系统，即搭好了硬件和系统软件平台。但是，该计算机系统依然无法实现聊天、收发邮件、整理 Word 文档等任何具体操作。只有在该平台(硬件+系统软件)上增加各种“角色”(应用软件)，才能实现各种操作，发挥出其巨大价值。

由此可见，若要想使用计算机完成各种功能操作，不仅需要安装系统软件，还必须安装各对应的功能软件。例如，只有安装了 QQ 聊天应用软件后，才可以通过该软件实现 QQ 用户之间的聊天通信功能；只有安装了 Microsoft Office 等相关办公类的应用软件后，才能使用 Word、Excel 等工具辅助日常管理工作；只有安装了绘图应用软件后，才可以实现各种绘图操作功能；只有安装了 VC++ 6.0 等 C 语言集成开发应用软件后，才可以实现编写、运行、调试 C 语言程序的相关操作功能。

综上所述，要使计算机发挥作用，必须在硬件上安装相应的系统软件，即操作系统。然后在该操作系统上安装各种应用软件，来实现各种功能操作。

【复习思考题】

1. 简述计算机系统的组成。

2. 仅在计算机硬件上安装了操作系统后，就可以实现聊天、收发邮件等功能吗？

3. 列举常见的系统软件和应用软件。

4. 买来一台“裸机”，如何让其具备编辑 Word 文档、收发邮件、开发 C 语言程序的各种功能？

1.2 计算机语言与程序设计语言

1.2.1 计算机语言

计算机硬件仅能直接识别由 0、1 组成的二进制序列形式的指令，即通过该二进制指令可以与计算机硬件进行“交流”，故**通常把计算机硬件能够直接识别的二进制指令集合形象地称为“计算机语言”或“机器语言”**。

计算机所能识别和执行的全部指令的集合称为该机器的指令系统，不同型号的计算机的指令系统不同，故机器语言是面向具体机器的语言，不具有可移植性，不便于推广。

计算机硬件直接识别的每条指令均是由 0、1 串组成的，对应机器语言的一条语句，代表一个具体的操作。指令的一般格式为：操作码+地址码。例如在某型号的机器上，指令 1011011000000000 表示执行一次加法操作，而指令 1011010100000000 则表示执行一次减法操作。它们的高 8 位表示操作码，而低 8 位表示地址码，即对某个地址空间做相应操作。而在其他型号的机器上，可能无法识别上述加减操作对应的二进制指令。

综上所述，计算机硬件仅能直接识别机器语言这唯一的“母语”，且机器语言是面向具体机器的，不具有可移植性。

【复习思考题】

1. 什么是计算机语言？

2. 若查询并掌握了某机器上对应的二进制序列形式的加法指令，是否可以使用该指令在其他类型机器上执行加法操作？为什么？

1.2.2 程序设计语言及其发展

1. 程序设计语言

如前所示，人们通过使用各种软件或称程序来控制计算机硬件完成各种功能操作。而编写这些软件的过程称为编程或程序设计，**把程序设计过程中使用的一系列符号及相关规则的集合称为程序设计语言**，而把编写程序的人通常称为“程序员”或“编程者”或“程序设计者”。

2. 低级语言阶段

编程者可直接使用机器语言进行编程来实现某种功能。由于机器语言直接被硬件识别和执行，故执行效率极高；但由于其对应 0、1 二进制序列指令烦琐难记、可读性差，且不可移植，故直接采用机器语言进行编程的效率极低，且对编程者的专业化训练程度要求非常高。因此，采用机器语言作为程序设计语言，不便于计算机的普及和发展。

后来设计出了**使用一些特定符号来代替机器语言中二进制指令的程序设计语言,称为汇编语言(Assembly Language)或符号语言**。在汇编语言中,使用助记符(Memoni)代替机器语言中的操作码,例如,使用 ADD 表示加法操作、SUB 表示减法操作、MOVE 表示传送指令等;使用地址符号(Symbol)或标号(Label)代替地址码,故汇编语言也称为符号语言。

使用汇编语言编写的程序,计算机硬件并不能直接识别和执行,需要由一种中间程序将汇编语言编写的程序翻译成该机器语言对应的 0、1 指令后才能被识别和执行,这种起翻译作用的中间程序称为汇编编译器或汇编程序,把汇编语言翻译成机器语言的过程称为编译或汇编。

通常,把除机器语言外的其他编程语言"翻译成"另一种语言(通常为低级语言)的程序或软件,称为编译器。例如,把汇编语言转换成机器语言的程序就是一种汇编编译器。这种转换的过程称为编译。

和机器语言一样,汇编语言也依赖于具体的机器类型,具有不可移植性。一般把机器语言和汇编语言称为低级语言。

3. 高级语言阶段

把接近于人类自然语言和数学语言且不依赖于具体硬件的编程语言,称为高级语言。

通常,把除了机器语言和汇编语言外的其他编程语言,均称为高级语言。例如,要实现两个数相加的操作功能,用 C 语言可表述为 c=a+b;。该语句使用了数学中的加运算符+,非常接近人们的数学思维。仅通过该语句就容易看出编程者的意图。再比如,实现"如果某学生成绩大于等于 90 分,则打印输出优秀"的功能,使用 C 语言可以表示为:

```
if(score>=90)
    printf("该同学成绩等级:优秀!\n");
```

在英语中 if 为"如果"的意思,printf 也较容易看出是实现"打印"的功能,该 C 语言程序就像是人类对某实际问题思维或算法思想的一种"直接翻译"。

同汇编语言一样,所有高级语言都不能直接被计算机硬件识别和执行,都必须通过编译器,最终转化为机器语言对应的二进制指令形式。

高级语言执行效率不如低级语言高,但其编程效率明显高于低级语言,且便于掌握和推广。

高级语言与低级语言相比,具有如下优点。

(1) 由于高级语言比较接近人类自然语言和数学语言,更容易学习和掌握。

(2) 高级语言摆脱了低级语言对硬件的严重依赖性,具有较好的可移植性。

(3) 高级语言采用结构化程序设计,编写代码的可读性及可维护性较高。

(4) 高级语言提供了较丰富的运算符和表达式,便于编程者较灵活地使用该语言表达自己的设计思想。程序开发周期短、开发效率较高。

4. 常见的高级语言

自从 1954 年美国 IBM 公司的 John Backus 开发并发布了世界上第一个高级程序设计语言 FORTRAN 之后,各种高级程序设计语言接踵而至,至今六十多年来,世界范围内已公布的高级程序设计语言就有数百上千种之多。

比较优秀且影响力较大的高级程序设计语言有数十种,常见的如 C、C++、Java、C#、VB、

Delphi、Pascal、Python、Perl、Ruby等。

【复习思考题】

1. 计算机硬件能直接识别C语言等高级语言吗?

2. 什么是计算机语言?什么是程序设计语言?

3. 什么是编译器?

4. 什么是高级语言?与低级语言相比,高级语言的优点是什么?

5. 列举常见的高级程序设计语言的名称。

1.3 C语言的起源及特点

1.3.1 热衷游戏与UNIX的起源

1964年,由美国通用电气公司和麻省理工学院发起了一个合资项目,该项目旨在开发一套能运行在GE-645等大型主机之上的多用户、多任务的分时操作系统,简称MULTICS。1965年,贝尔实验室派出开发人员Ken Thompson等也加入了该项目,虽然项目期间发布了一些版本的MULTICS产品,但由于运行性能较差,1969年该项目以失败告终。

由于Ken Thompson酷爱游戏及游戏编程,他在项目MULTICS期间编写了一款名叫"星际旅行"(Star travel)的游戏,并运行在该MULTICS系统上,但运行速度非常慢,且耗费昂贵。

1969年MULTICS项目宣告失败后,Ken Thompson没有放弃其游戏的梦想,他在贝尔实验室的库房中,找到一台闲置的PDP-7裸机,但由于缺少操作系统,无法在该PDP-7上运行其游戏。在Dennis Ritchie的帮助下,他使用汇编语言为该PDP-7编写了一个操作系统雏形,并把其游戏成功运行在了该操作系统之上。该操作系统体现出了很多优势,受MULTICS项目开发经验的启发,Dennis Ritchie和Ken Thompson在该游戏操作系统雏形的基础上,进一步完善和开发新功能,最终于1970年开发出了一款新的多用户、多任务操作系统,称为UNIX操作系统。

综上所述,1969—1970年,美国贝尔实验室的Ken Thompson和Dennis Ritchie等使用汇编语言编写了第一个版本的UNIX操作系统。

【复习思考题】

1. 简述MULTICS项目的发起者和参与者及该项目的目标。

2. 裸机上能运行游戏吗?如果不能,指出其缺少的条件。

3. UNIX操作系统最初是由哪种程序设计语言编写的?

1.3.2 UNIX的改进与C语言的起源

由于UNIX操作系统良好的性能,在其发布初期,就得到迅速的推广和应用。1973年,Ken Thompson和Dennis Ritchie在做系统内核移植开发时,感觉使用汇编语言很难实现。后来决定使用一种称为BCPL(Basic Combined Programming Language)的语言进行开发,在开发过程中,他们在BCPL的基础上做了进一步的改进,推出了B语言(取BCPL第一个字母)。后来发现使用B语言开发的UNIX内核,还是无法达到他们的预期要求,于是在B语言的基础上，做了进一步的改进，设计出了具有丰富的数据类型，并支持大量运算符的编程语言。改进后的语言较B语言有质的飞跃，取名为C语言，并使用C语言成功重新编写了UNIX内核。

至此，使用C语言编写内核的UNIX版本已相当稳定，且具有良好的可移植性，为UNIX的进一步推广和普及奠定了坚实的基础，也展现了C语言与UNIX的完美结合及C语言在编写系统软件时得天独厚的优势。

由此可见，C语言的起源与UNIX的改进是密不可分的，也体现了C语言在编写系统软件时的优势。

【复习思考题】

1. 简述C语言的起源。

2. 为什么说C语言在编写系统软件时有独特的优势？

1.3.3 C语言的特点

C语言之所以在过去几十年的发展中一直是最受欢迎的编程语言之一，主要原因在于它较其他的编程语言具有较明显的优点。当然任何事物都不是完美的，C语言也不例外，它也有自身的缺点。

1. C语言的优点

C语言相对于低级语言及其之前的高级语言，具有如下优点。

(1) 最接近硬件的高级语言：允许直接访问物理地址(对位进行操作)，对硬件进行操作，**C语言是最接近硬件且可以高效操作硬件的高级语言**。故可用来编写系统软件，如前所述，使用C可以编写出高性能的UNIX系统。正是由于该特性，C也被称为介于高级语言与低级语言之间的中级语言。

(2) 可移植性：使用C语言编写的程序可以较方便地移植到其他类型的机器上运行。但单纯的可移植性不能说是C语言的优点，因为其他高级语言也都具有良好的可移植性。C语言的可移植性的优势应该体现在用作底层系统软件的开发时。

(3) 高效性：C语言接近硬件，与汇编语言相似可高效地操作硬件；C语言语法灵活，同时，使用C语言编写的程序具有良好的结构，故使用C语言具有较高的开发效率；把C语言编写的程序转换为机器语言对应的二进制指令的效率仅略低于汇编语言，明显高于其他编程语言。

(4) 灵活性：C语言提供了丰富的运算符、数据类型和表达式，且语法限制少，设计自由度大，故可以灵活地进行程序设计。但从另一个角度看，过度的自由会造成所编程序不规范，埋下安全隐患。

注意：除了是最接近硬件的高级语言外，其他的优点仅是相对于C语言之前的编程语言而言的。

2. C语言的缺点

C语言的主要缺点是类型检查不严格，如存在宏定义等语法；对数组下标越界不做检查；由于程序设计的自由度过大，语法检查不严格，在编程过程中，很容易编写出不规范的程序，埋下隐患；运算符及其优先级过多，如稍有不慎，可能造成错误。

【复习思考题】

1. 为什么强调 C 语言的好多优点是相对于其之前出现的编程语言的？
2. 与 C 之前的编程语言相比，C 语言主要有哪些优点？
3. 相对于所有高级语言，C 语言最大的优势是什么？
4. C 语言的缺点是什么？

1.4 C 语言的标准化

1978 年，Brian Kernighan、Dennis Ritchie 合作编写了 *The C Programming Language*，由于当时缺少关于 C 语言的正式标准，该书自然也就成了 C 语言事实上的标准，该书中对 C 语言特性的表述也被奉为“经典 C”或称“K&R C”。

然而“K&R C”对 C 语言的一些特性的描述还比较模糊，可能存在多种实现方式，从而出现了 C 语言的各种“方言”，这势必会影响 C 语言的普及性和可移植特性；C 语言比其他语言更依赖于 C 库函数，而“K&R C”中没有定义 C 库函数。因此，对出现一个“统一规范的 C 标准”的需求愈来愈强烈。

1.4.1 ANSI C/ISO C 标准

1983 年，美国国家标准协会 ANSI (American National Standards Institute) 成立委员会，制定 C 语言标准，该标准于 1989 年被正式采用，该 C 语言标准被称为 ANSI C 或 C89，这个标准 (ANSI C/C89) 定义了 C 语言 (特性、规范) 和标准 C 库。

1990 年，国际标准化组织 ISO (International Organization for Standardization) 也采纳了 ANSI C/C89 作为 C 的标准，称为 ISO C/C90。由此可见，ANSI C/C89 与 ISO C 本质上是同一个标准，由于 ANSI C 出现时间早，故通常称 ANSI C 为第一个官方 C 标准。

1.4.2 C99 标准

1999 年，国际标准化组织 ISO 和国际电工委员会 IEC (International Electro-technical Commission) 组建的 C 语言标准委员会发布了 C 的第二个官方标准，称为 C99 标准。

C99 是在 C89 的基础上提出的，该标准较 C89 增加了一些新的特性，如支持单行注释、增加了基本数据类型及关键字、丰富了 C 标准库等，这些特性将在后续章节中介绍。有些特性与 C++非常类似。

C99 新增的一些特性在原来的编译器上可能还不支持，只有采用支持 C99 标准的编译器，方可使用 C99 增加的新特性。

1.4.3 C11 标准

2011 年，国际标准化组织 ISO 和国际电工委员会 IEC 在 C99 标准的基础上发布了 C 的第三个官方标准，称为 C11 标准。

C11 进一步提高了对 C++的兼容性，较 C99 又增加了一些新特性，如支持多线程、静态断言等。

本教材以 ANSI C 为主，并对 C99 新增特性做简单说明，对 C11 新增特性不做讲解。本教材中所有例程的运行结果均是在 VC++ 6.0 集成开发环境下进行的。

【复习思考题】

1. 什么是"经典 C"或"K&R C"？

2. ANSI 是什么意思？写出其英文全称。

3. 简述 C 语言的三个官方标准 ANSI C/C89、C99、C11。

1.5 简单的 C 语言程序举例

1.5.1 C 语言程序的结构

通过以下简单的 C 语言程序，了解 C 语言程序的结构和设计方法。

例 1 要求在屏幕上打印输出如下信息：

```
hello,world!
```

【程序代码】

```
/*如下程序被认为是初学者学习 C 语言的经典入门程序,该程序的功能是在屏幕上打印输出:
hello,world!,让我们开启探索 C 语言奥秘之旅吧!*/
#include<stdio.h>                    /*预处理包含指令*/
int main(void)
{
    printf("hello,world!\n");        //调用打印函数 printf
    return 0;
}
```

【运行结果】

```
hello,world!
Press any key to continue
```

关于该程序的几点说明如下。

1. 函数

C 语言程序是由一系列函数组成的，函数之间相互调用，实现相应功能。C 语言程序必须包含唯一一个 main 函数，且程序的执行总是从 main 函数开始，到 main 函数结束。

int main(void)为 main 函数首部或称函数头，函数头包括三部分：函数名字 main、参数列表为 void、函数返回值类型为 int。

int 指明了 main 函数的返回类型为整型，与结尾的 return 0;相对应，该整型值返回给操作系统。

main 后面的圆括号内为传递给 main()函数的参数信息，void 表明参数为空。另外一种为带参数的 main 函数，如 int main(int argc,char *argv[])，运行时，可通过控制台将参数传递给 main 函数。本教材只讨论不带参数的 main()函数。

ISO C 支持 main() {…}这种写法，但 C99 并不支持该不规范写法；int main() {…}这种写法，编译器可能不报错，但该写法不属于任何标准。

为了确保代码的规范性和可移植性，本教材所有例题及程序均采用 C99 规定的 int main(void){⋯}标准写法。

2. 函数体

用一对大括号括起来的称为函数体，即：

```
{
    函数体
}
```

该例中大括号里的内容为 main 函数的函数体。该 main 函数的函数体由输出函数 printf 调用语句及 return 语句两条语句组成。

3. printf 库函数

printf 是格式化输出函数，可实现向标准输出设备屏幕打印信息的功能，是属于 C 标准库的函数，定义在标准输入输出 stdio.h(standard input & output)头文件(header)中，若要使用该函数，必须包含该函数定义所在的头文件#include<stdio.h>。

printf("hello,world!\n");把双引号里的内容输出到屏幕上，'\n'是转义字符，表示换行符，即把光标移动到下一行的开始。

关于 printf 函数的其他使用方法将在后续章节中介绍。

4. #include 和头文件

```
#include<stdio.h>
```

#include 是 C 预处理包含指令，C 编译器在对源代码编译前所做的准备工作称为预处理。

#include<stdio.h>相当于在编译前，把 stdio.h 文件的内容复制到此处替换该预处理包含指令。

#include<>与#include""的区别：前者表示直接到系统目录下搜索相应头文件，搜索不到则报错。标准库提供的头文件通常采用#include<>方式包含。后者表示先在当前目录下搜索头文件，如果当前目录下搜索不到，再到系统目录下搜索。用户自己定义的头文件一般采用#include""方式包含。本例中 stdio.h 是标准库里的文件，故采用#include<>方式包含。

5. 运行结果

第一行 hello,world!是程序的运行结果，第二行 Press any key to continue 是 VC++ 6.0 默认特性，目的是为了让运行结果窗口暂停，以便于观察，直到按下任意键该窗口才消失。在某些集成开发环境中，可能默认没有该功能，运行结果会一闪而过，不便于观察验证。在调试过程中，一般通过增加暂停函数如 getch()或 system("pause")以便达到让输出窗口暂停的效果。调用 getch()需使用#include<conio.h>；调用 system("pause")需使用#include<stdlib.h>。

6. 注释

为了增强程序的可读性，需要为代码增加必要的注释，C 语言支持多行注释(块注释)和单行注释(C99 标准)。在编译时，注释部分将被忽略，不参与编译。

多行注释(块注释)的格式为：

```
/* … */
```

包含在/*与*/之间的内容即为注释内容，在编译时注释部分被编译器忽略。该注释内容可写在单行里，也可以分写在多行里，但不能嵌套注释。一般函数功能简介等较长的注释内容采用多行注释。下面的两例注释均是正确的。

```
/*预处理包含指令*/
/*如下程序被认为是初学者学习 C 语言的经典入门程序，该程序的功能是在屏幕上打印输出：
hello,world!，让我们开启探索 C 语言奥秘之旅吧！*/
```

如下三例注释均是错误的。

```
该注释缺少开始标志，是错误的*/
/*该注释缺少结束标志，也是错误的
/*注释不能/*嵌套*/，故该例是错误的*/
```

另外，/与*之间以及*与/之间均不允许有空格。

C99 新增了支持单行注释的特性，单行注释的格式为：

```
//…
```

单行注释从//开始到本行结束均被视为注释内容。

当注释内容较短时，一般使用单行注释方式。例如：

```
//调用打印函数 printf
```

当注释内容一行写不下时，也可以采用单行注释的方式，但每行开始都必须包含标识。例如：

```
//如下程序被认为是初学者学习 C 语言的经典入门程序，该程序的功能是在屏幕上打印输出：
//hello,world!，让我们开启探索 C 语言奥秘之旅吧！
```

为了保持编程风格的一致性，建议在一个程序内，尽量不要把这两种注释方式交叉使用。

1.5.2　C 语言的编程风格与规范

C 语言语法限制较少，一方面使得 C 语言设计灵活，另一方面，如果程序设计人员没有遵循良好的编程规范，编写出的程序可能杂乱无章，可读性及可维护性较差。

只有长期坚持遵循一定的编程规范，形成良好的编程风格，才能逐渐培养良好的编程素养。良好的编程规范可以增强代码的可读性，提高可维护性，锻炼严谨的思维。

本教材采用多数大型 IT 公司较通用的编程规范，具体会在后续章节中详细介绍。

1.6　C 语言程序设计的一般步骤

1. C 语言程序设计的一般步骤

使用 C 语言进行程序设计，首先要把实际问题进行抽象，理清逻辑，选择合适的数据组织形式和程序结构。在开发环境中编辑代码，编译、链接、运行程序。然后使用多组数据测试该程序，如果运行结果不正确，使用调试工具对程序进行调试，直到正确为止。如果后续在该程序的基础上增加新的功能，则还需要代码的维护和升级。

在集成开发环境中，从编辑到得到正确的运行结果一般需要经过以下步骤。

1）编辑

把抽象出的问题描述按照C语言的语法编写成代码输入到文本编辑器的过程叫编辑，编辑C语言文件的扩展名为.c，如f.c，编辑C++语言文件的扩展名为.cpp。该文件称为源程序文件。

2）编译

编译是由编译器(Compiler)把源代码文件转换为扩展名为.obj的二进制目标代码文件的过程，如f.obj，目标代码文件还不能被直接执行。

3）链接

链接器(Linker)负责把目标代码文件和相关库函数等链接生成扩展名为.exe的可执行文件，如f.exe。在一些集成开发环境中，选中某个选项可同时完成编译和链接操作。

4）运行

在Windows系统下可以直接双击扩展名为.exe的可执行文件，即可运行。在集成开发环境(IDE)如VC++ 6.0中，可以通过菜单选择来运行该可执行文件。

5）测试及调试

得到运行结果并不一定说明程序是正确的，同样某次或某几次运行结果正确也不能说明程序没问题。要进行系统的测试，编写测试用例，覆盖尽可能多的输入情况，尤其是边界情况，发现问题应及时进行调试，直到解决问题为止。

6）代码维护或升级

由于测试过程中所设计的测试用例不可能覆盖所有情况，有些错误(Bug)可能在程序运行一段时间后才暴露出来，或者用户需要在原来功能的基础上添加新的需求，因此代码的维护和升级也是程序开发设计的一个重要环节。

2. C语言集成开发环境

早期开发C语言程序时，编辑器、编译器、链接器等程序并没有集成在一起，需要分别调用，实现起来比较烦琐，影响开发效率。

集成开发环境(Integrated Development Environment，IDE)是方便程序开发的应用程序。IDE是集源程序编辑、编译、链接、执行及调试等多项功能于一体的软件开发环境，且采用可视化的图形用户界面形式，直观方便。

Windows平台下，开发C语言程序较常用的IDE有以下几个。

(1) Microsoft Visual C++简称VC++，如VC++ 6.0。这几乎是一款C语言初学者必备的集成开发环境，操作方便，但不支持C99标准。

(2) Microsoft Visual Studio简称VS，如VS 2013、VS 2015等。VS是比较流行的一款集成开发环境。最新版本支持C99标准。

(3) Code::Blocks是较优秀的新兴集成开发环境，可支持C99标准。

本教材所有程序均采用VC++ 6.0集成开发环境。在VC++ 6.0环境中开发C程序时，是以项目或工程为单位管理程序的。本教材附录A中，介绍了在VC++ 6.0开发环境中，创建工程，编辑、编译、运行、调试程序的方法和步骤。

【复习思考题】

1. 简述 C 语言程序设计的一般步骤。

2. C 语言编译后产生的目标代码文件的扩展名是什么？该文件可以运行吗？

3. 列举较流行的 C 语言集成开发环境。

4. 掌握附录 A 中在 VC++ 6.0 中开发 C 语言程序的方法和步骤。

1.7 算　　法

1.7.1 算法的概述

1. 算法定义

算法是描述求解问题的有效、有限操作步骤的集合。简言之，算法就是求解问题的方法、步骤。

2. 算法的性质

算法一般有 5 个性质即输入性、输出性、有限性、确定性、可执行性。

(1) 输入性：算法可以有零个或多个输入。像打印“hello,world!”时不需要其他输入，且输入不一定局限于从键盘输入的数据，单击鼠标产生的事件、在程序中为变量赋的值，或其他算法的输出结果等均可作为算法的输入。

(2) 输出性：算法必须有一个或多个输出。该输出不局限于在屏幕上打印输出数据，任何有意义的操作均可以理解为算法的输出。算法当用于控制其他程序或控制硬件时，产生的控制操作就是该算法的输出。如果没有输出，则只能称为是毫无意义的一段代码，不能称之为算法。

(3) 有限性：算法必须在有限的操作步骤内实现其功能，不能是无限的。

(4) 确定性：算法中每条指令均是有确切含义的，不能是模棱两可的，不能有歧义性。即对于相同的输入，每次运行的结果也相同。

(5) 可执行性：算法中每个操作步骤及整体算法在现有条件下都是可执行的。

3. 算法设计的目标

同一个实际问题，可能有不同的求解算法，一般从如下 5 个方面衡量一个算法的优劣：正确性、可读性、健壮性、高时间效率、高空间效率。这也就是算法设计的追求目标。

(1) 正确性：正确性是一个算法追求的最基本的目标，也是判断一个算法优劣的重要标准。

(2) 可读性：为算法中比较隐晦的步骤或思路加上适当的注释，可增强算法的可读性。

(3) 健壮性：一个健壮的算法不仅体现在当用户输入合法数据时能得到正确结果，更应该体现在当用户有意或无意输入非法数据时，能做出适当的提示或恰当的响应，而不至于系统崩溃。

(4) 高时间效率：同一问题的不同算法，在相同条件下(相同输入数据，相同机器等条件)，执行的速度越快，其时间效率越高。

(5) 高空间效率：同一问题的不同算法，在相同条件下（相同输入数据，相同机器等条件），执行同样的操作，需要的内存空间越少，其空间效率越高。

关于算法的更深入的知识将在后续课程“数据结构”中详细讲解。

【复习思考题】

1. 简述算法的定义及性质。

2. 算法可以没有输出吗？

3. 算法追求的设计目标是什么？

4. 正确性是算法的性质还是追求目标？

1.7.2 算法的表示

算法可以使用多种表述方法，常见的有流程图、N-S 图、伪代码、程序设计语言等描述方法。

1. 流程图

流程图描述法就是使用规定的流程图符号来描述算法思想。常见的流程图符号如图 1-1 所示。

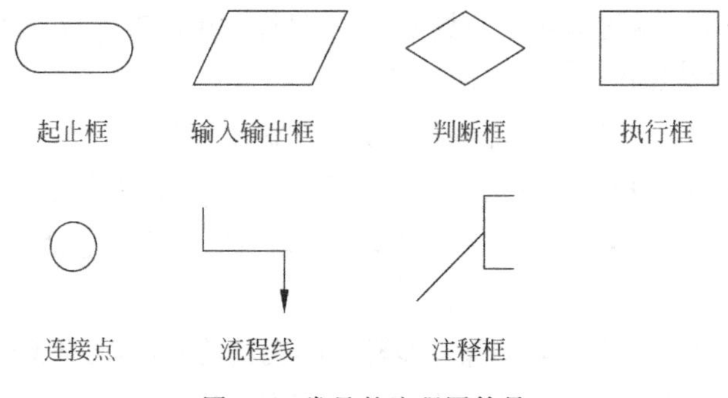

图 1-1 常见的流程图符号

例 2 从键盘输入一个学生的成绩，并判断，如果该成绩大于等于 60 分时，输出“及格”；否则输出“不及格”。请用流程图描述该算法。

【分析】

(1) 一般使用流程图描述算法时，开始和结束都有起止框。

(2) 题目要求从键盘输入数据，故必须先定义保存该数据的容器即变量 sc，而变量定义属于执行操作，故选择执行框定义变量。

(3) 执行输入成绩操作，选择输入输出框。

(4) 对输入的成绩进行判断，是否大于等于 60 分，判断结果只能有两种，要么是(Y)要么否(N)，即判断框有两个输出分支。

(5) 再次调用输入输出框输出“及格”“不及格”。

(6) 输出结果后，两条分支均结束算法。

该算法的流程图如图 1-2 所示。

【流程图】

开始
定义保存成绩的变量sc
输入成绩到sc中
sc≥60?
Y
N
输出：及格
输出：不及格
结束

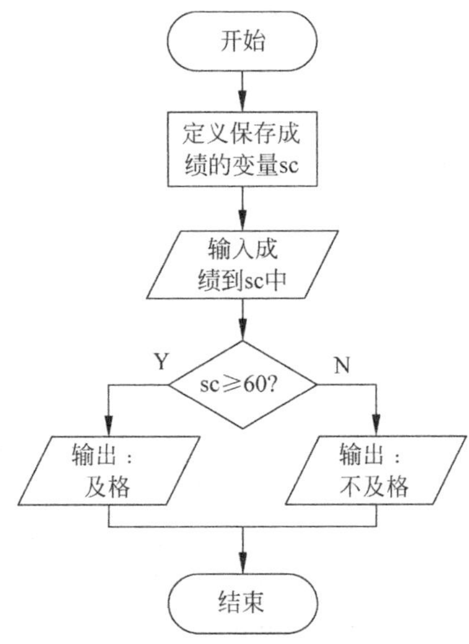

图 1-2　成绩判断流程图

2. N-S 图

C 语言程序的流程结构主要有三种：顺序结构、分支结构、循环结构。每种类型对应不同的 N-S 图符号。

(1) 顺序结构：程序流程按照从上到下的顺序依次执行。

(2) 分支结构：程序的流程会根据条件判断的结果进行分支执行。

(3) 循环结构：分为两种，一种是只有当满足一定条件时，才重复执行某操作（循环体），条件不满足时，停止执行。在 C 语言中，while 循环和 for 循环都属于此类。

另一种是先执行一次该操作，再判断条件是否成立，若条件满足，则继续执行，直到条件不满足为止。在 C 语言中，do-while 循环属于该类型。

关于循环的相关知识，将在“循环”章节详细讲解。目前仅了解即可。

C 语言不同流程结构对应的 N-S 图符号如图 1-3 所示。

使用 N-S 图描述的判断学生成绩算法的框图如图 1-4 所示。

操作A
操作B
顺序结构
条件
是
否
操作A
操作B
分支结构
循环条件
循环体
while、for循环
循环体
循环条件
do-while循环

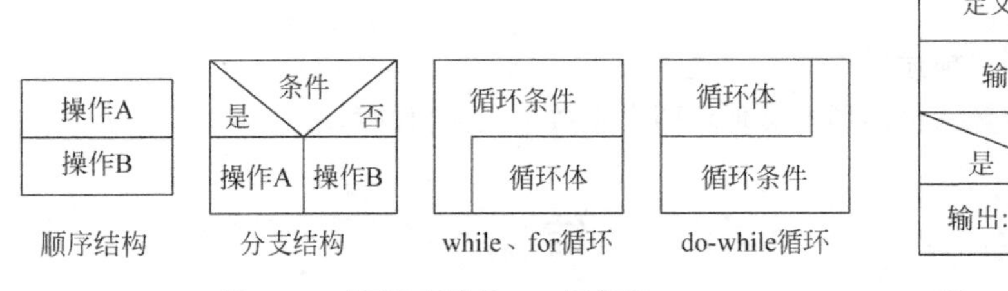

图 1-3　不同程序结构 N-S 图符号

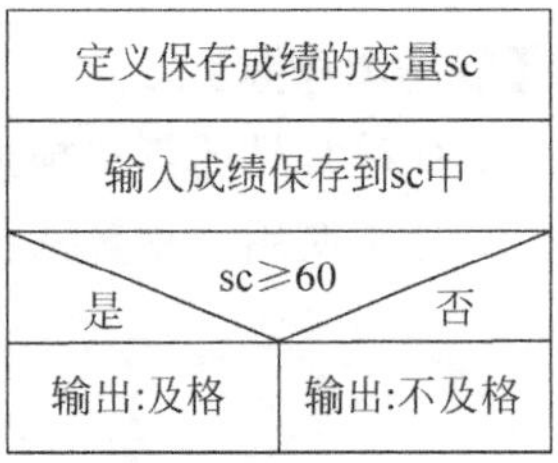

定义保存成绩的变量sc
输入成绩保存到sc中
sc≥60
是
否
输出:及格
输出:不及格

图 1-4　成绩判断 N-S 图

3. 伪代码

使用一种仿程序设计语言来描述算法，以便于把使用该伪代码描述的算法较方便地转换为某种编程语言(C、C++、Java 等)描述的算法。伪代码形式并没有严格的格式要求。

描述判断学生成绩算法的伪代码形式如下。

【伪代码描述】

```
Begin
    int sc;
    Input score;
    if(sc>=60)
        Print "及格"
    else
        Print "不及格"
End
```

4. 程序设计语言

使用某种具体的程序设计语言,如 C、C++、Java 等描述算法,这种形式描述的算法,可以直接在计算机中运行验证。前面几种算法描述方法,在一定意义上都是为将其转换成使用程序设计语言描述的算法做准备的。本教材所有例题对应的算法都含有采用 C 语言描述的形式。

描述判断学生成绩算法的 C 语言描述形式如下。

【C 语言描述】

```
#include<stdio.h>
int main(void)
{
    int sc;
    printf("Input the score:\n");      //提示输入成绩
    scanf("%d",&sc);                   //输入成绩
    if(sc>=60)
        printf("及格\n");
    else
        printf("不及格\n");
    return 0;
}
```

【复习思考题】

1. 列举常见的算法描述形式。
2. 分别使用 4 种算法描述形式实现求两个整数中最大值的算法。

小　　结

本章首先介绍了 C 语言的起源和特点及标准化,接着通过简单的 C 语言程序例子,了解 C 语言程序的结构,然后介绍了开发 C 语言程序较常用的集成开发环境 Visual C++ 6.0,最后介绍了算法及描述算法的几种常见形式。本章知识点小结如表 1-1 所示。

表 1-1　本章主要知识点梳理

知　识　点	说　　明
计算机语言与编程语言	计算机只识别 0、1 串组成的二进制机器指令，即机器语言，而不能直接识别 C、C++、Java 等编程语言编写的代码。代码必须经过编译器编译后，最终转化为机器指令，计算机硬件才能识别
C 语言的特点	C 语言的特点中重点掌握 C 语言接近硬件，可以直接访问硬件的物理地址，设计灵活，具有较好的可移植性。在系统编程及嵌入式开发中具有无可比拟的优势。而其他的特性，其他高级语言同样具有。 C 语言的缺点是类型检查不严格，语法太过自由，容易导致编程不规范，可读性差，代码的潜在风险较大。因此，要求在 C 语言设计过程中，严格遵循编程规范，养成良好的编程素养
C 语言的标准化	为了防止出现 C 语言的多种"方言"，必须制定统一的 C 语言标准。 (1) 1983 年，美国国家标准协会 ANSI 成立委员会，制定 C 语言标准，该标准于 1989 年被正式采用，该 C 语言标准被称为 ANSI C 或 C89。 (2) 1990 年，国际标准化组织 ISO 也采纳了 ANSI C/C89 作为 C 的标准，称为 ISO C/C90。由此可见，ANSI C/C89 与 ISO C 本质上是同一个标准。 (3) 1999 年，国际标准化组织 ISO 和国际电工委员会 IEC 组建的 C 语言标准委员会发布了 C 的第二个官方标准，称为 C99 标准。 C99 新增的一些特性在原来的编译器上可能还不支持，只有采用支持 C99 标准的编译器，方可使用 C99 增加的新特性
开发 C 语言程序的过程	在集成开发环境 VC++ 6.0 中，创建工程，编辑、编译、运行、调试程序的方法和步骤
常见的集成开发环境	Windows 平台下，开发 C 语言程序较常用的 IDE 有以下几种。 Microsoft Visual C++简称 VC++，如 VC++ 6.0，这几乎是一款 C 语言初学者必备的集成开发环境，操作方便，但不支持 C99 标准。 Microsoft Visual Studio 简称 VS，如 VS 2013、VS 2015 等。VS 是比较流行的一款集成开发环境。最新版本可支持 C99 标准。 Code::Blocks 是较优秀的新兴集成开发环境，可支持 C99 标准
算法及描述形式	算法就是解决问题的有限、有序的指令集合，简言之就是解决问题的方法步骤。区分算法的性质和设计目标，掌握算法的各种描述方法，包括流程图描述形式、N-S 图描述形式、伪代码描述形式、程序设计语言描述形式等
算法的性质	算法一般有 5 个性质，即输入性、输出性、有限性、确定性、可执行性
算法追求的设计目标	一般从如下 5 个方面衡量一个算法的优劣：正确性、可读性、健壮性、高时间效率、高空间效率。这也是算法设计的追求目标

习　　题

1. 计算机系统

(1) 简述计算机系统的概念。

(2) 把 Windows、QQ、UNIX、Microsoft Office、VC++ 6.0、Linux 等软件进行分类。

(3) 计算机中的软件，一般分为(　　)。

A. 操作系统和计算机语言

B. Windows 操作系统和 Microsoft Office 办公软件

C. 系统软件和应用软件

D. DOS、Windows、UNIX、Linux 等

(4) 下列选项中全属于应用软件的是(　　)。

A. UNIX、DOS　　B. Photoshop、QQ

C. WeChat、Linux　　D. Windows、Microsoft Visual Studio

2. 计算机语言与程序设计语言

1) 计算机语言

(1) 什么是计算语言或机器语言？

(2) 判断：计算机硬件仅能直接识别 0、1 串对应的机器语言和 C 语言。

2) 程序设计语言及其发展

(1) 简述机器语言和程序设计语言的区别和联系。

(2) 下列选项不属于高级程序设计语言的是(　　)。

A. C　　B. Java

C. 汇编语言　　D. FORTRAN

3. C 语言的起源及特点

1) 热衷游戏与 UNIX 的起源

(1) 为什么说 UNIX 的起源与热衷游戏密不可分？

(2) UNIX 的最初版本是使用哪种编程语言实现的？

2) UNIX 的改进与 C 语言的起源

为什么说 C 语言的起源与 UNIX 的不断改进是密不可分的？

3) C 语言的特点

(1) 简述 C 语言相对于其之前的编程语言的优点。

(2) 在所有编程语言里，C 语言的灵活性和可移植性是独特的吗？请说明原因。

(3) 可以把 C 语言称为最接近硬件且高效操作硬件的高级程序设计语言吗？

4. C 语言的标准化

(1) 为什么需要制定 C 语言标准？列举国际权威的 C 语言标准化组织，以及其全称及缩写。

(2) 简述 C 语言的三个标准。

5. 简单的 C 语言程序举例

(1) 编写 C 程序，运行输出以下两行信息(注意换行符的应用)。

```
This is my first C program.
We must study C hard!
```

(2) 简述 C 语言支持的单行注释、块注释这两种注释方法的区别和注意事项。

6. C 语言程序设计的一般步骤

(1) 简述 C 语言程序设计的一般步骤。

(2) 简述源文件、目标文件、可执行文件的区别与联系。

(3) 简述编译器、链接器的功能。

7. 算法

1) 算法的概述

(1) 简述算法的定义及性质。

(2) 应从哪几个方面衡量一个算法的好坏?

2) 算法的表示

(1) 列举常见的算法描述方式。

(2) 分别使用 4 种方式描述求两个整型数之和的算法。

(3) 分别使用 4 种方式描述求整数绝对值的算法。

第2章 顺序结构程序设计

本章学习目标

- 掌握顺序结构程序的特点
- 掌握基本数据类型及适合的操作运算
- 掌握标识符的命名规则
- 熟练掌握格式化输入和输出操作

C 语言程序中的流程控制结构大致分为顺序结构、分支结构、循环结构三大类。从本章开始介绍第一种,也是最简单的程序流程控制结构——顺序结构,即程序的执行流程是按照从前往后的顺序逐条语句执行的。

本章首先通过一个简单的顺序结构程序向读者简单介绍本章涉及的各种知识点。接着向读者介绍 C 语言中的基本数据类型,最后介绍格式化输入输出函数 scanf 和 printf 的使用。

2.1 简单的顺序结构程序

所谓程序的执行流程,也就是程序中语句的执行次序。如果程序中的所有语句都是无条件地按照从前往后的顺序依次执行的,称该程序的流程结构为顺序结构。顺序结构是 C 语言中最基本也是最简单的程序设计结构。

2.1.1 标识符、关键字、常量、变量

例 1 计算两整数之和并输出其结果的程序如下所示。

【程序代码】

```
#include<stdio.h>
int main(void)
{
    int a,b,sum;                    //定义三个整型变量
    a=3;                            //赋值操作
    b=5;
    sum=a+b;
    printf("sum=%d\n",sum);         //输出求和结果
    return 0;
}
```

【运行结果】

```
sum=8
```

在程序中处理数据的过程是，首先定义存储该数据的容器(内存单元)，并把数据赋值给该容器。需要处理数据时，把需要运算或处理的数据从相应单元中取出，最后再把运算的结果存储到对应的空间单元中。

上述程序中，欲求整数 3 和 5 的和，需要为被加数、加数及求和结果定义三个容器即三个内存单元，为了便于区分及操作，分别为这三个容器即内存单元起了名字 a、b 和 sum。此处的名字称为标识符。

每个容器都有其对应的类型，如果需要存储如 3、5 等整型数，则需定义两个整型(int)容器；如果需要存储如 3.14、5.2 等浮点数(带小数部分的数)，则需定义浮点型(float)容器；如果需要存储如'a'、'b'等字符型数据，则需要定义字符型(char)容器，等等。为方便数据的操作，C 语言中提供了多种数据类型。这里的 int、float、char 等称为类型关键字。

有的内存容器中的值既可以读取，又可以修改，把该类容器称为"变量"。而有的容器中的值仅能读取，不能修改，把该类容器称为"只读变量"或"常变量"。

1. 标识符

在程序设计语言中，需要为变量、符号常量、函数、数组、文件等实体进行命名，这些名字称为标识符。C 语言规定，标识符可以由大小写英文字母(a~z 或 A~Z)、数字(0~9)、下画线等组成，但必须以字母或下画线开头。

标识符 score_ave、file_2、_a2、clas_3、ChinaDream 等均为合法标识符。C 语言对大小写是敏感的，即 Dream 与 dream 被认为是两个不同的标识符。

标识符 2_chapter、￥100、&a、a-b、a.1 等都是非法标识符。

标识符命名应遵循书写方便、可读性强、风格统一的原则。

书写方便：为防止或减少书写错误，进一步提高编程效率，应尽量减少大小写字母间的频繁切换。

可读性强：所起标识符尽量见名知意，具有特定物理含义的量对应的标识符，应尽量用其对应英文缩写或英文缩写的连接组成，如可用 score_total、score_ave 分别表示某班级总成绩和平均成绩。在解决具体实际问题时，避免使用 a、b 等含义不清的标识符表示确定含义的量。

风格统一：可以每个单词全小写，单词之间加下画线的形式，如 chapter_1、cnt_pass 等；也可每个单词的首字母大写，不使用下画线的形式，如 ChinaDream 等。为了使程序格式更加美观，风格统一，建议同一程序中尽量不要混合使用多种风格的标识符。

为了增强可读性及避免因大小写字母间的频繁切换而出错，建议使用小写字母加下画线的格式定义标识符，如 stu_1、cnt_total、get_ave 等。

2. 关键字

C 语言预留的有特殊用途的标识符称为关键字，或称为保留字。这些关键字不能用作定义变量名、函数名等其他用途。

ANSI C 标准提供了 32 个关键字，如下所示。

```
int        char       float      double    void       short
long       signed     unsigned   struct    union      enum
typedef    sizeof     auto       static    register   extern
const      volatile   continue   return    break      goto
if         else       switch     case      default    for
do         while
```

1999年,ISO发布了C99标准,该标准新增了5个C关键字,如下所示。

```
inline  restrict  _Bool  _Complex  _Imaginary
```

2011年,ISO发布了C11标准,该标准又新增了7个C关键字,如下所示。

```
_Alignas  _Alignof  _Atomic  _Static_assert  _Noreturn
_Thread_local  _Generic
```

3. 常量和变量

1) 常量

有些数据在程序运行前已预先设定,并且在整个程序运行期间保持不变,这种数据称为常量。常见的常量有数值常量、字符常量、字符串常量、符号常量等。

数值常量:如3,4.1等。

字符常量:使用单引号括起来的一个符号,如'a'、'#'、'\n'(转义字符,换行符)等。

字符串常量:使用双引号括起来的若干个字符,如"hello"、"a"、" "(空串)等。

由于常量一旦声明,其值在程序执行过程中不发生变化,故常量在声明时要进行初始化,C语言中一般有宏定义和使用const修饰符两种常量声明形式。

符号常量:使用宏定义符号常量,如:

```
#define PI 3.141592                    //宏定义,无类型、赋值号及分号
```

定义了符号常量PI,在预处理阶段,把程序中所有出现PI的地方替换成常量3.141592。

由于宏定义符号常量没有数据类型,属于类型不安全的语法,不建议使用。建议采用后面介绍的const只读变量来表示一个常数。

2) 变量

在程序运行期间,其值可以改变的量称为变量。变量是程序可以操作的有名字的存储区。

变量定义格式为:

```
类型名 变量名[=初始化值];
```

变量名是为该变量起的标识符,初始化值是可选的。

一般情况下,定义变量时,如果没有为其赋初值,则此时该变量中为无意义的随机值。故变量在使用前必须显式被赋值,可以在定义变量的同时给其赋值,常称为变量的初始化,也可以在后续为其赋值。

```
float f_b;                 //定义了单精度浮点型变量f_b,未初始化,此时为随机值
int a=3 ;                  //定义整型变量a,并初始化为3
double d;                  //定义了双精度浮点型变量d,未初始化,此时为随机值
d=66.7;                    //把66.7赋给变量d
```

定义同类型的多个变量时，变量名之间用逗号隔开。

```
int a,b;                          //定义两个整型变量 a 和 b。常见错误：int a; b;
```

常变量或只读变量：在 C 语言中可以在变量定义前面使用关键字 const 把该变量修饰成常变量或称只读变量。例如：

```
const double PI=3.14159;          // const 修饰，指定类型，加分号
```

由此可见，宏定义与只读变量在程序运行期间，其值都不可以改变，故都可以理解为广义上的“常量”。以上两种常量声明方式，宏定义看似简单，但其类型检查不严格，存在使用不安全因素，故一般建议使用 const 修饰符形式声明“常量”。

2.1.2 运算符、表达式、语句

1. 运算符

C 语言提供了 34 个运算符，把括号、赋值、强制类型转换均作为运算符。若进行两数加法操作，则需要使用加运算符+，如 3+5。如果需要把操作结果保存到相应变量中，则需使用赋值运算符=，如 sum=a+b，即把 a 和 b 相加的结果，赋给变量 sum。

2. 表达式

使用运算符把操作数结合起来形成的式子，称为表达式。如 3+5 为加法表达式，a=3 为赋值表达式等。

3. 语句

在 C 语言程序中，以分号结束的一条指令称为语句。如下均是正确的 C 语句。

```
a=3;                              //赋值语句
return 0;                         //返回值语句或称 return 语句
;                                 //空语句
```

如果仅有一个分号，则表示空语句，也是正确的 C 语句。

而#include<stdio.h>则是属于预处理指令，不是 C 语句，故其结尾不能加分号。有关预处理指令相关知识将在后续章节学习。

2.1.3 格式化输入、输出

在 C 语言程序中经常需要从标准输入设备键盘输入数据及向标准输出设备屏幕输出数据，而 C 语言中没有提供输入、输出等操作功能的语法。为弥补这一缺陷，C 编译器提供了输入输出的各种库函数。最常用的是格式化输入、输出函数 scanf 及 printf。使用该函数必须包含其所在头文件 stdio.h，即#include<stdio.h>。

(1) 格式化输入函数 scanf 的调用格式为：

```
scanf("格式控制",输入地址列表);
```

其中，格式控制部分使用双引号括起来，与输入地址列表之间使用逗号隔开，取变量地址的运算符为 &。

常见的格式控制符有：%d，十进制整数形式；%c，字符形式；%f，单精度浮点形式等。

例如，从键盘输入一个整数，保存到整型变量 a 中。程序代码如下。

```
int a;                              //定义整型变量 a
scanf("%d",&a);                     //输入十进制整数到变量 a 对应的地址空间中
char ch;                            //定义字符型变量 ch
scanf("%c",&ch);                    //输入一字符，保存到字符变量 ch 对应地址空间中
```

（2）格式化输出函数 printf 的调用格式为：

```
printf("格式控制",输出项列表);
```

其中，格式控制部分，除了格式控制符，如%d、%c 等要替换成输出列表中对应项的值外，其余部分完整输出。例如：

```
int a=3,b=5;                        //定义了两个整型变量 a 和 b，分别赋初值 3 和 5。
printf("a=%d,b=%d",a,b);
```

格式控制部分除了两个%d 处分别用 a 和 b 的值替换外，其余部分原样输出。故输出结果为：

```
a=3,b=5
```

【复习思考题】

1. C 程序执行流程结构的分类。
2. 掌握标识符的命名规则，了解 C 语言关键字。
3. 熟悉变量、常量的概念，并举例。
4. 了解运算符、表达式和语句的概念。
5. 使用格式化输入、输出函数 scanf、printf 进行简单的数据输入输出操作。

2.2 数据类型

数据类型总体可分为基本类型、构造类型和空类型(void)。基本类型一般包括整型、浮点型和字符型。

整型包括：短整型(short int)、基本整型(int)、长整型(long int)及 C99 新增的两种类型：双长整型(long long int)和布尔型(bool)。

浮点类型包括：单精度浮点型(float)、双精度浮点型(double)、长双精度浮点型(long double)等。

构造类型包括：数组类型、枚举类型、指针类型、结构体类型、共用体类型等。

本章仅讲解基本数据类型，构造类型及空类型将在后续章节一一介绍。

2.2.1 整型类型

1. 整型数的表现形式及存储形式

整型数的表现形式：按极性可分为正数、负数和零；按进制可分为二进制、八进制、十进制、十六进制等；但在计算机内存中均是按照二进制补码形式存储的。

数值的二进制原码表示形式为：符号位+数值位。最高位为符号位，正数的符号位为 0，

负数的符号位为 1，如+10 用 8 位二进制表示原码为 00001010，-10 的原码为 10001010。

把负数原码的符号位保持不变，数值位按位求反即得该负数的反码。

正数的原码、反码、补码均相同，把负数的反码加 1 即可得到对应补码。10 和-10 的原码、反码及补码的计算示例，如表 2-1 所示。对补码形式再求一次补码即为该补码对应的原码。

表 2-1　原码、反码、补码举例

-10 的原码	1 0 0 0 1 0 1 0
-10 的反码	1 1 1 1 0 1 0 1
-10 的补码	1 1 1 1 0 1 1 0
10 的原码	0 0 0 0 1 0 1 0
10 的反码	0 0 0 0 1 0 1 0
10 的补码	0 0 0 0 1 0 1 0

在位操作相应的章节中，还会对原码、反码、补码做进一步介绍。

2. 各种进制及其转换

日常生活中，人们通常采用十进制来表示整数，但**计算机中只能以二进制数形式存储和处理**。由于二进制数据位数较多，为了表示方便，又有了八进制、十六进制等表示形式。计算机如何判断 100 是十进制、八进制还是十六进制呢？在 C 语言中，一般根据前缀确定是哪种进制，前缀 0(零)表示八进制，前缀 0x 或 0X 表示十六进制，不加前缀默认为十进制。

八进制数是由 0~7 共 8 个数码组成，必须以 0(零)开头，进位规则是逢八进一，八进制数 037 代表的十进制数为 $3\times8^1+7\times8^0=31$。十进制数 22 用八进制可表示为 026，$6\times8^0+2\times8^1=22$。

十进制数是由 0~9 这 10 个数码组成，不能以 0 开头，如十进制数 31、22，但 089 是错误的表示方式。

十六进制数是由 0~9、A~F(或 a~f)等 16 个数码组成，进位规则为逢十六进一。十六进制数 0x1f、0x1F、0X1f 或 0X1F，代表的十进制数均为 $1\times16^1+15\times16^0=31$。十进制数 22 用十六进制可表示为：0x16 或 0X16，$6\times16^0+1\times16^1=22$。

由此可见，对于十进制数 31 和 22，可以有不同进制的多种书写形式，但其存储形式是一样的，均以二进制补码形式存储。

3. 各整型类型及所占字节数

位(bit)是计算机中处理数据的最小单位，其取值只能是 0 或 1。

字节(Byte)是计算机处理数据的基本单位，通常系统中一个字节为 8 位。即 1 Byte=8 bit。

C 提供了多种整型类型，每种类型均对应一定的存储空间大小。C 语言中某种数据类型所占字节数与机器位数及 C 编译器有关。如在 32 位系统中，Turbo C 编译环境中 int 为 2 字节。同样在 32 位系统中，VC++ 6.0 编译环境中 int 为 4 字节。

整型(int)或称基本整型，一般占 2 字节或 4 字节，ANSI C 规定 int 类型最小为 2 字节。默认为带符号数，既可以表示正整数，又可以表示负整数。

计算机内存中是以二进制补码形式存储数据的，在 2 字节整型系统中，负数部分的补码范围为：1000 0000 0000 0000~1111 1111 1111 1111，对该补码形式再求补（符号位不变，数值位按位求反后加 1）可得该负数补码形式对应的原码，其范围为：1 1000 0000 0000 0000~1000 0000 0000 0001，即 -2^{15}~-1。正数部分的补码范围为：0000 0000 0000 0000~0111 1111 1111 1111，正数的补码和原码相同，故可表示的正数部分的原码范围为 0~$2^{15}-1$。因此 2 字节 int 类型数值范围为 -2^{15}~($2^{15}-1$)，4 字节 int 型数值范围为 -2^{31}~($2^{31}-1$)。其他类型数据的表示范围的推导方法类似。

为了便于灵活选择，在基本整型（int）的基础上，又派生出了诸如：短整型（short int）、长整型（long int）、C99 新增双长整型（long long int）、无符号整型（unsigned int）等。

由 short、int、long、C99 新增 long long、signed、unsigned 等组合起来可产生 8 种具体整型类型。[]内的关键字是可以省略不写的，除了有符号基本整型 int 外，其余的 int 关键字均可省略，不加 signed 默认为有符号数，如 int、signed int 及 signed 都是有符号整型，但一般采用 int 形式。若使用的数据都是正数，可以采用 unsigned 类型，其表示的无符号数据范围比有符号的正数范围大一倍。

```
[signed] short [int] 有符号短整型
unsigned short [int] 无符号短整型
[signed] int 有符号基本整型
unsigned [int] 无符号基本整型
[signed] long [int] 有符号长整型
unsigned long [int] 无符号长整型
[signed] long long [int] 有符号双长整型（C99 新增）
unsigned long long [int]无符号双长整型（C99 新增）
```

通常，short 为 2 字节，int 为 2 或 4 字节，long 为 4 字节，long long 为 8 字节。各种类型对应的字节数及数值范围如表 2-2 所示。

表 2-2 各整型所占字节数及取值范围

类　型	字节数	取 值 范 围
short	2	-2^{15}~$2^{15}-1$（-32 768~32 767）
unsigned short	2	0~$2^{16}-1$（0~65 535）
int	2	-2^{15}~$2^{15}-1$（-32 768~32 767）
	4	-2^{31}~$2^{31}-1$（-2 147 483 648~2 147 483 647）
unsigned [int]	2	0~$2^{16}-1$（0~65 535）
	4	0~$2^{32}-1$（0~4 294 967 295）
long [int]	4	-2^{31}~$2^{31}-1$（-2 147 483 648~2 147 483 647）
usigned long [int]	4	0~$2^{32}-1$（0~4 294 967 295）
long long [int]	8	-2^{63}~$2^{63}-1$
unsigned long long [int]	8	0~$2^{64}-1$

由表 2-2 可见，在不同机器和 C 编译系统上，int 类型字节数不确定；但一般 short 都是 2 字节，long 一般都是 4 字节数。为了提高代码的可移植性，如果要处理的数据在 -32 768~32 767 的范围内时，最好采用 short 而不是 int，对较大些的数值范围可采用 long 型。但如果较小的正数采用 long 型存储，既浪费存储空间又浪费操作时间，故类型

选取时要进行合理评估后确定。可使用 sizeof 运算符求出具体类型所占字节数，如 sizeof(int)可求出 int 类型在当前系统中所占字节数，使用 sizeof(long)可求出 long int 所占字节数。

C 标准没有规定各种类型的具体字节数，仅规定各整型类型满足如下的关系：sizeof(short)≤sizeof(int)≤sizeof(long)≤sizeof(long long)。

4. 各种整型的输出控制格式

用 printf()函数打印时，使用%hd，表示按十进制短整型(short int)格式输出；使用%d，表示按十进制基本整型(int)格式输出；使用%ld，表示按十进制长整型(long int)格式输出；使用%u 符号，表示按十进制无符号整型(unsigned int)格式输出；使用%lo 符号，表示按八进制长整型格式输出；使用%lh，表示按十六进制长整型格式输出。

例 2 分析以下程序，输出其运行结果。

【程序代码】

```
#include<stdio.h>
int main(void)
{
    unsigned int un_a=2500000000;              //unsigned int 范围 0~4294967295
    long l_b=65539;
    printf("In this system:\n");
    printf("short has %d bytes.\n",sizeof(short));
    printf("int has %d bytes.\n",sizeof(int));
    printf("long has %d bytes.\n",sizeof(long));
    printf("un_a = %u not %d\n",un_a,un_a);   //un_a 不在 int 范围中
    printf("l_b = %ld not %hd\n",l_b,l_b);
    return 0;
}
```

【分析】

(1) 通过本例进一步熟悉格式化输出 printf 函数的使用方法。printf 的一般格式为：

```
printf("...%格式符...%格式符...",列表 1,列表 2);
```

printf 函数双引号内一般包括两部分：一是普通字符，原样输出；一是以%开始的格式占位符，由输出列表中对应的值替代。输出列表可以是具体数值，或结果为数值的其他形式，输出列表的个数必须与格式占位符个数相同。

(2) unsigned int un_a=2500000000;定义了无符号整型变量 un_a，并赋值为 2500000000。也可以省略 int，即：unsigned un_a。若 unsigned int 占 4 字节，其范围为 0~4 294 967 295。

long l_b=65539;定义了有符号长整型变量 l_b，也可以写为 long int l_b，long 型一般占 4 字节(32 位)，65 539 在计算机内存中存储的二进制补码形式为：

$$0000\ 0000\ 0000\ 0001\ 0000\ 0000\ 0000\ 0011=2^{16}+2^{1}+2^{0}=65\ 539$$

(3) printf("In this system:\n");为较简单的形式，没有输出列表，直接输出双引号内的内容，\n 为换行符，即光标移动到下一行的开始处。

(4) 接着三条打印语句，输出 short、int、long 类型在该系统上的字节数，使用

sizeof 运算符可求出具体类型在该系统中所占字节数，如 sizeof(short)其值为 2，此处仅分析 printf("short has %d bytes.\n",sizeof(short))；格式占位符%d 处由输出列表项 sizeof(short)的值 2 替代，即输出"short has 2 bytes."，且光标移到下一行开始处。另外两个 printf 函数实现同样的功能，分析类似。

(5) printf("un_a = %u not %d\n",un_a,un_a)；输出列表 1 和列表 2 均为 un_a 的值，但以不同的格式输出，%u 为严格按照 un_a 的定义格式输出，结果正确；%d 表示以有符号十进制整数形式输出，其范围为-2 147 483 648~2 147 483 647，很显然 2 500 000 000 超出了其范围，故会输出错误的数值。

(6) printf("l_b = %ld not %hd\n",l_b,l_b)；l_b 为 long 型，故%ld 格式输出是正确的，%hd 短整型格式输出是错误的，原因是 sizeof(short)为 2，即短整型在该系统中占 2 字节(16 位)，输出时相当于仅把 65 539 在计算机内存中 32 位补码形式 0000 0000 0000 0001 0000 0000 0000 0011 的低 16 位 0000 0000 0000 0011 输出，即 $2^1+2^0=3$。

【运行结果】

```
In this system:
short   has 2 bytes.
int     has 4 bytes.
long    has 4 bytes.
un_a = 2500000000 not -1794967296
l_b = 65539 not 3
```

【说明】

由该例题可以看出，输出格式符应严格与数据定义格式一致，否则可能出现意想不到的错误结果。

【复习思考题】

1. 简述数据类型的含义。简述 C 语言中数据类型的分类。
2. 简述数据在计算机中是以什么形式存储的。
3. 简述原码、反码、补码的关系。并计算-20 和 20 的原码、反码及补码。
4. 除了基本整型 int 外，还有哪几种衍生的整型类型？其类型关键字分别是什么？
5. 判断：整型 int 所占字节数为 2。

2.2.2 浮点类型

并不是所有数据都适合用整型表示，例如某人身高 1.8m，身高数据 1.8，用整型就无法表示该数值，这种带尾数(小数)部分的数值一般用浮点数(floating point)来表示。

C 语言提供了以下三种具体的浮点类型。

(1) float：单精度浮点型。

(2) double：双精度浮点型。

(3) long double：长双精度浮点型。

1. float、double、long double 的精度

float(单精度)至少能表示 6 位有效数字，通常系统使用 4 字节(32 位)存储一个单精度浮点数。符号部分和尾数部分共占三个字节(24 位)(符号占 1 位，尾数占 23 位)，指数部分占用 1 字节(8 位)。float 类型的表示范围为：$-3.40\times10^{38}\sim-1.17\times10^{-38}$ 及 $1.17\times10^{-38}\sim3.40\times10^{38}$。

double(双精度)一般使用 8 个字节(64 位)存储，较 float 型多出的位数中的一部分用于尾数部分，可提供至少 10 位以上的有效数字，一般采用 15 位有效数字，精度更高；另一部分多出的位数分配给指数部分，使可表达的数值范围更大。double 类型表示范围为：$-1.79\times10^{308}\sim-2.22\times10^{-308}$ 及 $2.22\times10^{-308}\sim1.79\times10^{308}$。

long double(长双精度)与 double 型相比可提供更高的精度和更大的数值表示范围。C 标准规定，其所占字节数不少于 double 型，具体与机器及编译系统有关，一般有 8 字节、10 字节、16 字节等。

2. 浮点数表示方式

浮点数通常有两种表示方式，一般表示法和指数表示法。

一般表示法：

[符号位][整数部分].[尾数部分]

其中，小数点不可以省略，整数部分和尾数部分可省略其一，但不能同时省略。如下均是正确的浮点表示法：3.14、.23、6.、-13.7 等。

指数表示法：

[符号位].[尾数部分]e[指数部分]

其中，e 之前必须有数字，e 和 E 均可以，e 表示“底数”为 10 指数部分可为正数或负数，但必须为整数，例如 1.6e-3、.56E4、3e4 等都是合法的指数表示法，而 e、3e1.2、e-2、.e-3 等都是非法的浮点数表示法。指数形式-0.314e2 表示 -0.314×10^{2} 即-31.4。

3. 浮点类型的存储格式

浮点类型在计算机中的存储格式可分为三部分：符号部分、尾数部分和指数部分。

如单精度浮点数 0.003 57 其存储格式如下所示：

+	0.357	-2
符号部分(1 位)	尾数部分(23 位)	指数部分(8 位)

0.003 57 的指数表示法可有多种形式如：0.0357×10^{-1}、$0.000\,035\,7\times10^{2}$、$3.57\times10^{-3}$ 等，其小数点的位置是可以浮动的，故称为浮点数。但存储时其尾数部分的数值范围必须满足：0.1≤尾数<1。该例中尾数为 0.357，23 位存储 0.357 后剩余位均补 0。指数部分为-2，即 $0.003\,57=+0.357\times10^{-2}$。

4. 浮点类型的变量与常量

如果浮点型数值常量后不加后缀，默认为 double 型，如 3.5、4.0 与 3.5D、4.0d 等价，均表示双精度浮点型常量。如果表示单精度常量，需在该数值后显式加上后缀 f 或 F，如 3.5f 或 4.0F 等表示单精度浮点型常量。

```
float f1=3.14F,f2;
f2=9.8f;
```

上述语句定义了两个单精度浮点型变量 f1 和 f2，f1 初始化为 3.14F，f2 定义时没有赋初值,故为无意义的随机值,第二条语句把单精度浮点常量 9.8f 赋值给 f2 变量。

```
double d1;                         //定义一个双精度浮点型变量 d1
d1=3.2;                            //双精度常量 3.2 赋值给 d1,等价于 d1=3.2d
```

5. 浮点型数据的"零值"

整型数可以直接与 0 比较大小,而浮点型数则不可以直接与 0 比较大小。

浮点型数据的表示范围如下。

float 类型范围:-3.40×10^{38}~-1.17×10^{-38} 及 1.17×10^{-38}~3.40×10^{38}。

double 类型范围:-1.79×10^{308}~-2.22×10^{-308} 及 2.22×10^{-308}~1.79×10^{308}。

由此可见,浮点型数据并没有包含精确的零值,仅是从正负两方向无限靠近零值,故可设置一精度范围,凡是在该范围内的,均可认为是浮点型的零值。例如:

```
const float ESP=1E-6F;             //定义只读变量 ESP,其值为单精度值 10^-6。建议!
#define ESP 1E-6F                  //宏定义,符号常量 ESP,其值为单精度值 10^-6。不建议!
```

若判断 float 型变量 x 是否为零,则可认为在-ESP≤x≤ESP 范围内,即当 x 的绝对值小于等于 ESP 时均可认为是零。

math.h 头文件中的 fabs 函数可求浮点型数的绝对值,即:

当 fabs(x)小于等于 ESP 时表示浮点型 x 为零值。

6. 浮点型数据的格式化输入

1) 单精度

使用格式控制符%f、%e、%g(或%F、%E、%G)等,表示把输入的数值以单精度类型存储。

例如:

```
float f1,f2;
scanf("%f%f",&f1,&f2);             //%f 可替换为%e 或%g
```

以上语句定义了两个 float 型变量 f1 和 f2,接着使用格式化输入函数 scanf 从键盘获取两个单精度浮点型数值,分别保存到变量 f1 和 f2 中。两个浮点数之间使用默认间隔符空格隔开即可。如输入 3.14159 和 5.3,则输入格式为:

```
3.14159 5.3↙
如无特殊说明,本教程使用↙符号表示回车键。
3.14159 和 5.3 之间的空格个数不限制。
而 3.14159,5.3↙是错误格式,与格式控制部分的格式不一致。
```

输入语句如果改成如下形式:

```
scanf("f1=%f,f2=%f",&f1,&f2);
```

则输入格式必须为:

```
f1=3.14159,f2=5.3↙
```

2) 双精度和长双精度

在 float 型输入格式控制符前,加小写字母 l,即%lf、%le、%lg 等,表示把输入的数值以 double 形式存储。例如:

```
double d;
scanf("%lf",&d);                    //把输入的数值以 double 型存储到变量 d 中
```

若加大写字母 L,即%Lf、%Le、%Lg 等格式符,表示把输入的数值以 long double 形式存储。例如:

```
long double Ld;                     //定义 long double 型变量 Ld
scanf("%Lf",&Ld);                   //把输入的数值以 long double 形式存储到变量 Ld 中
```

7. 浮点型数据的格式化输出

(1) 由于 printf 函数原型中的参数未显式指定,在调用 printf 函数进行参数传递时,C 语言会自动把 float 型转换为 double 型,因此,在使用 printf 函数输出 float 型或 double 型数据时,格式控制符是相同的。通常,以保留小数点后 6 位形式输出浮点型数据。

%f 表示以十进制形式输出 float 或 double 型数据。例如:

```
float f=5.6f;                       //float 型常量 5.6 赋给 float 型变量 f
double d=314.159;
printf("f=%f,d=%f",f,d);            //不能写成%F
```

在 VC++ 6.0 开发环境中,使用格式化输出函数 printf 输出浮点型数据时,默认保留小数点后 6 位,不够的位数补 0。

故上述语句输出结果为:f=5.600 000,d=314.159 000,小数点后均为 6 位。

(2) 可通过格式控制符控制输出的数据格式。

%m.nf 输出数据总共占 m 位宽,而小数部分占 n 位宽,四舍五入。默认右对齐。
%-m.nf 输出数据总共占 m 位宽,而小数部分占 n 位宽,四舍五入。左对齐。
%.nf 输出数据仅限制小数部分占 n 位宽,四舍五入。

例如:

```
float f1=3.14159f;
```

printf("f1=%.3f",f1);输出格式如下:

```
f1=3.142
```

而 printf("f1=%.0f",f1);则表示仅输出浮点数的整数部分。即:

```
f1=3
```

例 3 从键盘输入圆柱体的底圆半径及高,计算并输出该圆柱体的体积(保留小数点后两位)。

【分析】

① 定义 float 型的三个变量分别保存半径 r 和高度 h 及体积 v,并提示用户输入圆柱体的半径和高度。

```
printf("Input radius and height:\n");
```

② 定义浮点型只读变量 PI 表示圆周率 3.14f。不建议使用宏定义形式。

```
const float PI=3.14f;
```

③ 设输入格式为 r=2.6,h=6.8↙,则调用格式为:scanf("r=%f,h=%f",&r,&h);并

使用公式 PI*r*r*h 计算体积为 144.339 52，并赋值给变量 v。

④ 输出该体积值，按四舍五入，保留小数点后两位，输出格式为：

```
printf("volume=%.2f\n",v);
```

【参考代码】

```
#include<stdio.h>
const float PI=3.14f;
int main(void)
{
    float r,h,v;
    printf("Input radius and height:\n");
    scanf("r=%f,h=%f",&r,&h);
    v=PI*r*r*h;
    printf("volume=%.2f\n",v);
    return 0;
}
```

【运行结果】

```
Input radius and height:
r=2.6,h=6.8↙
volume=144.34
```

【说明】

该程序在编译时会报如下警告信息：

```
warning C4244: '=' : conversion from 'double ' to 'float ', possible loss of data
```

原因是，PI*r*r*h;中，3.14、2.6、6.8 等默认都是双精度浮点型，计算结果自然也是 double 型，而变量 v 为 float，类型不严格匹配，故发出警告。可采用强制类型转换消除编译器警告，即把右边表达式的值转换为 float 型后再赋值给 float 类型的变量 v。具体将在本章后面讲解。格式为：

```
v=(float)(PI*r*r*h);
```

(3) 指数形式、十六进制形式输出。

%e 或 %E 表示以指数记数法形式输出 float 或 double 型数据。

```
printf("%e",d);                    //也可写为%E,以指数形式输出 d 的值
```

输出为：3.141 590e+002，尾数部分小数点后仍保留为 6 位。如果使用%E，则输出变为：3.141 593E+002。

%a 或 %A 表示以十六进制形式输出 float 或 double 型数据(C99 新增)。

(4) long double 型数据。

一般地，加大写字母 L，即 %Lf、%Le 或 %La 输出 long double 型数据。

为确保类型的安全性及代码规范性，一般要求输入、输出格式控制符与数据类型严格匹配。如非特殊情况，应避免出现如下情况。

```
double d;
scanf("%f",&d);                        //尽量避免这种类型不严格匹配的情况，建议使用%lf
```

【复习思考题】

1. C语言中浮点类型包含几种？区别是什么？

2. 浮点数的两种表示方法是什么？举例说明。

3. 浮点类型的常量，如 4.1 默认是 double 型还是 float 型，如果显式区别，后缀需加什么字符？

4. 浮点型数据的零值如何判断？

5. 如何调用求浮点数绝对值的函数？其所在的头文件是什么？

6. 浮点型数据格式化输入输出对应的格式控制符是什么？输出时，如何控制小数的位数。

2.2.3 字符类型

1. 字符类型及其常量、变量

字符(char)类型是为了存储和表示数字(0~9)、大小写英文字母(a~z、A~Z)、标点符号及其他特殊字符的类型。

C语言规定，一个字符所占的位数(一般为8位)为一个字节的大小。char型同样分为有符号和无符号两种极性。

(1) char：有符号字符型。

(2) unsigned char：无符号字符型。

默认为有符号字符型，两种极性的字符型所占的字节数及取值范围如表2-3所示。

表2-3 字符型所占字节数及取值范围

类　型	字节数	取 值 范 围
char	1	$-2^7\sim2^7-1$(-128~127)
unsigned char	1	$0\sim2^8-1$(0~255)

1) 字符常量

使用单引号把一个符号括起来作为字符常量，如'@'、'c'、'5'、','、'+'等都是合法的字符常量。'ab'、"A"、c等都是非法字符常量。

2) 字符变量

使用char(character缩写)作为关键字声明字符型变量，如下所示。

```
char ch;                               //声明字符型变量 ch,未初始化
ch='a';                                //把字符常量'a'赋给 ch
char c='3';                            //声明字符变量 c,并初始化为字符常量'3'
```

2. 字符型数据的存储形式

在计算机中字符是以整数形式存储的，故一般把字符型归属为整型类型。为了处理字符，计算机使用一种编码规则，即用特定的整数表示特定的字符，不同的计算机系统可能采用不同的编码规范，目前较通用的编码是美国信息交换标准码(American Standard Code for Information Interchange)即ASCII码，用一个字节其中的低7位二进制数表示128种字符，如用0110 0001即97表示字符a。如果使用字节的最高位，又可扩展128种字符，由于扩展字符使用较少，故不再讨论。故C语言中字符类型占一个字节(8位)大小。

ASCII 表分为三部分,参见附录 B。

第一部分：33 个非打印控制字符：ASCII 值为 0~31 及 ASCII 值为 127 的字符。

主要用于控制像打印机等一些外围设备。例如,ASCII 值为 12 的字符表示换页功能。表示打印机跳到下一页的开头。ASCII 值为 127 的字符表示删除即 DEL。

第二部分：95 个打印字符(ASCII 值 32~126)。

这些字符都能在键盘上找到符号,可以输出。特殊的 ASCII 值为 32 的字符也是可打印字符,输出空格。

第三部分：128 个扩展的 ASCII 可打印字符,由于基本用不到,故本教材不涉及。

示例：字符'3'与整数 3 的区别。

字符'3'为字符型数据,在 C 语言中占一个字节,计算机内存中存储的是其对应的 ASCII 值 51,存储内容为：0011 0011。

而整数 3 为整型数据,设某系统中整型数据占两个字节,计算机中存储的是十进制数 3 对应的 16 位二进制数形式,存储内容为：0000 0011。其区别如表 2-4 所示。

表 2-4　字符'3'与整数 3 的区别

类　型	对应十进制数	存储内容
'3'(字符 3)	51	0011 0011
3(整数 3)	3	0000 0000 0000 0011

3. 字符型数据的格式化输入与输出

字符型格式控制符为：%c。

调用 scanf 函数,从键盘上输入一个字符的格式如下。

```
char ch;                    //定义字符变量 ch
scanf("%c",&ch);            //输入字符,并按回车键后,该字符存入 ch 变量中
```

输入格式控制符为%c,并且 ch 变量前必须加取地址符 &,表示把输入的字符存入变量 ch 的地址所对应的内存空间。

调用 printf 函数时,若要以字符形式输出,其格式控制符为%c,例如：

```
char ch='a';                //把字符 a 对应的 ASCII 值 97 赋给 ch
```

变量 ch 中存储的内容为 0110 0001 即 97。

```
printf("%c,%d\n",ch,ch);    //输出为：a,97
```

第一个输出格式控制符为%c,表示把变量 ch 中的值 0110 0001 即 97,以字符形式输出。也就是查找到 ASCII 值为 97 对应的字符 a,并输出该字符。

第二个输出格式控制符为%d,表示把变量 ch 中的值 0110 0001 即 97,以十进制整数形式输出,即输出 97。

4. 转义字符

转义字符是一种特殊的字符,这些字符无法从键盘输入,也不能向屏幕输出或打印,一般是起控制作用的控制字符,转义字符一般以反斜杠\开头。

如最常用的符号\n,是\和 n 组合在一起的,形成一个转义字符,通常称为换行符,作用

是把光标移动到下一行的行首位置；由于在 C 语言中单引号一般作为字符的边界，双引号为字符串边界及作为 printf 函数中格式控制串的起止标志，故如果在 printf 函数中想输出单引号或双引号时，需要使用转义字符\'和\"。同理，使用转义字符\\表示\。常用的转义字符如表 2-5 所示。

表 2-5　转义字符及意义

转义字符	意　义
\a	报警
\b	退格
\f	走纸（换页）
\r	回车（使光标移到该行的行首）
\n	换行（使光标从当前行该列位置移动到下一行该列位置）
\t	水平制表符
\v	垂直制表符
\\	反斜杠\
\'	单引号（'）
\"	双引号（"）
\?	问号（?）
\0oo	ASCII 值为该八进制数的字符（o 代表一位八进制数字）
\xhh	ASCII 值为该十六进制数的字符（h 代表一位十六进制数字）

到底何时使用转义字符？如果仅是需要用 printf 中输出问号，可以使用转义字符\?，也可以直接使用字符?。原因是 printf 的输出格式中无问号，不会发生混淆，故如下两条语句都可实现输出问号。

```
printf("?");                    //使用? 字符,直接输出
printf("\?");                   //使用转义字符,输出问号
```

再比如，虽然使用转义字符\'可表示单引号，那么使用 printf 函数输出单引号时，是否也必须使用转义字符呢？答案是否定的。如下两条语句均可输出单引号。为增强程序可读性和规范性，推荐使用转义字符\'输出单引号。

```
printf("'");                    //直接输出单引号,不推荐该写法,可读性差
printf("\'");                   //使用转义字符输出单引号,推荐该写法
```

思考：如何使用 printf 函数输出双引号。

例 4　设计程序，运行该程序后，输出如下两行信息，并伴随扬声器响一声。

```
A: "Are you 007?"
B: "No!I'm a buzzer..."
```

【分析】

设计思路如下。

(1) 显然用到 printf 函数，printf 函数的一般格式为：printf("…%格式符…%格式符…",列表 1,列表 2,…)；，但本例可不用涉及输出列表，故简化为 printf("…")，由于双引号为 printf 格式的一部分，故两行输出信息中的双引号必须要使用转义字符\"表示。由前述分析，在 printf 中使用?和\?均可输出问号。故第一条输出语句可写为：printf("A: \

"Are you 007\?\"\n");。

(2) 扬声器响一声，很容易想到使用转义字符\a，发散思维，经查表，转义字符\a的ASCII值对应的十进制表示为7，再根据表2-5最后两行，\后加数值，表示ASCII为该数值的字符，所以，使用反斜杠\后加数值7与使用转义字符\a效果相同。十进制表示为\7，八进制表示为\07，如表示成\007更具艺术性，十六进制表示为\x7或\x007等均可。故第二条输出语句可写为：printf("B:\"No!I'm a buzzer...\007\"\n");或printf("B:\"No!I'm a buzzer...\a\"\n");。

【参考代码】

```
#include<stdio.h>
int main(void)
{
    printf("A:\"Are you 007\?\"\n");      //转义字符\"表示双引号",?同\?
    printf("B:\"No!I'm a buzzer...\007\"\n");
    return 0;
}
```

【说明】

为增强互动性并方便观察，在两条printf之间可增加输出窗口暂停的功能。由第1章内容可知，使用getch()可实现输出窗口暂停，该函数直接从键盘获取键值，输入任意键后可继续，对应头文件为conio.h，由于为非标准库函数，故注意可移植性；后续还会介绍getchar()，该函数从缓冲区获取字符，故只有按下回车键后方可继续，对应头文件为stdio.h。在后续章节将介绍两者的区别。一般程序调试时，使用getch()使运行输出结果暂停。

例5 分析以下程序，并输出其运行结果。

【程序代码】

```
#include<stdio.h>
int main(void)
{
    char ch='d';
    printf("character %c\'s ASCII is %d\n",ch,ch);      //把\'可换成'
    return 0;
}
```

【分析】

(1) 第一个格式控制符为%c，表示以字符形式输出变量ch中的数据，即字符d。第二个格式控制符为%d，表示以十进制整数形式输出变量ch中的数据，即其ASCII值的十进制表示100。

(2) \'为转义字符，表示单撇号，也可直接使用单撇号'。

【运行结果】

```
character d's ASCII is 100
```

【复习思考题】

1. 简述字符型的定义。

2. 简述字符型数据在计算机中的存储形式。

3. 简述'2'与 2 的区别。

4. 简述使用%c 和%d 格式符输出某字符型变量的差别。

5. 列举常见的转义字符。

2.3 输入输出

在前几节陆续介绍了常见数据类型的输入输出，本节将重点介绍数值数据及字符型数据的格式化输入与输出操作。

(1) 格式化输入函数 scanf 的调用格式为：

```
scanf("格式控制",输入地址列表);
```

其中，格式控制部分使用双引号括起来，与输入地址列表之间使用逗号隔开，取变量地址的运算符为 &。

格式化输入函数 scanf 遇到空格、回车键或 Tab 键等均会结束输入操作。

(2) 格式化输出函数 printf 的调用格式为：

```
printf("格式控制",输出项列表);
```

2.3.1 字符型数据的输入和输出

除了可以使用 scanf 和 printf 输入输出字符型数据外，C 编译器还提供了专门用于字符输入输出的“函数”：getchar 和 putchar。

(1) 字符输入“函数”getchar 的函数原型：

```
int getchar(void);
```

功能：从键盘输入一个字符，返回该字符对应的 ASCII 值。由于 ASCII 值为一个字节，与字符型表示范围相同，故该函数的返回值可以保持到字符型变量中。

所在头文件：stdio.h

调用方式举例：

```
char c=getchar();
```

该语句与如下使用 scanf 函数输入字符的方式等价：

```
scanf("%c",&c);
```

说明：

① 空格、回车或 Tab 键均认为是字符。

② 当按下回车键后，输入结束，输入的字符及回车键产生的换行符一同送入输入缓冲区中。函数 getchar 从输入缓冲区中获取一个字符，所以换行符会被残留在输入缓冲区。当后续再调用 getchar 或 scanf 输入字符时，实际输入的是输入缓冲区中上次输入残留的换行符\n，可能无法获取想要输入的字符。

解决方案：在每次调用 scanf 或 getchar 输入数据后，再调用一次 getchar 用于吸收上次输入缓冲区残留的换行符，以便消除对下次输入字符数据的影响。

常见误区：不建议在每次使用输入字符前，调用 stdio.h 头文件中的 fflush 函数清空输入缓冲区，如 fflush(stdin);，虽然个别编译器如 VC++ 6.0 支持该功能，但属于非标准方式，其他编译器可能不支持该方式。将会影响程序的可移植性，尽量避免使用。

(2) 字符输出函数 putchar 的函数原型：

```
int putchar(int ch);
```

所在头文件：stdio.h

调用格式：

```
putchar(字符常量);
```

或者

```
putchar(字符变量);
```

例如：

```
char ch='a';
putchar(ch);                    //输出变量 ch 中的字符 a
putchar('a');                   //输出字符常量 a
```

该语句与如下两条使用 printf 函数输出字符的语句等价：

```
printf("%c",ch);
printf("%c",'a');
```

例 6 分析以下程序在两种不同的输入方式下对应的输出结果。

【输入方案 1】 在输入字符 a 后，按回车键，然后再输入字符 b 后回车。格式如下：

```
a↙
b↙
```

【输入方案 2】 连续输入 a 和 b 两个字符后，按一次回车键。格式如下：

```
ab↙
```

【程序代码】

```
#include<stdio.h>
int main(void)
{
    char c1,c2;
    printf("Input two characters:\n");
    c1=getchar();
    c2=getchar();
    printf("c1=%c,c2=%c\n",c1,c2);
    return 0;
}
```

【方案 1 分析】

① 当输入字符 a 按下回车键后，'a'及'\n'送入输入缓冲区，而 getchar 获取一个字符，且遇到换行符结束。故'a'输入到变量 c1 中。而'\n'依然残留在输入缓冲区。

② 当再次调用 getchar 函数输入字符时，输入缓冲区中恰有残留的字符'\n'获取到 c2 中，且遇该字符结束输入。即还没有输入 b 及换行符，程序已经结束。

③ 转义字符'\n'并不显式，而是控制输出换行。

【方案 2 分析】

① 连续输入两个字符'a'和'b'后按下回车键，此时把字符'a'、'b'及换行符'\n'送入输入缓冲区。

② 连续两次使用 getchar，第一次从输入缓冲区中获取第一个字符'a'保存到变量 c1 中，第二个 getchar 从输入缓冲区中获取第二个字符'b'保存到变量 c2 中，遇到'\n'输入结束。

【运行结果 1】

```
Input two characters:
a↙
c1=a,c2=
```

【运行结果 2】

```
Input two characters:
ab
c1=a,c2=b
```

例 7 分析以下程序在指定输入方式下对应的输出结果。

【输入方案】 在输入字符 a 后，按回车键，然后再输入字符 b 后回车。格式如下。

```
a↙
b↙
```

【程序代码】

```
#include<stdio.h>
int main(void)
{
    char c1,c2;
    printf("Input two characters:\n");
    c1=getchar();
    getchar();
    c2=getchar();
    printf("c1=%c,c2=%c\n",c1,c2);
    return 0;
}
```

【分析】

第一次输入字符操作 c1=getchar();后，在输入缓冲区中残留了换行符，再次调用 getchar();是为了吸收掉上次输入操作后残留在输入缓冲区中的结束换行符。故不会再对下次字符输入字符操作 c2=getchar();造成影响。

【运行结果】

```
Input two characters:
a
b
c1=a,c2=b
```

【复习思考题】

1. scanf 及 getchar 输入字符型变量的原理是什么？换行符是否残留在输入缓冲区中？举例验证，如何消除对下一次输入字符数据的影响。

2. 分析以下程序按如下输入方式对应的输出结果，并分析其原因。

```
a↙
b↙
```

【程序代码】

```
#include<stdio.h>
int main(void)
{
    char c1,c2;
    printf("Input two characters:\n");
    c1=getchar();
    c2=getchar();
    printf("c1=%d,c2=%d\n",c1,c2);          //注意格式变化
    return 0;
}
```

3. 当多次调用 scanf 或 getchar 输入字符时，可能会出现什么情况？如何解决？

2.3.2 数值型数据的输入和输出

1. 各数值之间采用默认的间隔符输入

当使用 scanf 函数输入数值型数据时，会跳过空格、Tab 键及换行等空白符。

各数值之间可默认使用空格、Tab 键或换行符等作为间隔符。

例如：

```
int a,b;
scanf("%d%d",&a,&b);          //两个格式控制符%d之间可以有若干空格，效果相同
```

以下输入格式的效果均相同，均实现了把 3 输入到变量 a 中，把 5 输入到变量 b 中。

```
3 5↙                          数值之间用一个空格隔开
3      5↙                     数值之间用多个空格隔开
3     5↙                      数值之间用 Tab 键隔开
3↙
5↙                            数值之间用回车键即新行隔开
```

以下输入格式是错误的，得不到预期的结果。

3,5↙错误。

严禁在格式化输入函数 scanf 的格式控制部分加入'\n'等之类的控制字符。通常认为如下输入语句是错误的，可能得不到预期的结果。

```
scanf("%d%d\n",&a,&b);        //错误。格式控制部分不能加'\n'
```

2. 各数值之间采用指定间隔符输入

当使用 scanf 函数输入数值型数据时，若在格式控制部分指定了数值之间的间隔符，则输入时也必须严格按照该间隔符把多个数值间隔开。

```
float a;
int b;
scanf("%f,%d",&a,&b);                    //指定数值间隔为逗号','
```

则如下输入格式是正确的。

```
3.2,5↙
```

如下输入格式是错误的，得不到预期的结果。

```
3.2 5↙  错误，数值间隔符与指定间隔符不一致。
```

如果格式控制部分含有除格式控制符之外的其他字符，当从键盘输入时，格式控制符之外的所有字符按其格式原封不动地输入，仅把各个格式控制符替换成对应的数值后，按回车键即可。

例如：

```
int a,b;
scanf("a=%d,b=%d",&a,&b);
```

正确的输入格式为：a=3,b=5↙

3. 数值型数据的输出

格式化输出函数 printf 的调用格式为：

```
printf("…格式符 1…格式符 2…",输出项 1,输出项 2,…);
```

输出时，仅把格式控制部分的各个格式控制符替换成输出列表中对应的各个输出项，格式控制部分的其他字符原封不动地输出。如格式控制部分含有如'\n'、'\t'等不可见的控制字符时，则执行相应的控制功能：换行、间隔一个制表符位宽等。

例如：

```
int a=5,b=9;
printf("a=%d,b=%d\n",a,b);
```

输出结果：

```
a=5,b=9
```

2.3.3 数值与字符混合输入和输出

由于使用 scanf 函数输入数值型数据时，会跳过空白符，而输入字符数据时，空白符也当成字符输入，故当混合输入数值和字符时，不同的输入顺序或格式，都可能导致不同的结果。

例如，有如下变量定义及输入语句。

```
int a;
char ch;
scanf("%d%c",&a,&ch);
```

如果输入 2 保存到变量 a 中，字符'd'保存到变量 ch 中，则正确的输入数据的格式为：

```
2d↙
```

以下输入格式得不到预期正确结果：

2 d↙ 错误。2 成功输入到 a 中，空格字符输入到变量 ch 中。

若把数值 2 和字符'd'的输入顺序颠倒如下：

```
scanf("%c%d",&ch,&a);
```

则如下输入格式，均可得到预期正确结果。

d2↙ 正确。

d 2↙正确。字符'd'与数值 2 之间可以多个空格，原因是使用 scanf 输入数值数据时，会跳过之前的空白符。

【复习思考题】

分析以下程序当输入 2 d↙时，输出程序的运行结果。并分析其原因。

```
#include<stdio.h>
int main(void)
{
    int a;
    char ch;
    printf("Input data:");
    scanf("%d",&a);
    ch=getchar();
    printf("a=%d,ch=%d\n",a,ch);
    return 0;
}
```

小　　结

1. 本章主要知识点梳理

本章主要介绍了顺序结构程序举例，基本数据类型，以及格式化输入和输出函数 scanf 和 printf 的调用格式。本章主要知识点总结如表 2-6 所示。

表 2-6　本章主要知识点梳理

知识点	示　　例	说　　明
C 程序流程结构分类	分为：顺序结构、分支结构、循环结构	从本章开始讲解第一种程序结构：顺序结构。即程序中的所有语句都是按照从上到下的顺序依次执行的
常见基本数据类型及关键字	(1) 整型(int)：短整型(short)、长整型(long)、有符号(默认，signed 可省略)、无符号(unsigned)等众多衍生整型类型 (2) 字符型(char) (3) 浮点型：单精度(float)、双精度(double)	(1) 类型所占字节数受多因素影响，故不需要准确记住每种类型所占字节数，可使用 sizeof 运算符求解特定环境中的类型大小。 (2) 在 C 语言中，字符型通常占一个字节，其他编程语言中不一定。 (3) 不能笼统地说 int 占两个或 4 个字节

续表

知识点	示　　例	说　　明
字符 3 和整数 3 的区别	字符'3'占一个字节，其存储的是该字符 ASCII 值 51 的二进制表示，其格式为： 00110011 整数 3 的存储格式为(假设整型占两个字节)： 00000000 00000011	整数 1+1=2 字符数据'1'+'1'≠'2'
printf 的常用输出格式控制符	(1) 整型：%d　%u　%o　%x　%X %d 十进制形式　%u 无符号十进制形式 %o 八进制形式　%x 小写十六进制形式 %X 大写十六进制形式 (2) 字符型：%c %d %c　字符形式 %d　其 ASCII 值的十进制形式 (3) 浮点数：%f(单精度)、%lf(双精度) (4) 字符串：%s (5) 输出百分号：%%	指数形式的输出格式控制符有：%e　%E %e 如 1.2e+3 %E 如 1.2E+3

字符数据输入	char ch;
	scanf("%c",&ch);
	ch=getchar();
		getchar()的功能是从键盘输入一个字符

字符数据输出	char ch='A';
	printf("%c",ch);
	putchar(ch);
		putchar()的功能是向屏幕输出一个字符

使用 scanf 函数或 getchar 输入字符数据时，需要注意如果连续两次以上调用 scanf/getchar 输入字符时，由于上一次输入的换行符残留在输入缓冲区中，故导致下一次再调用 scanf/getchar 输入字符数据时，实际上获取的是输入缓冲区中上一次输入残留的字符，因此，可能得不到预期的结果。解决方案：在每次输入字符数据后再调用函数 getchar 用于吸收缓冲区中残留的换行符，以免影响下次字符数据输入。

2. 本章易错知识点

本章易错知识点见表 2-7。

表 2-7　本章常见易错点

易错知识点	示　　例	说　　明
调用格式化输入函数 scanf 的常见错误	int a; scanf("%d",a);　　　//变量 a 前少 & scanf("%d,"&a);　　//逗号位置错 scanf("%d\n",&a);　//输入不能加\n	scanf 的参数可分为两部分，双引号内的格式控制部分及输出项列表部分，两者用逗号隔开

调用格式化输出函数 printf 的常见错误	int a=3,b=5;
	格式控制符与输出项列表个数不匹配，如：
	printf("%d",a,b);
	printf("%d%d",a);
		输出格式控制符的个数应与输出项个数严格一致

习　　题

1. 简单的顺序结构程序

1) 标识符、关键字、常量、变量

(1) 下列选项中,合法的C语言关键字是(　　)。

A. Return　　B. integer　　C. char　　D. If

(2) 下列选项中,合法的用户标识符是(　　)。

A. int　　B. 2_a　　C. _s1　　D. a&1

(3) 下列选项中,不正确的常量是(　　)。

A. 5.3f　　B. 'a'　　C. "Dream"　　D. 'hi'

(4) 下列选项中,正确的变量定义格式是(　　)。

A. int a;b;　　B. int a,b=6;　　C. int a=b=6;　　D. inta,b;

2) 运算符、表达式、语句

下列选项中,正确的C语句是(　　)。

A. int a=b=8;　　B. #define N 3

C. const int a=5;　　D. #define PI 3.14;

3) 格式化输入、输出

设有变量定义语句:int a,b;,则下列选项中,正确的输入语句是(　　)。

A. scanf("%d%f",a,b);　　B. scanf("%d%d";&a,&b);

C. scanf("%d%d",&a,&b);　　D. scanf("%d%d,&a,&b");

2. 数据类型

1) 整型类型

简述原码、反码、补码的概念及关系。并计算-11和11的原码、反码及补码。

2) 浮点类型

(1) 下列选项中,正确的浮点型常量是(　　)。

A. 123　　B. 1E2.2　　C. e2　　D. 123.0

(2) 浮点类型的零值如何判断?举例说明。

3) 字符类型

下列选项中,正确的字符常量是(　　)。

A. '@'　　B. a　　C. "a"　　D. 'hi'

3. 输入输出

1) 字符型数据的输入和输出

分析以下两程序段在相同输入格式下的输出结果的差异,分析该差异的原因。

```
a↙
b↙
c↙
```

【程序代码 1】

```
#include<stdio.h>
int main(void)
{
    char c1,c2,c3;
    printf("Input 3 characters:\n");
    c1=getchar();
    c2=getchar();
    c3=getchar();
    printf("c1=%c,c2=%c,c3=%c\n",c1,c2,c3);
    return 0;
}
```

【程序代码 2】

```
#include<stdio.h>
int main(void)
{
    char c1,c2,c3;
    printf("Input 3 characters:\n");
    c1=getchar();
    getchar();
    c2=getchar();
    getchar();
    c3=getchar();
    printf("c1=%c,c2=%c,c3=%c\n",c1,c2,c3);
    return 0;
}
```

2) 数值型数据的输入和输出

(1) 从键盘输入一圆的半径,计算并输出该圆的面积。

(2) 数值与字符混合输入和输出时的注意事项。

(3) 设有如下语句:

```
int a;
char ch;
scanf("%d%c",&a,&ch);
```

如果输入 2 到变量 a 中,字符'd'到变量 ch 中,则正确的输入数据的格式为(　　)。

A. 2 d↙　　B. 2↙ d↙　　C. 2d↙　　D. 2,d↙

第3章 运算符与表达式

本章学习目标

- 掌握常见的运算符的优先级与结合性
- 掌握各种常见的表达式
- 根据优先级和结合性分析复杂表达式的执行顺序

本章首先向读者介绍运算符的基本概念，如左值、右值、运算符操作数个数等。接着介绍常见的运算符及其对应的表达式。然后介绍运算符的优先级和结合性，并重点介绍根据优先级和结合性分析复杂表达式的执行顺序。最后介绍强制类型转换运算符及其使用。

3.1 运算符和表达式中的基本概念

程序无非是对各种关系（数值关系、逻辑关系等）进行操作的代码集合，对关系的操作都可以看成是对数据的操作，对不同数据的操作，C语言提供了对应的运算符。使用运算符把操作数结合起来形成的式子，称为表达式。

在讲解具体运算符之前，介绍几个与之相关的术语：操作数（operand）、运算符（operator）、左值（lvalue）和右值（rvalue）。

操作数（operand）是程序操纵的数据实体，该数据可以是数值、逻辑值或其他类型。该操作数既可以是常量也可以为变量。例如：

```
int a=3;
int b=a+2;
```

加运算符'+'，取出变量a中的值3，与常量2相加，并把求和表达式a+2的结果5保存到变量b中。

运算符（operator）是可以对数据进行相应操作的符号。如对数据求和操作，用加法运算符'+'，求积操作使用乘法运算符'*'等。

根据运算符可操作的操作数的个数，可把运算符分为一元运算符、二元运算符和多元运算符（一般三元）。

C语言提供了丰富的运算符，有：算术运算符、关系运算符、逻辑运算符、赋值运算符、移位运算符、逗号运算符及sizeof运算符。对应有：算术表达式、关系表达式、逻辑表达式、赋值表达式、移位表达式、逗号表达式及sizeof表达式等，本节将介绍常见的运算符及对应表达式。

3.2　算术运算符及算术表达式

算术运算符按操作数个数可分为一元运算符(含一个操作数)和二元运算符(含两个操作数)。一元运算符的优先级一般高于二元运算符。

一元运算符：+(正号)、-(负号)、++(增 1)、--(减 1)。

二元运算符：+(求和)、-(求差)、*(求积)、/(求商)、%(求余)。

1. 符号运算符：+(正号)、-(负号)

'+'(正号)表示不改变操作数的值及符号,如 23 也可表示为+23,编译器不报错。而'-'(负号)可用于得到一个数的相反数。例如：

```
int a=-5;
int b=-a;
```

在变量 a 前加-(负号)后赋值给 b,即把 a 的相反数赋给 b。

2. 自增量运算符：++(增 1)、--(减 1)

自增量运算符均有两种使用形式,++a、a++及--a、a--,也称为前缀形式和后缀形式。

在讲解自增量运算符的两种形式之前,先介绍下左值(lvalue)和右值(rvalue)的概念。

计算机内存中可修改的存储对象,一般称为左值或 lvalue。例如：

```
int a;                    //整型变量 a 可以作为左值使用
float b;                  //单精度浮点型变量 b 也可作为左值使用
const int c;              //因为常变量 c 的值不允许改变,故不可作为左值使用
```

把可赋值给左值的量称为右值或 rvalue。右值可以是常量、变量或者表达式。例如：

```
int a,b;                  //定义整型变量 a 和 b
a=2;                      //把常量 2 作为右值,赋给左值 a
b=a;                      //把变量 a 作为右值,赋给左值 b
b=a+3;                    //把表达式 a+3 的值作为右值,赋给左值 b
```

前缀形式：如++a 为前缀加形式的增 1 表达式,表示把变量 a 的值加 1 后的值作为该表达式的值,同时变量 a 本身的值加 1；--a 类似,表示把变量 a 的值减 1 后的值作为该表达式的值,同时变量 a 本身的值减 1。

例如：

```
int a=5,b;
```

则语句 b=a++;与 b=++a;的含义不同。若采用第一条赋值语句,则直接把 a 的原值 5 赋给变量 b。若采用第二条赋值语句,则把 a 的原值 5 加 1 后的值 6 赋给变量 b。但相同的是,这两种赋值方式均使变量 a 自身的值增了 1,即执行完后,a 均为 6。

后缀形式：如 a++为后缀加形式的增 1 表达式,表示先直接把变量 a 原来的值作为该表达式的值,然后变量 a 本身的值加 1；a--类似,表示先直接把变量 a 原来的值作为该表达式的值,然后变量 a 本身的值减 1。

注意：浮点型变量也同样支持自增量运算操作。例如：

```
float a=3.2f;
a++;
printf("a=%f\n",a);
```


执行完自增量运算后,输出 a=4.200 000。

建议在实际编程中,应尽量避免对浮点型变量进行自增量运算操作。

通过下面的例子,掌握前缀增 1 与后缀增 1 两种使用形式的异同。

例 1 分析以下程序,输出其运行结果。

【程序代码】

```
#include<stdio.h>
int main(void)
{
    int a=2,b,c,d;
    b=++a+4;
    c=3*a++;
    d=a--*3;
    printf("a=%d,b=%d,c=%d,d=%d",a,b,c,d);
    return 0;
}
```

【分析】

(1) b=++a+4;该语句中运用到三个运算符:前缀增 1 运算符++、加法运算符+和赋值运算符=,三个运算符的优先级是一元运算符++最高,其次是求和,最低的是赋值运算符。该语句等价于 b=(++a)+4;先取变量 a 的值 2 加 1 后的结果 3 作为++a 表达式的值,然后把该表达式的值 3 与 4 求和的值 7 赋值给变量 b,即 b 值为 7。执行完该语句后变量 a 自身值增 1,其值变为 3。

(2) c=3*a++;等价于 c=3*(a++);表示把 3 与 a++求积的结果赋给 c,而 a++表达式表示先把变量 a 的值 3 作为该表达式的值,即 c=3*3;同时变量 a 自身值增 1,变为 4。

(3) d=a--*3;先取变量 a 的值 4 作为表达式 a--的值,把 4*3 的值 12 赋给变量 d。同时变量 a 自身减 1,变为 3。

(4) printf("a=%d,b=%d,c=%d,d=%d",a,b,c,d);双引号中有 4 个输出格式控制符,依次使用输出列表中 4 个输出项 a、b、c、d 的值替换。

【运行结果】

```
a=3,b=7,c=9,d=12
```

3. 增 1、减 1 运算符的副作用

注意:增 1、减 1 运算符是具有副作用的运算符,即不仅能改变表达式的值,也改变了变量自身的值。使用时要慎重,尤其以下两种情况,要避免使用。

(1) 当一个变量多次出现在某表达式中时,建议不要将增 1 或减 1 运算符应用于该变量。例如:

```
int a=1;                    //定义整型变量 a,并赋初值 1。
int b;                      //定义整型变量 b,未初始化。
b=a++ + a++;                //杜绝编写类似的表达式!
```

a++ + a++该表达式的值到底是两次取 a 的原值 1 相加的结果 2 赋给 b，即 b=2=1+1，还是按从左到右取 a 原值 1 作为第一个 a++表达式的值，同时变量 a 增 1 变为 2。第二个表达式的值为取 a 的值 2 作为表达式的值，同时变量 a 增 1，变为 3，这样 b=3=1+2，还是从右到左依次运算。C 标准没有对此进行统一规定，不同的编译器可能得到不同的结果。死记硬背这类操作的规则毫无意义！为了增强代码的可读性及可移植性，并避免产生歧义性，这种非标准的语法一定要慎用或不用。

(2) 多参函数调用时，如果一个变量出现在多个实参中时，不要对该变量使用增 1 或减 1 运算符。原因同上，即不同编译器可能得到不同结果，出现歧义性。

4. 相除/、%(求余)

1) 相除运算符/

(1) 当运算符/的操作数(被除数和除数)均为整数时，结果为取商(取整)。

例如：16/5 结果为两数相除的商 3。

(2) 当运算符/的操作数中有一个或两个浮点数时，结果与数学中除法运算相同，包含整数部分和小数部分。

例如：8/2.5 结果为 3.2。

2) 取余运算符%

(1) 当运算符%的操作数(被除数和除数)均为整数时，结果为取余。

例如：16%5 结果为两数相除的余数 1。

(2) 当运算符%的操作数中有一个或两个浮点数时，语法错误。

例如：8%2.5 语法错误。

运算符%两操作数都必须为整数，否则语法错误。

在程序设计中，经常使用求商和求余运算符分解整数的各位数字。例如，分解十进制整数 123 的个位、十位和百位数字，可以有多种不同的分解方案，下面是其中一种方案。

```
int a=123,g,s,b;          //g:个位 s:十位 b:百位
g=a%10;                   //g=3
s=a/10%10;                //s=2
b=a/100;                  //b=1
```

【复习思考题】

1. 简述前缀增 1 与后缀增 1 运算符的异同点。
2. 自增量运算操作仅适用于整型吗？举例说明。
3. 求商运算符/与求余运算符%有何区别？举例说明。
4. 如何分离一个十进制数的各位数字？至少写出两种不同的方法。

3.3 逻辑、关系运算符及其表达式

1. 逻辑运算符

C 语言提供了以下三种逻辑运算符。

(1) 一元：!(逻辑非)。

(2) 二元：&&(逻辑与)、||(逻辑或)。

以上三种逻辑运算符中，逻辑非 ! 的优先级最高，逻辑与 && 次之，逻辑或 || 优先级最低。算术、逻辑、赋值运算符的优先级顺序为：

逻辑非 !>算术>逻辑与 &&、逻辑或 ||>赋值=

逻辑表达式的值为逻辑值，即布尔型(bool)，该类型为 C99 新增的，一些编译器可能还不支持该类型。

逻辑值分为逻辑真值和逻辑假值。一般情况下，在判断时，仅有零值被判断为逻辑假值(false)，一切非零值均可被判断为逻辑真值(true)；在存储和表示时，通常，使用 1 表示和存储逻辑真值，使用 0 表示和存储逻辑假值。

逻辑与 && 运算符的运算规则：只有两个操作数均为逻辑真时，结果才为真。其余情况，结果均为假。

逻辑或 || 运算符的运算规则：只有两个操作数均为逻辑假时，结果才为假。其余情况，结果均为真。

例如，设有定义语句 int a=3,b=5；则：

!a　由于 a 非零，为真，!a 为假，其值为 0
a||b 由于 a 和 b 均非零，均为真，故逻辑或的结果为真，其值为 1
a&&b 由于 a 和 b 均非零，均为真，故逻辑与的结果为真，其值为 1
!a||b&&2 由于逻辑非 ! 优先级最高，首先与 a 结合，而 && 优先级高于 ||，相当于(!a)||(b&&2)即 0||1 为真，其值为 1。

逻辑与 &&、逻辑或 || 均有“短路”特性。

(1) 逻辑与 &&“短路”：当逻辑与 && 的左操作数为逻辑假时，就足以判断该逻辑运算的结果为假了，故右操作数就不再被执行。

(2) 逻辑或 ||“短路”：当逻辑或 || 的左操作数为逻辑真时，就足以判断该逻辑运算的结果为真了，故右操作数就不再被执行。

例如：

```
int a=1,b=2,c;
c=a||++b;
printf("a=%d,b=%d,c=%d\n",a,b,c);
```

由于 a 为非零值，即为真，而当逻辑或 || 的左操作数为真时，就足以判断该逻辑操作的结果为真。故发生“短路”，即右操作数++b 不被执行。输出结果为：a=1,b=2,c=1。

例 2　分析以下程序，输出其运行结果。

【程序代码】

```
#include<stdio.h>
int main(void)
{
    int a=0,b=2,c;
    c=!a||++b&&a--;
    printf("a=%d,b=%d,c=%d\n",a,b,c);
    return 0;
}
```

【分析】

(1) 混合表达式 c=!a ||++b&&a--中含有的运算符有逻辑非!、逻辑或 ||、逻辑与 &&、算术前缀++、算术后缀--、赋值号=等 6 个运算符。逻辑运算符、算术运算符、赋值运算符的优先级的关系为：

```
逻辑非!>算术>逻辑与 &&、逻辑或 ||>赋值=
```

由于该表达式中赋值运算符优先级最低，故最后赋值。

(2) 根据优先级的高低，表达式!a ||++b&&a--等价于：(!a) ||((++b)&&(a--))，而逻辑或 ||的左操作数!a 为真，此时足以判断该表达式的值为真。故发生“短路”，即 ||的整个右操作数((++b)&&(a--))不再被执行。

【运行结果】

```
a=0,b=2,c=1
```

2. 关系运算符

C 语言提供的关系运算符有：>(大于)、>=(大于等于)、<(小于)、<=(小于等于)、==(等于)和!=(不等于)等 6 种二元关系运算符。

在以上 6 种关系运算符中，前 4 个的优先级高于最后两个。

由关系运算符组成的式子为关系表达式，如 a>b 即为关系表达式，在 C 语言中，同逻辑表达式一样，关系表达式的值也为逻辑值，即布尔型(bool)，取值为真或假。

算术、逻辑、关系、赋值运算符的优先级顺序为：

```
逻辑非!>算术>关系>逻辑与 &&、逻辑或 ||>赋值=
```

例如：

int a=3,b=5; 则：

```
a>b     逻辑假，其值为 0
a>=b    逻辑假，其值为 0
a<b     逻辑真，其值为 1
a<=b    逻辑真，其值为 1
a==b    逻辑假，其值为 0
a!=b    逻辑真，其值为 1
```

例 3 分析以下程序，输出其运行结果。

【程序代码】

```
#include<stdio.h>
int main(void)
{
    int a=0,b=1,c;
    c=a>=b ||b++>1;
    printf("a=%d,b=%d,c=%d\n",a,b,c);
    return 0;
}
```

【分析】

根据运算符的优先级，表达式 a>=b ||b++>1 等价于 (a>=b) || (b++>1)。a>=b 为假，其值为 0，逻辑或 ||不会发生“短路”，接着计算逻辑或 ||的右操作数 b++>1，由于是后缀加 1，故先取 b 的原值 1 与 1 比较大小，由于 1>1 为假，故逻辑或 ||的右操作数也为假，假 ||假=假，故 c 的值为 0。执行了一次 b++运算，故 b 的自身值增了 1，变为 2。

【运行结果】

```
a=0,b=2,c=0
```

【复习思考题】

1. 列举所有的逻辑运算符与关系运算符。

2. 按从高到低排列：逻辑运算符、算术运算符、关系运算符及赋值运算符的优先级顺序。

3. 逻辑表达式的运算规则是什么？

4. 逻辑运算中“短路”的含义是什么？设计一个具有“短路”特性的表达式，进行验证。

3.4 赋值运算符及赋值表达式

赋值操作是程序设计中最常用的操作之一，C 语言共提供了 11 个赋值运算符，均为二元运算符，其中仅有一个为基本赋值运算符=，其余 10 个均是复合赋值运算符。

基本赋值运算符：=。

复合赋值运算符：+=(加赋值)、-=(减赋值)、*=(乘赋值)、/=(除赋值)、%=(求余赋值)、<<=(左移赋值)、>>=(右移赋值)、&=(按位与赋值)、|=(按位或赋值)和^=(按位异或赋值)等。

赋值操作的优先级较低，仅高于逗号运算符。

1. 基本赋值=

如 int a=5;表示把 5 赋值给整型变量 a，不能读成 a 等于 5。赋值号左边必须为一左值，赋值号右边的右值可以为常量、变量或表达式。如下赋值均是正确的。

```
int a,b;                    //定义整型变量 a 和 b
a=3;                        //把常量 3 赋值给 a,右值为常量
b=a;                        //把变量 a 的值赋给 b,右值为变量
b=a+3;                      //把求和表达式 a+3 的值赋给 b,右值为表达式
```

以下赋值均是错误的。

```
int a=2;
3=a;                        //错误,常量 3 不能作为左值
const int b=5;              //定义整型常变量或只读变量 b,并初始化为 5,其值不能被改变
b=1;                        //错误,企图改变常变量的值,即常变量不能作左值
```

2. 复合赋值：+=、-=、*=、/=、%=

a+=b; 等价于 a=a+b;

a-=b; 等价于 a=a-b;

a*=b; 等价于 a=a*b;

a/=b; 等价于 a=a/b;

例如:

```
int a=5;
a+=3;                              //等价于 a=a+3;
```

由于赋值运算符的优先级很低,仅高于逗号运算符,故最后做赋值操作。

a+=3+2;等价于 a=a+(3+2);

通过下面的例子,掌握上述 4 种复合赋值运算符,并熟练掌握 printf 的使用。

例 4 分析以下程序,输出其运行结果。

【程序代码】

```
#include<stdio.h>
int main(void)
{
    int a=1,b=2,c=3;           //定义三个整型变量,并初始化
    float d=10.2f;             //定义 float 变量 d,用浮点常量 10.2 初始化
    a+=1;                      //相当于 a=a+1;即 a=1+1;a 等于 2
    b-=a+5;
    c*=a-4;
    printf("%d,%d,%d,%f",a,b,c,d/=a);
    return 0;
}
```

【分析】

(1) float d=10.2f;如果改为 float d=10.2;虽然没有语法错误,可以正常运行,但一般编译器会提示 warning(警告),原因是编译器会把 10.2 等常量默认当成 double 型常量处理,与 d 的类型 float 不一致,故出现警告。因此可通过加 f 明确 10.2 为 float 型常量。

(2) a+=1;相当于 a=a+1;求出 a 为 2。

(3) b-=a+5;由于赋值运算符的优先级低于算术求和运算符,故该语句等价于 b=b-(a+5);,即 b=2-(2+5);,得 b=-5; 同理 c*=a-4;c=3*(2-4);,故 c=-6。

(4) printf("%d,%d,%d,%f",a,b,c,d/=a);由于输出列表中 a、b 和 c 均为 int 型变量,故输出格式占位符均为%d; 输出列表中第 4 项为表达式,其表达式的值为 d=d /a=10.2f/2=5.1,为浮点类型,输出格式占位符为%f,在 VC++ 6.0 环境中,float 类型为小数点后保留 6 位数字。

【运行结果】

```
2,-5,-6,5.100000
```

【复习思考题】

当表达式中含有多个复合赋值运算符时,表达式的执行规则是什么?

3.5 移位运算符及移位表达式

使用左移运算符<<或右移运算符>>,只能改变该左移表达式或右移表达式的值,并不会改变变量本身的值;如要想在左移或右移过程中,改变变量本身的值,可使用左移赋值运算符<<=或右移赋值运算符>>=。

本节仅简单介绍移位操作的基本知识,有关移位操作的更多知识将在“位操作”章节讲解。

1. 左移运算符<<

将运算数的各二进制位均左移若干位,高位丢弃(不包含1),低位补0。左移时舍弃的高位不包含1,则每左移一位,相当于该数乘以2。

例如:计算10左移一位的结果。

若使用8位二进制数表示10,即0000 1010,左移一位后,最左端的一位丢弃,右端补一个0,为:[0]0001 0100,即左移一位后的8位二进制数为:0001 0100,对应十进制数为:$1\times 2^4+1\times 2^2=20$,即左移一位,相当于该数乘以2。

2. 右移运算符>>

注意:本章节所涉及的移位操作仅针对正数移位的情况,有关负数移位的相关知识将在“位操作”章节中讲解。

将运算数的各二进制位均右移若干位,左端补0,右边移出的位丢弃。则每右移一位,相当于该数除以2取整。

例如:计算10右移一位的结果。

若使用8位二进制数表示10,即0000 1010,右移一位后,最右端的一位丢弃,左端补一个0,为:0000 0101[0],即右移一位后的8位二进制数为:0000 0101,对应十进制数为:$1\times 2^2+1\times 2^0=5$,即右移一位,相当于该数除以2取整。

10右移两位,相当于把0000 1010右端两位丢弃,左端高位补两个0,即:0000 0010[10]。为2,相当于$10/2^2=10/4=2$。

例5 分析下列程序的输出结果。思考:把程序中前两个printf语句合并为printf("%d,%d\n",a << 2,a);,后两条合并为printf("%d,%d\n",b <<= 2,b);,分析输出结果。

【程序代码】

```
#include<stdio.h>
int main(void)
{
    char a=5,b=3;
    printf("%d\n",a<<2);     //以十进制整数形式输出表达式 a<<2 的值
    printf("%d\n",a);        //输出 a 的值
    printf("%d\n",b<<=2);    //输出左移赋值表达式 b=<<2 的值
    printf("%d\n",b);
    return 0;
}
```

【运行结果】

```
20
5
12
12
```

【分析】

(1) 定义两个字符型变量 a 和 b,每个占 8 位,并初始化为 5 和 3,其内存中为 a: 0000 0101,b: 0000 0011,故表达式 a<<1 的值为 0000 1010 即 10 相当于原值 5 的 2 倍,$10=5\times 2^1$,表达式 a<<2 的值为 0001 0100 即 20 相当于原值 5 的 4 倍,$20=5\times 2^2=5\times 4=20$。

(2) printf("%d\n",a<<2);输出表达式 a<<2 的值为 $5\times 2^2=20$,但 a 的值并未发生改变,依然是 5。

(3) printf("%d\n",b<<=2);左移赋值表达式 b<<=2 等价于 b=b<<2;,该表达式的值为 $3\times 2^2=12$,该表达式的值赋值给了 b,故变量 b 的值与表达式的值相同,也为 12。

【说明】

(1) 合并为两条 printf 语句后的输出为什么与单条输出结果不一致? 原因在于: printf 从最右端的一个输出参数列表开始计算,依次向左。如 printf("%d,%d\n", b<<=2,b);先计算最右边第一个的参数列表即 b 为 3,右边数第二个输出参数列表为左移赋值表达式 b<<=2,该表达式的值为 12。

(2) 如果把四条 printf 语句合并为两条输出语句后,程序的输出结果为:

```
20,5
12,3
```

对 &=、|=和^=这三种复合赋值运算符本章暂不做介绍。

3.6 sizeof 运算符及其表达式

运算符 sizeof 可用于求出某种类型或变量所占的字节数,返回字节数对应的整数值,该值与具体的机器位数及 C 编译器有关。例如,在 32 位机器上,使用 sizoef 求整型 int 所占字节数,在 Turbo C 中返回 2,而在 VC++ 6.0 中则返回 4。

如下使用方法均是正确的。

```
int a=2;
sizeof(a);                    //求某变量所占字节数
sizeof a;                     //当求变量字节数时,可省略括号,但不推荐该用法
sizeof(int);                  //求某种类型所占字节数
```

如下使用是错误的。

```
sizeof int;                   //错误,测试某种类型的字节数时,必须加括号
```

为了避免出现错误,统一编程风格起见,使用 sizeof 运算符不管是测试某变量还是某类型所占的字节数时,均加括号。

3.7　逗号运算符及逗号表达式

逗号运算符在C语言常见的运算符中,优先级最低。使用逗号运算符,把多个表达式连接起来组成逗号表达式,逗号表达式中最后一个表达式的值作为整个逗号表达式的值。

由于逗号运算符的优先级最低,为了避免不必要的错误,建议用括号把整个逗号表达式括起来作为一个整体参与运算。

例如:

```
int a=3,b=5,t;
t=a,a=b,b=t;
```

上述是使用逗号把三个赋值表达式连接起来形成的逗号表达式,从左向右依次执行各个表达式,上述表达式语句等价于如下三条赋值语句。

```
t=a;
a=b;
b=t;
```

该程序段的功能是交换变量 a 和 b 的值。执行完该程序段后,a=5,b=3。

通过如下例题,掌握逗号表达式的使用方法及注意事项。

例 6　分析以下程序,输出其运行结果。

【程序代码】

```
#include<stdio.h>
int main(void)
{
    int a1,a2,a3,b,c,d;
    a1=(b=6,c=7,d=5);         //赋值表达式 d=5 作为逗号表达式的值,赋给 a1
    a2=(++b,c--,d+1);         //求和表达式 d+1 作为逗号表达式的值,赋给 a2
    a3=++b,c--,d+1;
    printf("%d,%d,%d\n",a1,a2,a3);
    return 0;
}
```

【分析】

(1) a1=(b=6,c=7,d=5);括号内为把三个赋值表达式用逗号运算符连接起来的逗号表达式。最右端一个表达式的 d=5 作为整个逗号表达式的值,并把该值赋值给 a1,可等价为 a1=d=5;故 a1 等于 5;同理执行完该语句 a2=(++b,c--,d+1);后,b 得 7,c 得 6,a2=d+1,故 a2=6。

(2) 与前两个语句不同,a3=++b,c--,d+1;由于赋值运算符优先级高于逗号运算符优先级,故这条语句仅为逗号表达式语句,a3=++b 仅作为该逗号表达式中的第一条语句,把++b 表达式的值 7+1=8,赋给 a3;而整个逗号表达式的值 d+1=6 并未参与其他运算。综上分析可得,a1=5,a2=6,a3=8。

【运行结果】

```
5,6,8
```

【说明】

(1) 如果输出替换成

```
printf("%d,%d,%d",a1,a2,(a3=++b,c--,d+1));
```

该输出列表中从右端数第一项为逗号表达式(a3=++b,c--,d+1),该逗号表达式的值为d+1=5+1=6。该逗号表达式对a1、a2的值没有影响,故输出为5,6,6。

(2) 如果把该逗号表达式的括号去掉变成:

```
printf("%d,%d,%d",a1,a2,a3=++b,c--,d+1);
```

编译器将认为输出列表有5项,与输出格式占位符个数三个不匹配,将得到错误结果。故使用逗号表达式时建议勿忘加括号。

3.8 运算符的优先级与结合性

所谓运算符的优先级是指在复合表达式中不同运算符的执行顺序。C语言中运算符的优先级分为15级,1级为最高,15级最低。

而运算符的结合性,则是指当相邻的运算符具有相同的优先级时,表达式的结合方向。C语言中运算符的结合性分为两种:左结合性(从左向右)、右结合性(从右向左)。

左结合性:把优先级相同且相邻的各个运算符,按从左到右的顺序依次为其组成清晰完整的表达式。

右结合性:把优先级相同且相邻的各个运算符,按从右到左的顺序依次为其组成清晰完整的表达式。

关于C语言中运算符的优先级和结合性,请查阅本教材附录C。

其实在前几节运算符的讲解中,已经涉及运算符的优先级和结合性,本节仅对常用的几类运算符的优先级和结合性进行讲解。

(1) 算术运算符(+、-、*/)的结合性均是左结合性,即从左向右。

例如:

```
1+2+3+4
```

该表达式中有三个相邻且相同的+运算符,优先级相同,故要考虑该运算符的结合性。由于算术运算符+的结合性是左结合性,即从左到右,分析过程如下。

第1步:先把最左端的+运算符组成一个完整的加法表达式,而最左端的+运算符已经有确定的左操作数1,只需要再结合一个右操作数2即可为该运算符构成完整的加法表达式。等价于:

```
(1+2)+3+4
```

第2步:把从左端起第二个+运算符组成完整的加法表达式,该运算符的左操作数为(1+2)已确定,只需再为其结合一个右操作数3即可为该运算符构成完整的加法表达式。

等价于：

```
((1+2)+3)+4
```

第 3 步：把最右端的+运算符组成完整的加法表达式，该运算符的左操作数((1+2)+3)已经确定，而此时该运算符的右操作数只能为 4，无歧义。无须再加括号显式指定。

(2) 赋值运算符的结合性均是右结合性，即从右向左。

例如：

```
int a,b,c;
a=b=c=6;
```

上述语句中，赋值表达式 a=b=c=6 中含有三个相邻的赋值号=，优先级相同，故要考虑该运算符的结合性。由于该运算符的结合性是右结合性，即从右向左，分析过程如下。

第 1 步：先把最右端的=运算符组成一个完整的赋值表达式，而最右端的=运算符已经有确定的右操作数，即右值 6，只需要再结合一个左操作数，即左值 c，即可为该运算符构成完整的赋值表达式。等价于：

```
a=b=(c=6)
```

第 2 步：把从右端起第二个=运算符组成完整的赋值表达式，该运算符的右操作数，即右值为(c=6)已确定，只需再为其结合一个左操作数，即左值 b，即可为该运算符构成完整的赋值表达式。等价于：

```
a=(b=(c=6))
```

第 3 步：把最左端的=运算符组成完整的赋值表达式，该运算符的右操作数，即右值(b=(c=6))已经确定，而此时该运算符的左操作数，即左值只能为 a，无歧义。无须再加括号显式指定。

再比如：

```
int a=5,b=9;
a+=b*=a/=2;
```

执行完上述表达式后，a 的值是多少？

由于复合赋值运算符+=、-=、*=、/=、%=等运算符的优先级属于一个等级，即均相同，故要考虑该类运算符的结合性。由于赋值运算符的结合性是右结合性，即从右向左，分析过程如下。

第 1 步：先把最右端的/=运算符组成一个完整的复合赋值表达式，而最右端的/=运算符已经有确定的右操作数，即右值 2，只需要再结合一个左操作数，即左值 a，即可为该运算符构成完整的复合赋值表达式。等价于：a+=b*=(a/=2)。

此时 a 的值为：a/=2 等价于 a=a/2=5/2=2。

第 2 步：把从右端起第二个*=运算符组成完整的复合赋值表达式，该运算符的右操作数，即右值为(a/=2)即 a 的值 2 已确定，只需再为其结合一个左操作数，即左值 b，即可为该运算符构成完整的复合赋值表达式。等价于：a+=(b*=(a/=2))。

相当于 a+=(b*=2)。b*=2 等价于 b=b*2=9*2=18。

第 3 步：把最左端的+=运算符组成完整的复合赋值表达式，该运算符的右操作数，即右值(b*=(a/=2))即 b 的值 18 已经确定，而此时该运算符的左操作数，即左值只能为 a，无歧义。无须再加括号显式指定。等价于：a+=(b*=(a/=2))。

相当于 a+=18，而此时 a 为 2。故等价于 a=a+18=2+18=20。

综上所述，表达式 a+=b*=a/=2 的结合顺序为 a+=(b*=(a/=2))。

【复习思考题】

1. 运算符的优先级和结合性的含义是什么？
2. 结合性的分类及各自的运算规则是什么？
3. 设有 int a=3;执行 a+=a-=a*=a/=a;后 a 的值是多少？
4. 设有 int a=5;则语句 a+=3+a*=a+2;正确吗？如果错误，请分析其错误原因。

3.9 类型转换

计算机硬件进行算术操作时，要求各操作数的类型具有相同的大小(存储位数)及存储方式。例如，由于各操作数大小不同，硬件不能将 char 型(1 字节)数据与 int 型(2 或 4 字节)数据直接参与运算；由于存储方式的不同，也不能将 int 型数据与 float 型数据直接参与运算。

然而，由于 C 语言编程的灵活性，在一个表达式或一条语句中，允许不同类型的数据混合运算。

C 语言的灵活性与计算机硬件的机械性是一对矛盾，如处理不好，将会产生错误结果。对于某些类型的转换编译器可隐式地自动进行，不需人工干预，称这种转换为自动类型转换；而有些类型转换需要编程者显式指定，通常，把这种类型转换称为强制类型转换。

3.9.1 自动类型转换

一个表达式中出现不同类型间的混合运算，较低类型将自动向较高类型转换。

不同数据类型之间的差别在于数据的表示范围及精度上，一般情况下，数据的表示范围越大、精度越高，其类型也越“高级”。

整型类型级别从低到高依次为：

```
int→unsigned int→long→unsigned long→long long→unsigned long long
```

浮点型级别从低到高依次为：

```
float→double
```

1. 操作数中没有浮点型数据时

当 char、unsigned char、short 或 unsigned short 出现在表达式中参与运算时，一般将其自动转换为 int 类型，特殊情况下 unsigned short 也可能转换成 unsigned int (如 Turbo C2.0 中，short 和 int 所占字节数相同，unsigned short 的正数表示范围比 int 大，故应转换为 unsigned int)。

int 与 unsigned int 混合运算时：

```
int→unsigned int
```

int、unsigned int 与 long 混合运算时，均转换为 long 类型。

2. 操作数中有浮点型数据时

当操作数中含有浮点型数据(float 或 double)时，所有操作数都将转换为 double 型。

例如：

```
3+5.3f+1.7
```

上述算术表达式中操作数 1.7 为双精度浮点数，故先把 3 和单精度浮点数 5.3 自动提升为双精度浮点数后，参与运算。运算结果为双精度浮点数 10.0。

3. 赋值运算符两侧的类型不一致时

当赋值运算符的右值(可能为常量、变量或表达式)类型与左值类型不一致时，将右值类型可能提升或降低为左值类型。例如：

```
double d;
d=5.1f;
```

由于左值为双精度浮点型，故先把右值单精度浮点型常量 5.1 提升为双精度浮点型后，再赋值给 d，不但不丢失精度反而提高了精度。

```
int i;
i=5.1;                          //右值 5.1 为双精度，左值为整型
```

右值双精度浮点型 5.1 降低为左值整型，即 5.1 舍弃小数部分后，把 5 赋给整型变量 i，这种情况会丢失精度。

4. 右值超出左值类型范围

更糟糕的情况是，赋值运算符右值的范围超出了左值类型的表示范围，将把该右值截断后，赋给左值。所得结果可能毫无意义。例如：

```
char c;                         //char 占 8 位，表示范围-127~128
c=1025;                         //1025=2^10+1，对应二进制形式：100 0000 0001，超出了 8 位
printf("%d",c);                 //以十进制输出 c 的值
```

该输出结果为 1，因为只取 1025 低 8 位 0000 0001(值为 1)，赋给字符型变量 c，故得到毫无意义的值。

当 return 后的表达式类型与函数的返回值类型不一致时，也会自动把 return 后表达式的值转换为函数类型后，再返回。

当函数调用时，所传实参与形参类型不一致时，也会把实参自动转换为形参类型后再赋值。

后两种类型转换，将在后续章节中讲解。

3.9.2 强制类型转换

虽然自动类型转换不需要人工干预，使用方便，但有利也有弊，尤其当自动类型转换是从较高类型转换为较低类型时，将会降低精度或截断数据，可能得不到预期的结果。为了给程序设计人员提供更多的类型转换控制权限，使程序设计更加灵活，转换的目的更加清晰，

C 语言提供了可显式指定类型转换的语法支持，通常称之为强制类型转换。

强制类型转换的格式为：

```
(目标类型) 表达式
```

例如，计算某工厂目前可出厂的产品总件数用 total 表示，该工厂共有三个车间，已知：1 车间目前完成 10.9 件，2 车间目前完成 12.7 件，3 车间目前完成 11.8 件。则：

```
int total;
total=(int)10.9+(int)12.7+(int)11.8;
```

故 total=10+12+11=33，符合题意。

而如果采用如下的自动类型转换，其值将为 35。

```
int total=10.9+12.7+11.8;
```

赋值运算符右端表达式 10.9+12.7+11.8=35.4 为双精度浮点型，而左值 total 类型为整型，将 35.4 自动转换为整数 35 后赋给 total。与题意不符。

小　　结

1. 本章主要知识点梳理

本章主要围绕各种运算符展开讲解，如表 3-1 所示为本章涉及的各种常见运算符及其对比分析。

表 3-1　本章主要知识点梳理

知识点	示　例	说　明
前增 1 与后增 1 的区别	int a=2,b; (1) b=a++; 表示先把 a 原值 2 赋给 b，然后 a 自身加 1，变成 3。故 b=2。 (2) b=++a; 表示先把 a 自身的值加 1 变成 3 后，再把 a 的值 3 赋给 b。故 b=3	后增 1 与前增 1 的区别是，前者先使用变量原值参与运算，然后变量自身值加 1；后者是先把变量原值加 1 后，用加 1 后的值再参与运算。 两者相同点：变量自身都加了 1
相除/与相除取余%	17/3=5　　　//两操作数全为整数 9/2.0=4.5　//至少一个操作数为浮点数 17%3=2 9%2.0　　　//编译错误，两操作数都必须为整数	/运算符： 当两操作数均为整数时，则结果为相除取整；当两操作数中至少有一个为浮点数时，结果为浮点数。 %表示相除取余数部分，要求两操作数必须为整数
整数的左移和右移	int a=20,b,c,d; b=a<<2;　//b=80 c=a>>2;　//b=5 d=a>>3;　//相当于 20/8 取整，d=2	把十进制整数左移一位相当于该数乘以 2，右移一位，相当于该数除以 2 取整
运算符的优先级	int a; a=1+2×3 由于上述表达式中，含有+、×、=三个运算符，优先级乘号×最高，其次是加号+，赋值号=最低，故相当于：a=(1+(2×3))	当表达式中不同优先级的运算符参与运算时，主要依据运算符的优先级确定其运算顺序

续表

知识点	示 例	说 明
运算符的结合性	1+2+3+4 的结合过程为： (1+2)+3+4 --> ((1+2)+3)+4 a=b=c=6 的结合过程为： a=b=(c=6) --> a=(b=(c=6))	当表达式中多个运算符的优先级相同时，则主要根据运算符的结合性确定其运算顺序

逻辑与 && 的短路特性	int a=0,b=2,c;
	c=a&&++b;
	printf("a=%d,b=%d,c=%d\n",a,b,c);
	输出结果为：
	a=0,b=2,c=0
		逻辑与 &&“短路”：当逻辑与 && 的左操作数为逻辑假时，就足以判断该逻辑运算的结果为假了，故右操作数就不再被执行。
		由于 a=0，即逻辑 && 左操作数为假，则无须计算右操作数++b，即可得逻辑运算的结果为假

逻辑或‖的短路特性	int a=-1,b=2,c;
	c=a‖++b;
	printf("a=%d,b=%d,c=%d\n",a,b,c);
	输出结果为：
	a=-1,b=2,c=1
		逻辑或‖“短路”：当逻辑或‖的左操作数为逻辑真时，就足以判断该逻辑运算的结果为真了，故右操作数就不再被执行。
		由于 a=-1 非 0，即‖的左操作数为真，已可决定了逻辑或结果为真，故右操作数++b 不再被执行

2. 本章易错知识点

本章易错知识点见表 3-2。

表 3-2 本章常见易错点

易错知识点	示 例	说 明
相除取余%操作的运算数非整数	7%2.1	语法错误，%运算符的两个运算数必须均为整数
自增自减运算的操作数非左值	(1) 常量自增 #define N 3 N++;　　　//错误，不能对常量自增运算 (2) 表达式自增 int a=2,b=3,c; c=(a+b)++;　　//错误，表达式不能自增运算	自增或自减运算的操作数必须为左值，不能为常量或表达式

错误运用/运算符	求球的体积
	int r=1.5,v;
	v=4/3*3.14*r*r*r;
	上式并不能得到正确的体积，原因是 4/3=1，不是 1.333。修改方案：
	v=4.0/3*3.14*r*r*r;
		使用/用作数学中的相除运算时，必须把其中至少一个运算数转换成浮点型数据参与运算。否则如果两操作数均为整型，则结果为商值

习　　题

1. 运算符和表达式中的基本概念

(1) 简述左值和右值的概念。

(2) 简述一元、二元和三元运算符的概念及举例。

2. 算术运算符及算术表达式

(1) 分解十进制整数 5678 的个位、十位、百位和千位数字。

(2) 设有定义语句 int a=5,b;,则以下语句中与 b=a++;等价的语句是(　　)。

A. a++;b=a;　　B. ++a;b=a;　　C. b=a;a=a+1;　　D. b=a;a=a;

(3) 设 int a,b;,则 a=2,b=a+7%2 的值是(　　)。

3. 赋值运算符及赋值表达式

(1) 设 int a=0,b=1;,则表达式(++a||--b)的值是________,a 的值是________,b 的值是________。

(2) 设 int a=3,b=1;,则表达式(a>2||3&&b--)的值是________,a 的值是________,b 的值是________。

(3) 设 int a=0,b=1,c;,则执行语句 c=a++>=b||b++>1;后,a、b、c 的值各为多少?

(4) 分析以下程序,输出其运行结果。

【程序代码】

```
#include<stdio.h>
int main(void)
{
    int a=0,b=1,c;
    c=++a>=b&&b++>1;
    printf("a=%d,b=%d,c=%d\n",a,b,c);
    return 0;
}
```

(5) 设有 int a=5,b=2;,则执行 b*=a+5/2;后,b 的值是________。

4. 移位运算符及移位表达式

(1) 十进制整数 20 左移一位后的值是多少?写出计算过程。

(2) 十进制整数 30 右移一位后的值是多少?写出计算过程。

5. sizeof 运算符及其表达式

(1) 执行 printf("%d\n",sizeof(char));输出结果是________。

(2) 执行 printf("%d\n",sizeof(5.1));输出结果是________。

6. 逗号运算符及逗号表达式

(1) 设有定义语句 int a=2,b=3;,则表达式(a+2,b=6,++b+a)的值是________。

(2) 设有定义语句 int t=1;,则执行 printf("%d",(t+5,t++,t+3));输出结果为________。

(3) 思考,如果把上题中逗号表达式的括号去掉,即:

```
int t=1;printf("%d",t+5,t++,t+3);
```

该输出语句规范吗？会出现什么情况？

7. 运算符的优先级与结合性

(1) 设有 int a=5;,执行 a+=a-=a/=a*=a;后 a 的值是多少？

(2) 设有 int a=5;,执行 a+=a/=a*=a-=a;后 a 的值是多少？

8. 类型转换

1) 自动类型转换

(1) 设 int a,b;,则 a=2,b=a+7/2.0 的值是________。

(2) 设有以下程序段,其运行结果是________________。

```
int a;
float b;
b=(a=2+3.1*4,a++,a%4);
printf("a=%d,b=%f\n",a,b);
```

2) 强制类型转换

设有以下程序段,其运行结果是________________。

```
double a;
int b;
b=(int)(a=2+3.1*4,a/=2,(int)a%4);
printf("a=%.3f,b=%d\n",a,b);
```

第4章 分支结构

本章学习目标

- 熟练掌握 if、if-else 两分支结构的使用方法
- 熟练掌握级联的 if-else-if 实现多分支结构的设计
- 掌握条件运算符的优先级和结合性的应用
- 熟练掌握 switch-case 分支结构的设计

本章将介绍第二种流程控制结构——分支结构，即程序在满足不同的条件下，程序流程会有不同的执行分支，即多分支结构。本章主要介绍 if-else 两分支结构、使用级联的 if-else-if 实现多分支结构和 switch-case 多分支结构。

4.1 if 语句

生活中的很多事情都是在满足一定条件下发生的，同样，程序中的“某操作语句”也是在满足一定逻辑条件下才执行的，这种语句称作条件语句，或称为“if 语句”。使用 if 关键字，该“某操作语句”称为“if 体”或“条件语句体”。

显然，if 语句是一种分支结构，当条件满足时，有“执行该操作语句”和“跳过执行该操作语句”的两条分支。

if 语句的格式如下。

当 if 体中的语句多于一条时，要用{}把这些语句括起来形成一条复合语句，如下所示。

```
if(条件表达式)
{
    复合语句 A;
}
```

当 if 体为一条简单语句时，可以省略{}，即：

```
if(条件表达式)
    简单语句 A;                  //if 体
```

该条件表达式可以是关系表达式、逻辑表达式、算术表达式或混合表达式等。只要其值为真或非零均执行 if 体。例如：

```
if(a>6)                          //关系表达式，当 a>6 时表达式值为真，执行 if 体
    Statement(s);
if(a||b)                         //逻辑表达式，只要 a、b 中有一个为真，结果为真，执行 if 体
    Statement(s);
```

```
if(3-6)                       //算术表达式,只要该表达式的值非 0,结果为真,执行 if 体
    Statement(s);

/*关系、逻辑混合表达式,只要 age>=60 或 age<=10 其中一项为真,结果为真,执行 if 体*/
if(age>=60 ||age<=10)
    Statement(s);
```

if 语句的执行流程：首先判断关键词 if 后括号内条件表达式的值,如果该表达式的值为逻辑真(非 0),则执行 if 体,接着执行 if 体后的其他语句；否则,若该表达式的值为逻辑假(0),则不执行该 if 体,直接执行 if 体后的其他语句。if 语句的执行流程图如图 4-1 所示。由图可见,if 语句有两条执行分支。

if 分支结构通常用在：在数据有默认值或事件有默认操作的前提下,对特殊情况进行特殊处理的场景。

例 1 一公园门票正常价格是 80 元,老人(≥60 岁)或儿童(≤10 岁)门票半价。输出每个游客的年龄和门票价格。

【分析】

本题属于票价有默认值,针对特殊群体(老人或儿童)对票价做特殊处理的情况,故可用 if 结构。

(1) 定义整型变量 age 表示年龄,price 表示票价,并初始为默认票价 80 元。

(2) 输入游客年龄,并进行判断,老人(age≥60)、儿童(age≤10),两者是逻辑“或”的关系,即：age>60||age<10。老人及儿童票价的特殊处理代码如下。

```
if(age>=60 ||age<=10)
    price/=2;
```

(3) 输出年龄及票价。

程序流程图如图 4-2 所示。

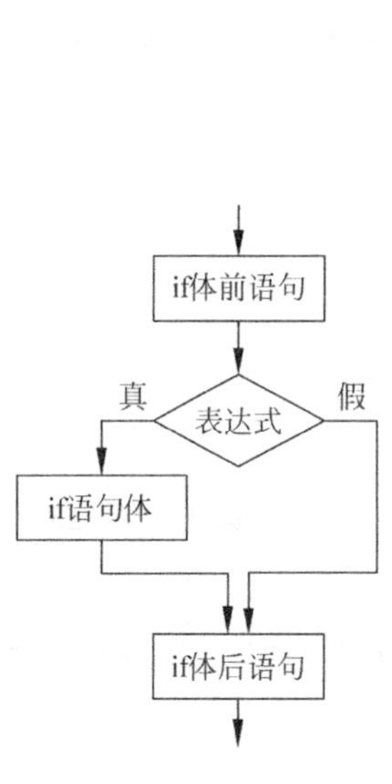

图 4-1 if 语句流程图

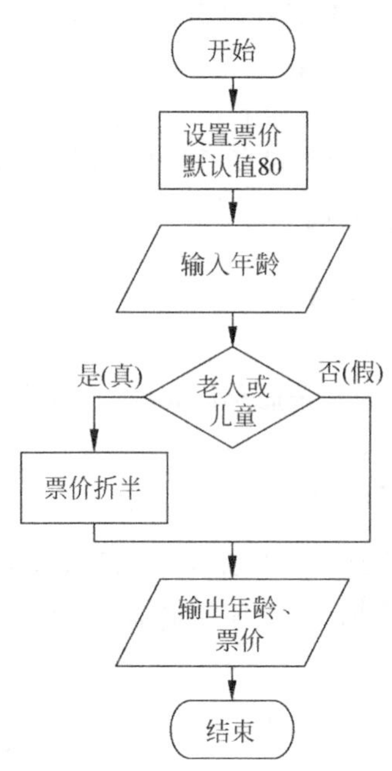

图 4-2 例 1 if 分支结构流程图

【参考代码】

```
#include<stdio.h>
int main(void)
{
    int age,price=80;
    printf("请输入您的年龄:");
    scanf("%d",&age);
    if(age>=60 ||age<=10)
        price/=2;
    printf("您的年龄:%d,票价:%d\n",age,price);
    return 0;
}
```

【运行结果 1】 游客年龄 35 岁,运行结果如下:

```
请输入您的年龄:35
您的年龄:35,票价:80
```

【运行结果 2】 游客年龄 6 岁,运行结果如下:

```
请输入您的年龄:6
您的年龄:6,票价:40
```

【运行结果 3】 游客年龄 72 岁,运行结果如下:

```
请输入您的年龄:72
您的年龄:72,票价:40
```

例 2 从键盘输入两个整型数,输出两者中的较大者。

【分析】

求两者中的较大者或三个以上数据中的最大者,可采用"打擂台"算法:初始先把一个数据"推上擂台"(赋给"擂台"),即假设该数据目前最大。其他数据依次与擂台上的数据比较,如果当前数据比"擂台"上的数据还大,则把该数据赋给"擂台"。当所有数据均与"擂台"上数据比较之后,擂台上的数据即为所有数据中的最大者。

该题目是"两人"(两数据)打擂台,后续章节将介绍"多人"擂台。

该题目的执行流程如下。

(1) 定义保存两输入值的变量 a 和 b,及擂台 max。

(2) 输入两数据到 a 和 b 中。

(3) 初始把 a"推上擂台",即 max=a。

(4) b 与擂台 max 的值比较,如果比擂台的还大,则改变擂台上的值,把 b 赋给擂台。

(5) 输出擂台 max 中的值,即为两者中的较大者。

分析可得,该擂台 max 上有初始值 a,只有当 b 中的值比擂台上值大时(特殊情况)才做特殊处理,即用 b 的值替换擂台 max 上的值,max=b;故采用 if 结构。

该算法流程图如图 4-3 所示。

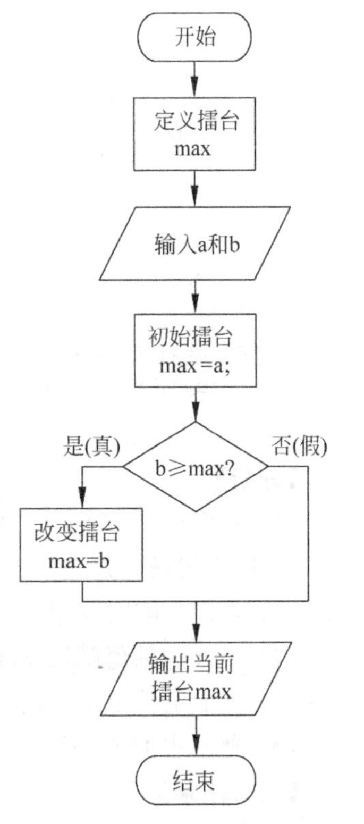

图 4-3 例 2 打擂台算法流程图

【程序代码】

```
#include<stdio.h>
int main(void)
{
    int a,b,max;
    printf("请输入两个整数:");
    scanf("%d%d",&a,&b);
    max=a;
    if(b>max)
        max=b;
    printf("MAX=%d\n",max);
    return 0;
}
```

【运行结果】

若输入 3 和 5,然后回车↙

请输入两个整数:3 5↙

```
MAX=5
```

例 3 分析以下程序的输出结果。

【程序代码】

```
#include<stdio.h>
int main(void)
{
    int a=3,b=5,t;
    if(a<b)
    {
        t=a;
        a=b;
        b=t;
    }
    printf("a=%d,b=%d\n",a,b);
    return 0;
}
```

【分析】

以上程序是 if 结构,if 体是三条简单语句形成的复合语句,必须用一对大括号{}括起来。if 体中的操作是交换 a 和 b 的值,这是程序设计中经常用到的三条语句的交换操作。

(1) 先定义临时变量 t,类似于一个“空杯子”。

(2) 把 a 中的值赋给 t,即 t 中保存一份 a 的值。

(3) 把 b 的值赋给 a,这时,变量 b 中已是 a 的值。

(4) 把 t 中的值也就是原 a 的值赋给 b,此时 b 中已保存原 a 的值。完成交换。

【运行结果】

```
a=5,b=3
```

【说明】

if 体为多条语句形成的复合语句时，如果遗漏该复合语句起止标志的一对大括号{}，则程序的逻辑和执行流程将与原题意大相径庭。即：

```
if(a<b)
    t=a;
    a=b;
    b=t;
```

则表示 if 体仅一条简单语句 t=a;满足 a<b 条件时才执行；而另两条语句 a=b;和b=t;不属于 if 体，属于无条件执行。

【复习思考题】

1. 如下程序要求 a、b 两者中的较大者并输出。该程序正确吗？写出输出结果，分析错误原因并改正。

【程序代码】

```
#include<stdio.h>
int main(void)
{
    int a=5,b=3,max;
    max=a;
    if(b>max);
        max=b;
    printf("MAX=%d\n",max);
    return 0;
}
```

2. 以下程序要实现当 a<b 时交换 a 和 b 的值，该程序能输出预期结果吗？若不能，写出输出结果，分析错误原因并改正。

【程序代码】

```
#include<stdio.h>
int main(void)
{
    int a=3,b=5,t;
    if(a>b);
        t=a;
        a=b;
        b=t;
    printf("a=%d,b=%d\n",a,b);
    return 0;
}
```

3. 以下两种代码写法均是用于判断整型变量 a 的值与某常量 7 是否相等，哪个写法更规范？为什么？

【写法 1】

```
if(a==7)
…
```

【写法 2】

```
if(7==a)
…
```

4.2 if-else 语句与条件表达式

由 4.1 节可知，if 语句本质上是属于隐式的两路分支结构，本节将介绍一种显式的两路分支结构 if-else 结构，以及与 if-else 语句等价的条件表达式语句。

4.2.1 if-else 语句

if-else 语句的格式如下。

当 if 语句体或 else 语句体中的语句多于一条时，要用{}把这些语句括起来形成一条复合语句，如下所示。

```
if(条件表达式)
{
    复合语句 A;                //if 体
}
else
{
    复合语句 B;                //else 体
}
```

当 if 体或 else 体为一条简单语句时，可以省略{}，即：

```
if(条件表达式)
    简单语句 A;                //if 体
else
    简单语句 B;                //else 体
```

同 if 语句一样，条件表达式可以是关系表达式、逻辑表达式、算术表达式或混合表达式等。

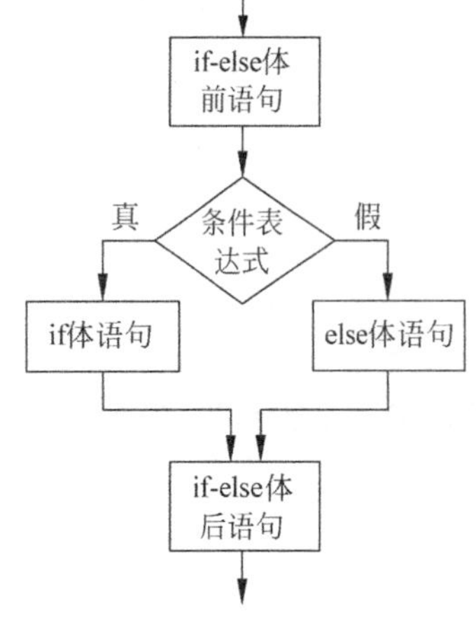

图 4-4 if-else 分支结构流程图

if-else 语句的执行流程：首先判断关键词 if 后括号内条件表达式的值，如果该表达式的值为逻辑真(非0)，则执行 if 体(语句 A)，而不执行 else 体(语句 B)，然后继续执行 if-else 之后的其他语句；否则，若该表达式的值为逻辑假(0)，则不执行该 if 体(语句 A)，而执行 else 体(语句 B)，然后继续执行 if-else 之后的其他语句。if-else 语句的执行流程图如图 4-4 所示。由图可见，if-else 语句有两条显式的执行分支。

由于表达式的值在逻辑上只有真和假，故 if 体和 else 体在执行流程上是互斥的，执行且只能执行两者中的一个。

例 4 以下程序试图判断从键盘输入的整数是否为 5，如果是，输出“输入的数为 5”；否则，输出“输入的数不为 5”。但运行无法得到正确结果，试分析该程序，并改正。

【错误代码】

```
#include<stdio.h>
int main(void)
{
    int a;
    printf("输入整数:");
    scanf("%d",&a);
    if(a=5)
        printf("输入的数为 5\n");
    else
        printf("输入的数不为 5\n");
    return 0;
}
```

【错误运行结果】

```
输入整数:7
输入的数为 5
```

【分析】

错误代码中，把判断 a 是否与 5 相等的关系表达式 a==5 误写成了赋值表达式 a=5。即不管输入到 a 的值是多少，a 永远为 5，即永远不会执行到 else 体。

该错误代码既没有编译错误，又没有运行时错误，属于逻辑错误，故不好排错。

当判断某变量的值与某常量是否相等时，建议把常量放左边，变量放后边。即便由于粗心把关系运算符==错写成赋值运算符=，由于不能为常量赋值，故编译阶段会报语法错误，容易排错并修改。

【修改方案】

```
if(5==a)                          //常量放左边，建议使用该方式
    printf("输入的数为 5\n");
else
    printf("输入的数不为 5\n");
```

例 5 从键盘任意输入一个整数，求其绝对值并输出。

【分析】

正整数和零的绝对值是其本身，负整数的绝对值是其相反数，所以求绝对值操作可分为该整数是正或负两种情况考虑，故可使用 if-else 结构实现。

【参考代码】

```
#include<stdio.h>
int main(void)
{
    int n,abs;
    printf("请输入一个整数:");
```

```
    scanf("%d",&n);
    if(n>=0)
        abs=n;
    else
        abs=-n;
    printf("%d的绝对值是:%d\n",n,abs);
    return 0;
}
```

【运行结果 1】 若输入 3 回车↙,输出结果如下:

```
请输入一个整数:3
3的绝对值是:3
```

【运行结果 2】 若输入-5 回车↙,输出结果如下:

```
请输入一个整数:-5
-5的绝对值是:5
```

例 6 改错题:以下程序试图实现从键盘输入两个整数分别为 x 和 y 变量赋值,如果 x>y,则交换 x 和 y 的值;否则,x 和 y 的值均增 1。最后输出 x 和 y 的值。分析该程序中出现的错误并改正。

【程序代码】

```
#include<stdio.h>
int main(void)
{
    int x,y,t;
    printf("输入 x 和 y 的值:");
    scanf("%d,%d",x,y);
    if(x>y)
        t=x;x=y;y=t;
    else
        x++;y++;
    printf("x=%d,y=%d\n",x,y);
    return 0;
}
```

【分析】

(1) 调用函数 scanf 进行输入时,输入列表应为地址值,故 scanf("%d,%d",x,y);应改为: scanf("%d,%d",&x,&y);。

(2) 根据题意,当 x>y 时,交换 x 和 y; 否则,x 和 y 各增 1。故有两条分支,使用 if-else 分支结构,而 if 体及 else 体必须要求是一条简单语句或用一对大括号括起来的复合语句,此处 if 体为三条简单语句,故错误,else 体同样错误。

(3) 编译器会认为 if 语句的 if 体为一条语句 t=x;这已是完整的 if 结构,此处不报错; 而 x=y;y=t;这两条语句是无条件执行的,也是语法正确的; 而到 else 处,没有对应的

if 与之匹配,故报错。

(4) 修改方法一：if 体和 else 体变成复合语句。即：

```
if(x>y)
    {t=x;x=y;y=t;}
else
    {x++;y++;}
```

(5) 修改方法二：把两变量交换对应的三个操作,形成逗号表达式的形式,相当于一条简单语句,不用加大括号。逗号表达式中的三条赋值操作表达式从前向后依次执行,与对应的复合语句形式功能相同；两自增操作也形成逗号表达式的形式。即：

```
if(x>y)
    t=x,x=y,y=t;
else
    x++,y++;
```

【修改方案 1】

```
#include<stdio.h>
int main(void)
{
    int x,y,t;
    printf("输入 x 和 y 的值:");
    scanf("%d,%d",&x,&y);       //添加取地址符 &
    if(x>y)
        {t=x;x=y;y=t;}          //交换操作语句构成复合语句
    else
        {x++;y++;}              //构成复合语句
    printf("x=%d,y=%d\n",x,y);
    return 0;
}
```

【修改方案 2】

```
#include<stdio.h>
int main(void)
{
    int x,y,t;
    printf("输入 x 和 y 的值:");
    scanf("%d,%d",&x,&y);
    if(x>y)
        t=x,x=y,y=t;            //逗号表达式语句,依次执行各表达式,相当于一条语句
    else
        x++,y++;                //逗号表达式语句,依次执行各表达式,相当于一条语句
    printf("x=%d,y=%d\n",x,y);
    return 0;
}
```

【运行结果 1】

```
输入 x 和 y 的值:3,4
x=4,y=5
```

【运行结果 2】

```
输入 x 和 y 的值:8,7
x=7,y=8
```

4.2.2 条件表达式

C语言中提供了一种称为条件运算符或问号运算符的特殊运算符，该运算符是唯一要求三个操作数的运算符，即三目运算符。该操作符由“问号”和“冒号”两个符号构成，把三个操作数隔开，形成条件表达式。

条件表达式的格式为：

```
表达式?语句 1:语句 2
```

条件表达式可实现与 if-else 语句相似的功能，即可根据表达式的值，选择执行两个操作中的其中一个。

说明：冒号前后对应于两个互斥的操作：语句 1 和语句 2。

条件表达式的执行流程与 if-else 相似：首先判断表达式的值，如果该值为真，则选择执行操作 1；否则，如果表达式的值为逻辑假，则选择执行操作 2。

条件表达式的结果参与运算时，如果表达式的值为真，则取操作 1 的结果作为整个条件表达式的值参与运算；否则，取操作 2 的结果作为整个条件表达式的值参与运算。

条件表达式与 if-else 的等价关系如下。

```
if(表达式)
    语句 1;
else
    语句 2;
```

注意：

(1) 条件运算符?:的优先级高于赋值运算符=的优先级。

(2) 条件运算符的结合性是从右向左。

例 7 分析以下程序的功能，并总结使用条件表达式需要注意的事项。

【程序代码】

```
#include<stdio.h>
int main(void)
{
    int n,abs;
    printf("请输入一个整数:");
    scanf("%d",&n);
    (n>=0)?(abs=n):(abs=-n);
    printf("%d 的绝对值是:%d\n",n,abs);
    return 0;
}
```

【分析】

该程序的功能是：从键盘输入一个整数，使用条件表达式语句，计算其绝对值，若该整数为非负，则其绝对值为其本身；若该整数为负，则其绝对值为其相反数。

若条件表达式 n≥0 的值为真，即 n 非负时，则选择执行操作 1，把其本身 n 赋给 abs，即 abs=n。若 n≥0 为假，即 n<0 为负数，则选择执行操作 2，把 n 取反后赋给 abs，即 abs=-n。

【说明】

(1) 本例中的表达式语句 (n>=0)?(abs=n):(abs=-n);中，操作 1 和操作 2 是赋值操作。也可以把条件表达式的结果(整数本身或其相反数)赋值给 abs，达到同样的功能。如：abs=(n>=0)?(n):(-n);，即把条件表达式的值 n 或-n 赋给 abs。

(2) 由于条件运算符的优先级高于赋值运算符的优先级，故 (n>=0)?(abs=n):(abs=-n);中操作 1 和操作 2 的括号不能去掉，不能写成如下形式。

```
(n>=0)?abs=n:abs=-n;            //编译错误
```

由于条件运算符的结合性是从右向左，故上述的错误语句等价于：

```
((n>=0)?abs=n:abs)=-n;          //编译错误：赋值号左边不是左值，而是表达式
```

例 8 分析以下程序的输出结果，复习巩固运算符的优先级与结合性的相关知识。

【程序代码】

```
#include<stdio.h>
int main(void)
{
    int x=3,y=5;
    int z=x<y?10:++y>5?7:8;
    printf("y=%d,z=%d\n",y,z);
    return 0;
}
```

【分析】

(1) 由于条件运算符的优先级高于赋值运算符的优先级，故 int z=x<y?10:++y>5?7:8;等价于 int z=(x<y?10:++y>5?7:8);即先求出条件表达式的值，然后把该值赋给变量 z。

(2) 条件表达式 x<y?10:++y>5?7:8;含有两个条件运算符，优先级相同，由于该运算符的结合性是从右向左，故先把最右端即如下加粗标下画线的条件运算符，组成清晰完整的条件表达式。

```
x<y?10:++y>5 ?7 :8
```

该条件运算符的三个操作数(表达式)已确定了两个：①“：”号前面的第二个操作数已确定为 7；②“:”号后面的第三个操作数 8 也已确定。

故？号前的++y 作为第一个操作数。即：x<y?10:(++y>5?7:8)。

(3) 把最左边的加粗标下画线的条件运算符组成清晰完整的条件表达式。即：x<y ?10 :(++y>5?7:8)。

该条件运算符的三个操作数(表达式)已确定了两个：①“:”号前面的第二个操作数已确定为 10；②“:”号后面的第三个操作数也已确定，为整体(++y>5?7:8)。

故“?”号前的 x<y 作为第一个操作数。即：(x<y)?10:(++y>5?7:8)，由于关系运算符优先级高于条件运算符优先级，故(x<y)的括号也可以省略。

【运行结果】

```
y=5,z=10
```

【复习思考题】

1. 以下程序试图使用条件表达式求两个整型数中的较大数。分析该程序是否正确，分析其错误原因，并改正。

```
#include<stdio.h>
int main(void)
{
    int x=3,y=5,max;
    x>=y?max=x:max=y;
    printf("max=%d\n",max);
    return 0;
}
```

提示：从运算符的优先级及结合性角度思考。

2. 分析以下程序的运行结果。

```
#include<stdio.h>
int main(void)
{
    int x=3,y=5;
    int z=x<y?10:++y>5?7:8;
    printf("y=%d,z=%d\n",y,z);
    return 0;
}
```

4.3 if 语句嵌套

以下情况均属于 if 结构嵌套。

(1) if 语句体中可以含有 if 语句或 if-else 语句。

(2) if-else 语句中的 if 体或者 else 体中含有 if 语句或 if-else 语句。

注意：

(1) 在嵌套结构中会有多个“if”与多个“else”关键词，每一个“else”都应有对应的“if”相配对。原则：“else”与其前面最近的还未配对的“if”相配对。

(2) 配对的 if-else 语句可以看成一条简单语句。

(3) 一条 if 语句也可以看成一条简单语句。

例 9 分析以下程序的运行结果。

【程序代码】

```
#include<stdio.h>
int main(void)
{
    int a=8,b=6,c=-3;
    if(a>b)
```

```
        if(b<0)
            c++;
        if(c<0)
            c++;
        c++;
        printf("c=%d\n",c);
    return 0;
}
```

【分析】

该题属于 if 语句的嵌套，分析的关键是找到每个 if 的 if 体。

(1) 一条 if 语句可看成是一条简单语句。因此，如下是一条简单语句：

```
if(b<0)
    c++;
```

(2) 该简单语句又是 if(a>b)的 if 体，故等价于：

```
if(a>b)
{
    if(b<0)
        c++;
}
```

由于 b<0 为假，故内嵌 if 语句并没有执行。

(3) 如下也是一条独立的 if 语句：

```
if(c<0)
    c++;
```

由于 c<0 为真，故 if 体 c++;执行。

(4) 程序中第三处的 c++;语句不属于任何 if 语句，是无条件执行的。

综上分析，该程序共执行了两次 c++。程序的逻辑如下所示。

```
#include<stdio.h>
int main(void)
{
    int a=8,b=6,c=-3;
    if(a>b)
    {
        if(b<0)                    //内嵌的 if 语句。条件为假,不执行 if 体
            c++;
    }
    if(c<0)                        //独立的 if 语句。条件为真,执行 if 体
        c++;
    c++;                           //不属于任何 if。无条件执行 c++
    printf("c=%d\n",c);
    return 0;
}
```

【运行结果】

```
c=-1
```

例 10 分析以下程序的运行结果。

【程序代码】

```
#include<stdio.h>
int main(void)
{
    int n;
    printf("Input a Integer:");
    scanf("%d",&n);
    if(n>=0)
    {
        if(n>0)
            printf("%d is greater than 0\n",n);
        else
            printf("%d is equal to 0\n",n);
    }
    else
        printf("%d is less than 0\n",n);
    return 0;
}
```

【分析】

本题是在 if 体中嵌入 if-else 语句。

(1) 先分析外层的 if-else 结构：

```
if(n>=0)
{
    //该 if 体中包含：n>0 和 n=0 两种情况
}
else                                //该外层 else 体中只包含 n<0 的情况
    printf("%d is less than 0\n",n);
```

(2) 分析外层 if 体中嵌套的 if-else 结构。

```
if(n>=0)
{
    if(n>0)                         //显式指出 n>0 情况
        printf("%d is greater than 0\n",n);
    else
        printf("%d is equal to 0\n",n);
}
```

外层 if 体中包含 n>0 和 n=0 两种情况，而嵌套 if-else 结构中的 if 体已排除 n>0 情况，故 else 体为 n=0 的情况。

【运行结果 1】

```
Input a Integer:5
5 is greater than 0
```

【运行结果 2】

```
Input a Integer:0
0 is equal to 0
```

【运行结果 3】

```
Input a Integer:-3
-3 is less than 0
```

【说明】

配对的 if-else 语句可以看成一条简单语句，故本例中外层 if 体的起止标志的一对大括号也可以省略，如下所示。

```
if(n>=0)
    if(n>0)
        printf("%d is greater than 0\n",n);
    else
        printf("%d is equal to 0\n",n);
else
    printf("%d is less than 0\n",n);
```

但为了使逻辑上更清晰，通常不省略该大括号。

例 11 从键盘输入一成绩，如果该成绩<60 分，则输出“不及格”；如果该成绩在[60,85)间，输出“合格”；如果该成绩在[85,100]，输出“优秀”。

【分析】

(1) 该成绩可先按及格与不及格分成两大类，程序框架如下。

```
if(sc<60)
    printf("不及格\n");
else
{
    //及格
}
```

(2) 上述 else 体内是及格的，其范围均在[60,100]之间。根据题意，及格的又包括两部分：合格和优秀，及格的要么属于合格，要么属于优秀，故合格和优秀是逻辑上互斥的关系，在 else 体中采用嵌入 if-else 来区分合格和优秀。

合格[60,85)：由于该 else 体中已经隐含下限为：≥60，故只需限制合格的上限<85 即可。

优秀[85,100]：所有及格的范围内如果排除合格的都是优秀的，故属于 if-else 结构的 else 体部分。

使用区别合格和优秀的内嵌 if-else 结构填充上述代码框架如下。

```
if(sc<60)
    printf("不及格\n");
else                            //此区间全部在[60,100]间
{
    if(sc<85)                   //此区间为[60,85)
```

```
        printf("合格\n");
    else                        //此区间为[85,100]
        printf("优秀\n");
}
```

【参考代码】

```
#include<stdio.h>
int main(void)
{
    int sc;
    printf("请输入您的成绩:");
    scanf("%d",&sc);
    if(sc<60)
        printf("不及格\n");
    else                        //此区间全部在[60,100]间
    {
        if(sc<85)               //此区间为[60,85)
            printf("合格\n");
        else                    //此区间为[85,100]
            printf("优秀\n");
    }
    return 0;
}
```

【运行结果 1】

```
请输入您的成绩:58
不及格
```

【运行结果 2】

```
请输入您的成绩:83
合格
```

【运行结果 3】

```
请输入您的成绩:86
优秀
```

【说明】

(1) 该参考代码中 else 体内嵌套了 if-else 语句，由于配对的 if-else 语句可看成一条简单语句。故外层 else 体起止标志的一对大括号可以省略，如下所示。

```
if(sc<60)
    printf("不及格\n");
else
    if(sc<85)
        printf("合格\n");
    else
        printf("优秀\n");
```

(2) 该类题目的实现代码不唯一，可以先在 if 部分限制≥60 分的，即及格的，else 部

分是不及格的。然后在 if 体内即及格范围内，使用 if-else 结构区分合格和优秀。参考代码如下。

```
#include<stdio.h>
int main(void)
{
    int sc;
    printf("请输入您的成绩:");
    scanf("%d",&sc);
    if(sc>=60)                  //及格大范围，包括合格和优秀
    {
        if(sc<85)               //及格中的合格
            printf("合格\n");
        else                    //及格中的优秀
            printf("优秀\n");
    }
    else
        printf("不及格\n");
    return 0;
}
```

【复习思考题】

分析以下程序的输出结果。

【程序代码】

```
#include<stdio.h>
int main(void)
{
    int a=0,b=1,d=10;
    if(a)
        if(b)
            d=20;
        else
            d=30;
        else
            d=40;
    printf("d=%d\n",d);
    return 0;
}
```

4.4 级联 else-if 多分支语句

在程序设计中，经常使用级联的 if-else-if 实现多路分支结构。其基本结构如下。

```
if(条件表达式 1)
    语句 1;
else if(条件表达式 2)
    语句 2;
…
```

```
else if(条件表达式 n)
    语句 n;
else
    语句 n+1;
```

该级联的 if-else-if 多分支结构的执行流程如下。

从前往后计算各个表达式的值，如果某个表达式的值为真，则执行对应的语句，并终止整个多分支结构的执行。如果上述所有表达式均不成立，即均为逻辑假时，则执行对应的 else 部分。

else 部分可以省略，但一般情况下不省略。

该级联的多分支结构并非新的结构类型，而是 if-else 嵌套结构的变形。

回顾 4.3 节例题中的代码：

```
if(sc<60)
    printf("不及格\n");
else
    if(sc<85)
        printf("合格\n");
    else
        printf("优秀\n");
```

把上述代码中嵌套的 if 语句与 else 写在同一行，并去掉所有的缩进，即变成如下形式。

```
if(sc<60)
    printf("不及格\n");
else if(sc<85)
    printf("合格\n");
else
    printf("优秀\n");
```

也就变形成为本节级联的 if-else-if 多分支结构。

由于该结构中含有 else 关键字，故后面表达式已隐含排除了前面表达式的逻辑。因此，在设计该类结构中，应尽量避免不必要的重复包含，否则失去了使用该级联 else-if 结构实现多分支的意义。

以下程序虽然语法正确，但由于各个表达式重复包含，故在使用级联 else-if 实现多分支时，应避免编写类似如下的程序。

```
if(sc<60)
    printf("不及格\n");
else if(sc>=60 && sc<85)        //避免该写法,重复包含,失去了该结构的意义
    printf("合格\n");
else if(sc>=85 && sc<=100)      //避免该写法,重复包含,失去了该结构的意义
    printf("优秀\n");
```

例 12 学生成绩与等级对应关系：优(90~100)、良(80~89)、中(70~79)、及格(60~69)、不及格(<60)等 5 个等级。要求从键盘输入学生成绩，输出其对应的等级。

【分析】

由题意可知，该题目需要使用多分支结构，故可以选用级联的 else-if 结构。

(1)“异常成绩范围”：考虑程序的健壮性，首先排除异常数据情况，即当输入的成绩>100 或<0 时，提示错误并返回-1，以便与正确执行相区别。故表达式 1 设计为：

```
sc>100 ||sc<0
```

(2)“优秀”：else if(表达式 2)，如果该处先判断“优秀”[90,100]。由于此处的 else 已排除了上述异常数据范围，是隐含限制在[0,100]内，故只需标明优秀的下限≥90 即可。故表达式 2 设计为：sc>=90。

(3)“良好”：else if(表达式 3)，此处的 else 已排除前面两种情况，即目前隐含范围是[0,90)，而良好的范围是[80,90)，故只需标明良好的下限≥80 即可。故表达式 3 设计为：sc≥80。

(4) 同理可设计“中”“及格”两个等级的表达式。排除上面所有情况即 else 部分对应为“不及格”情况。

【参考代码 1】

```
#include<stdio.h>
int main(void)
{
    int sc;
    printf("Input the score:");
    scanf("%d",&sc);
    if(sc>100 ||sc<0)
    {
        printf("Input Error.\n");
        return -1;
    }
    else if(sc>=90)
        printf("优秀\n");
    else if(sc>=80)
        printf("良好\n");
    else if(sc>=70)
        printf("中\n");
    else if(sc>=60)
        printf("及格\n");
    else
        printf("不及格\n");
    return 0;
}
```

【运行结果 1】

```
Input the score:83
良好
```

【运行结果 2】

```
Input the score:92
优秀
```

【运行结果 3】

```
Input the score:53
不及格
```

【说明】

该设计方法不唯一，可以按照“不及格”“及格”…“优秀”的顺序设计该多分支结构，参考代码如下所示。

【参考代码 2】

```
#include<stdio.h>
int main(void)
{
    int sc;
    printf("input the score:");
    scanf("%d",&sc);
    if(sc>100 ||sc<0)
    {
        printf("Input Error.\n");
        return -1;
    }
    else if(sc<60)
        printf("不及格\n");
    else if(sc<70)
        printf("及格\n");
    else if(sc<80)
        printf("中\n");
    else if(sc<90)
        printf("良\n");
    else
        printf("优秀\n");
    return 0;
}
```

例 13 某地区某年份，居民月用电量与对应电费单价的关系如下：[0,240]度以内每度电 0.48 元，(240,400]度每度电 0.53 元，(400,600]度每度电 0.68 元，(600,∞)度每度电 0.78 元。要求输入某户某月的用电量，计算输出该户该月需缴纳的电费。

【分析】

根据用电量的不同而有不同的电费单价，即有多个电费单价分支，可采用级联的 else-if 多分支结构实现。

定义变量：设 n 为用电量、price 为电费单价、cost 为总电费。

(1) 用电量[0,240]内的单价为 0.48 元：表达式 1 为 n<=240。

(2) 用电量(240,400]内的单价为 0.53 元：if else(表达式 2)，由于 else 排除了表达式 1 的范围，已隐含(240,∞)，故只需显式标明其上界 400，即表达式 2 为：n<=400。

(3) 用电量(400,600]内单价为 0.68 元：if(表达式 3)，由于 else 排除了表达式 2 中的范围，已隐含(400,∞)，故只需显式标明其上界 600，即表达式 3 为：n<=600。

(4) 用电量(600,∞)内单价为 0.78 元：为 else 部分，即排除前面所有表达式的范围，即 else 部分已隐含为(600,∞)。

电费 cost=用电量 n×电费单价 price。

【参考代码】

```
#include<stdio.h>
int main(void)
{
    double n,price,cost
    scanf("%lf",&n);
    if(n<=240)
        price=0.48;
    else if(n<=400)
        price=0.53;
    else if(n<=600)
        price=0.68;
    else
        price=0.78;
    cost=n*price;
    printf("用电量:%.1lf\t 电费:%.2lf\n",n,cost);
    return 0;
}
```

【运行结果 1】

```
请输入用电量:289
用电量:289.0    电费:153.17
```

【运行结果 2】

```
请输入用电量:435
用电量:435.0    电费:295.80
```

例 14 已知一元二次方程 $ax^2+bx+c=0\ (a\neq 0)$。判断该方程实根的情况。

已知当 $b^2-4ac>0$ 时有两个不等实根；当 $b^2-4ac=0$ 时有两个相等实根或称一个实根；当 $b^2-4ac<0$ 时没有实根。

【分析】

本例中 a,b,c 均为浮点数,故 b^2-4ac 值也为浮点数。需要浮点数与 0 进行比较,从而确定根的情况。

浮点型数据在计算机中存储的不是精确的值,而是一个近似值。故当需要判断浮点数与某个精确值是否相等时,不能使用==运算符。而应理解为该浮点数与某精确值正负两方向的距离(差的绝对值)小于某设定的精度 ESP。

例如,设有一个浮点变量 f,判断 f 是否等于 3.2 时,可设置一个精度 ESP=1E-6,即 0.000 001,如果 f 与 3.2 的距离(差的绝对值)小于 ESP,即可认为 f 与 3.2 相等。浮点数求绝对值的库函数为 fabs(),该函数所在头文件为 math.h。

设 t=b*b-4*a*c;

判断 t 大于 0 时,可直接使用 t>0;

判断 t 等于 0 时，通过判断 t-0 的绝对值是否小于设定的精度，即 fabs(t-0)<ESP。

【程序代码】

```
#include<stdio.h>
#include<math.h>
const float ESP=1E-6;               //只读常量定义精度
int main(void)
{
    float a,b,c,t;
    printf("输入一元二次方程系数 a,b,c:");
    scanf("%f,%f,%f",&a,&b,&c);
    t=b*b-4*a*c;
    if(t>0)
        printf("有两个不等实根\n");
    else if(fabs(t-0)<ESP)          //t 等于 0 情况
        printf("有一个实根\n");
    else                            //t 小于 0
        printf("没有实根\n");
    return 0;
}
```

【运行结果 1】

```
输入一元二次方程系数 a,b,c:1.2,4.5,2.3
有两个不等实根
```

【运行结果 2】

```
输入一元二次方程系数 a,b,c:2.00000001,4,2.00000001
有一个实根
```

【运行结果 3】

```
输入一元二次方程系数 a,b,c:2.00001,4,2.00001
没有实根
```

【说明】

(1) 当 a=2.000 000 01,b=4,c=2.000 000 01 时，

$t=b^2-4ac\approx 16-4*4.000\,000\,04=16-16.000\,000\,16=-0.000\,000\,16$，fabs(t)<ESP，故可认为 t 等于 0。

(2) 当 a=2.00001,b=4,c=2.00001 时，$t=b^2-4ac\approx 16-4*4.000\,040\,000\,1=16-16.000\,160\,000\,4=-0.000\,160\,000\,4$，fabs(t)>ESP，故 t 不等于 0，且 t 为负值，所以 t<0。

【复习思考题】

1. 如何避免 if-else if-else 结构中条件的重复包含。

2. 如何判断一浮点数与某数值是否相等。

4.5 switch-case 多分支结构

在 C 语言中，提供了类似于级联 else-if 实现多分支的 switch-case 结构。该结构的格式如下所示。

```
switch(条件表达式)
{
    case 常量表达式 1: 语句 1;break;
    case 常量表达式 2: 语句 2;break;
    …
    case 常量表达式 n: 语句 n;break;
    default:语句 n+1;break;
}
```

switch-case 分支结构的执行流程如下。

把关键词 switch 后括号内条件表达式的值依次与 case 后的各常量表达式的值进行比较，如果与某个常量表达式的值相等，则执行对应的分支，遇到 break 后退出 switch-case 结构。如果与所有的常量表达式的值均不相等，则执行 default 默认分支语句。

虽然严格意义上 break 不是 switch-case 语法的一部分，但为避免语义错误，消除歧义，本教材在讲解时把 break 作为该语法的一部分。

【说明】

(1) switch 关键字后的条件表达式只能为整型或字符型表达式。C 语言中，对字符操作其实是对其 ASCII 码操作，而该编码在一定意义上是整型，故通常也把字符型归为整型。

以下均是正确的形式。

```
switch(4+3)、switch('f'-'b')、switch('a'+3)
```

以下均是错误的形式。

```
switch(4.0+2)、switch("abc")
```

(2) 各个常量表达式也同样只能为整型或字符型常量表达式，且各个常量表达式的值一定不能相同。

如下是正确的形式。

```
case 3: 语句 1;break;             //正确,整型常量表达式
case 3+2: 语句 2;break;           //正确,整型常量表达式
case 'd': 语句 3;break;           //正确,字符常量表达式
case 'd'-2: 语句 4;break;         //正确,字符常量表达式
```

如下是错误的形式。

```
case 3.2: 语句 1;break;           //错误,浮点型常量表达式
case d: 语句 2;break;             //错误,无意义的 d
case "d": 语句 3;break;           //错误,字符串常量表达式
switch('a'+2)
{
    case 'b': 语句 1;break;
    case 'a': 语句 2;break;
    case 'c': 语句 3;break;
    case 'a': 语句 4;break;       //错误,字符常量'a'重复
}
```

(3) 关键字 case 和各常量表达式之间必须有空格，否则语法错误。

(4) 冒号后的语句可以是简单语句或多条语句，即使为多条语句时，也可以不加大括号。

(5) 一般最后一条语句后加 break，否则，可能会造成逻辑混乱。

如果不加 break，则执行完对应 case 分支的语句后，将接着执行后面其他 case 分支对应的语句，直到遇到 break 或 swith 语句结束为止。遗漏 break 通常会改变程序设计的本意。例如：

```
int a=2;
switch(a)
{
    case 1:printf("a=1 分支\n");
    case 2:printf("a=2 分支\n");
    case 3:printf("a=3 分支\n");
    case 4:printf("a=4 分支\n");break;
    case 5:printf("a=5 分支\n");
    default:printf("没找到对应的分支\n");break;
}
```

以上程序遗漏了部分 break 语句，故该程序从 case 2:分支开始执行，执行完 case 4:后的语句遇到 break 为止。故输出结果为：

```
a=2 分支
a=3 分支
a=4 分支
```

以上结果可能并不是程序设计者所希望的结果。

(6) default 分支是可选的，如果含有 default 分支，并非一定放在所有 case 分支的后面，其位置任意。

以下程序段语法是正确的。

```
int a=2;
switch(a)
{
    case 1:printf("a=1 分支\n");
    case 2:printf("a=2 分支\n");
    case 3:printf("a=3 分支\n");
    default:printf("没找到对应的分支\n");
    case 4:printf("a=4 分支\n");
    case 5:printf("a=5 分支\n");
}
```

其输出结果为：

```
a=2 分支
a=3 分支
没找到对应的分支
a=4 分支
a=5 分支
```

(7) 多个 case 分支可以共享语句，即多种情况都执行该语句。但各分支中的“case 常

量表达式:”均不能省略。例如:

```
int n=2;
switch(n)
{
    case 1:
    case 2:
    case 3:printf("该数小于等于 3\n");break;
    case 4:printf("该数等于 4\n");break;
    default:printf("该数等于 5\n");break;
}
```

以上程序段中,case 1:、case 2:、case 3:三个分支共享语句:

```
printf("该数小于等于 3\n");break;
```

若需共享的 case 分支较多时,可把多个“case 常量表达式:”放在一行,如下所示。

```
switch(n)
{
    case 1: case 2:                //多个"case 常量表达式:"放一行,中间空格可有可无
    case 3:printf("该数小于等于 3\n");break;
    case 4:printf("该数等于 4\n");break;
    default:printf("该数等于 5\n");break;
}
```

例 15 如果不考虑是否闰年,月份对应的天数为:1、3、5、7、8、10、12 月 31 天;2 月 28 天;其他月份 4、6、9、11 月份 30 天。输入某月份,输出该月份含有的天数。

【分析】

根据题意,本题属于多分支情况,可以使用 switch-case 结构实现。

按某月的天数可分成三个分支:31 天、28 天、30 天。其中,1、3、5、7、8、10、12 月,共享输出“**月 31 天”语句。2 月输出“**月 28 天”。其他的月份(4、6、9、11 月)即 default 分支部分,输出“**月 30 天”。

为增强程序的健壮性,在 switch-case 结构前,先判断输入的月份是否有效,若无效,提示错误,并返回-1。

【参考代码】

```
#include<stdio.h>
int main(void)
{
        int m;
        printf("输入月份:");
        scanf("%d",&m);
        if(m<1 ||m>12)
        {
            printf("输入月份错误!\n");
            return -1;
        }
        switch(m)
        {
```

```
            case 1:
            case 3:
            case 5:
            case 7:
            case 8:
            case 10:
            case 12:printf("%d 月 31 天\n",m);break;
            case 2:printf("%d 月 28 天\n",m);break;
            default:printf("%d 月 30 天\n",m);
        }
        return 0;
}
```

【运行结果 1】

```
输入月份:7
7 月 31 天
```

【运行结果 2】

```
输入月份:6
6 月 30 天
```

【运行结果 3】

```
输入月份:2
2 月 28 天
```

【说明】

有 7 个月是 31 天,即多个分支共享输出该月 31 天,可把多个"case 常量表达式:"放一行中,这样代码看上去更紧凑。例如:

```
switch(m)
{
    case 1: case 3: case 5: case 7: case 8: case 10:
    case 12:printf("%d 月 31 天\n",m);break;
    case 2:printf("%d 月 28 天\n",m);break;
    default:printf("%d 月 30 天\n",m);
}
```

使用 switch-case 结构的关键在于设计 case 后的常量表达式。如果一个实际问题对应的 case 后的常量表达式过多时,不宜直接使用 switch-case 结构。需要对数量众多的不同情况进行重新归纳、整理成较合理的分支数量后,再使用该结构。如果重新归纳、整理后,常量表达式的数量依然很多时,建议不要使用 switch-case 结构处理该问题。

例 16 学生成绩(整数)与对应等级分别为:优(90~100)、良(80~89)、中(70~79)、及格(60~69)、不及格(<60)等 5 个等级。要求从键盘输入学生成绩,输出该成绩对应的等级。要求使用 switch-case 多分支结构实现。

【分析】

经分析本题是根据输入的成绩确定等级。case 后的常量表达式应为成绩,而成绩有 0、1、2、3、…、100 共 101 个,数目众多,不宜直接使用 switch-case 结构。

把百分制成绩除以 10 取整，变成 10 分制，百分制 90~100 分变成 10 分制为 9 和 10。

百分制 80~89 变成十分制为 8，百分制 70~79 变成 10 分制为 7，百分制 60~69 变成 10 分制为 6，百分制 0~59 变成 10 分制为：0,1,2,3,4,5。

十分制 9 和 10 共享输出“优秀”，十分制 8 对应输出“良好”，十分制 7 对应输出“中”，十分制 6 对应输出“及格”，其余的即 default 部分对应输出“不及格”。

【参考代码】

```
#include<stdio.h>
int main(void)
{
    int sc,d;
    printf("Input the score:");
    scanf("%d",&sc);
    if(sc>100 ||sc <0)
    {
        printf("Input Error.\n");
        return -1;
    }
    d=sc/10;
    switch(d)
    {
        case 10:
        case 9:printf("优秀\n");break;
        case 8:printf("良好\n");break;
        case 7:printf("中\n");break;
        case 6:printf("及格\n");break;
        default:printf("不及格\n");break;
    }
    return 0;
}
```

【运行结果 1】

```
Input the score:83
良好
```

【运行结果 2】

```
Input the score:53
不及格
```

例 17 分析以下程序，写出其运行结果。总结 switch-case 中 break 和 default 的使用。

【程序代码】

```
#include<stdio.h>
int main(void)
{
    int a=5,b=0;
    switch(a)
    {
        case 1:b++;
```

```
        default:b++;
        case 2:b++;
        case 3:b++;
    }
    printf("b=%d\n",b);
    return 0;
}
```

【分析】

没有找到 case 后常量表达式的值与 a 的值 5 相匹配的，故从 default 部分对应的语句 b++;开始执行，由于没有 break，接着执行 case 2: case 3:后对应的语句，直到遇到 break 或 switch-case 语句结束为止。故共执行了三条 b++;语句。b 的值为 3。

【运行结果】

```
b=3
```

【复习思考题】

1. 关键字 switch 后括号内的表达式对类型有什么要求？关键字 case 后的常量表达式的类型有什么要求？

2. switch-case 结构中，break 有何作用？遗漏 break 会产生什么影响？default 一定放在最后吗？default 后的 break 什么情况下可以省略？

3. 用 1~7 之间的整数，分别表示一周中的：星期一、星期二、…、星期六、星期日。从键盘输入 1~7 中一个整数，输出该数字对应的“星期*”。

4. 分析以下程序的输出结果。

```
#include<stdio.h>
int main(void)
{
    int a=5,b=0;
    switch(a)
    {
        case 1:b++;
        case 2:b++;
        case 3:b++;
        default:b++;
    }
    printf("b=%d\n",b);
    return 0;
}
```

小　　结

1. 本章主要知识点梳理

本章主要介绍了两种分支结构：if 分支结构、switch-case 分支结构及条件表达式。本章知识点小结如表 4-1 所示。

表 4-1　本章主要知识点梳理

知　识　点	示　　例	说　　明
if 分支结构	if(条件表达式) 　　语句 A;	隐式的双路分支：执行语句 A 的分支和不执行该语句 A 的分支

if-else 分支结构	if(条件表达式)
	　　语句 A;
	else
	　　语句 B;
		显式的双路分支。
		当条件表达式的值为真时，执行语句 A，否则执行语句 B。
		语句 A 和 B 可以是简单语句，也可以是复合语句

if-else if -else 分支结构	if(条件表达式 1)
	　　语句 1;
	else if(条件表达式 2)
	　　语句 2;
	…
	else if(条件表达式 n)
	　　语句 n;
	else
	　　语句 n+1;
		该级联的 if-else-if 多分支结构的执行流程是：从前往后计算各个表达式的值，如果某个表达式的值为真，则执行对应的语句，并终止整个多分支结构的执行。如果上述所有表达式均不成立，即均为逻辑假时，则执行对应的 else 部分。
		else 部分可以省略，但一般情况下不省略

条件表达式	表达式?语句 1:语句 2	如果表达式的值为真，则执行语句 1；否则，执行语句 2

switch-case 分支	switch(整型或字符型表达式)
	{
	　　case 常量表达式 1:语句 1;break;
	　　case 常量表达式 2:语句 2;break;
	　　…
	　　case 常量表达式 n:语句 n;break;
	　　default:语句 n+1;break;
	}
		switch-case 分支结构的执行流程：把条件表达式的值依次与各常量表达式的值进行比较，如果与某个常量表达式的值相等，则执行对应的分支，遇到 break 后退出 switch-case 结构。如果与所有的常量表达式的值均不相等，则执行 default 默认分支语句

switch-case 共享分支	switch(整型或字符型表达式)
	{
	　　case 常量表达式 1:
	　　case 常量表达式 2:
	　　case 常量表达式 m:语句 1;break;
	　　…
	　　case 常量表达式 n:语句 n;break;
	　　default:语句 n+1;break;
	}
		多个 case 分支可共享一条语句，各个常量表达式后的冒号不能省略

2. 本章易错知识点

本章易错知识点如表 4-2 所示。

表 4-2　本章易错知识点

易错知识点	错 误 示 例	说　　明

if结构常见错误 1	多余分号造成 if 体为空语句：
	int a=5,b=3,max=a;　　//max 初始为 a
	if(b>a);
	max=b;
	条件表达式后多余分号，导致语义错误。上述语句执行后，max=3
		无语法错误、无运行时错误。属于语义错误或逻辑错误。
		该 if 体为空语句，而 max=b 为无条件执行

if结构常见错误 2	复合 if 体忘记加{}
	例如：如果 a<b 时，交换 a 和 b 的值。
	int a=3,b=2,t;
	if(a<b)
	t=a;
	a=b;
	b=t;
	执行上述语句后，a=2,b=t=随机值
		该错误逻辑等价于：
		int a=3,b=2,t;
		if(a<b)
		{
		t=a;
		}
		a=b;
		b=t;

if-else 结构常见错误 1	if 条件表达式后多余分号，语法错误
	int a=3,b=5,max;
	if(a>b);
	max=a;
	else
	max=b;
		if-else 的 if 体必须为一条语句，可以是一条简单语句或一对大括号括起来的复合语句。
		该错误语法，相当于 if 体有两条简单语句：空语句和 max=a;，而复合语句必须使用{}括起来，故语法错误

级联结构 if-else if-else 条件的重复包含，逻辑混乱	条件重复包含的情况： if(sc>=90) printf("优\n"); else if(sc>=80 && sc<90)　　//重复包含 sc<90 printf("良\n"); else if(sc>=70 && sc<80)　　//重复包含 sc<80 printf("中\n"); else if(sc>=60 && sc<70)　　//重复包含 sc<70 printf("及格\n"); else if(sc<60)　　//重复包含 sc<60 printf("不及格\n"); 正确规范的代码如下： if(sc>=90) printf("优\n"); else if(sc>=80)　　//已隐含 sc<90 printf("良\n"); else if(sc>=70)　　//已隐含 sc<80 printf("中\n"); else if(sc>=60)　　//已隐含 sc<70 printf("及格\n"); else　　//已隐含 sc<60 printf("不及格\n");	条件的重复包含，虽然既无语法错误，也无运行时错误，且能得到正确结果，但为规范起见，本教材把这种逻辑不清晰的程序视为“错误”

续表

易错知识点	错误示例	说　　明

switch-case 常见错误 1	float a=2.0;
	switch(a)
	{
	    case 1.0:语句 1;break;
	    case 2.0:语句 2;break;
	    …
	}
		语法错误。
		switch 后的条件表达式及 case 后的常量表达式只能为整型或字符型

判断浮点数是否与某数值相等	设 f 为已定义的浮点数,判断 f 与 6.5 是否相等:
	if(6.5==f)　　　　//错误
	设置一精度 ESP,如 1E-7,判断 f 与 6.5 的距离(差的绝对值)是否小于设定精度 ESP。即:
	const float ESP=1E-7;
	if(fabs(f-6.5)<ESP)
	    printf("f 与 6.5 相等\n");
	else
	    printf("f 与 6.5 不相等\n");
		浮点数在计算机中存储的是近似值,在判断浮点数与某数值是否相等时不能使用==

判断整型变量与某常量是否相等	设 a 为已定义整型变量
	if(a=5)　　　　//逻辑错误,误写成赋值表达式
	    printf("a 等于 5\n");
	else
	    printf("a 不等于 5\n");
	既无编译错误,也无运行时错误,也属于逻辑错误
		当判断整型变量与某常量是否相等时,为了容易检错,建议把常量作为左操作数,即:
		if(5==a)
		    …

习　　题

1. if 语句

(1) 编程实现打擂台算法求三个整数中的最大值,并输出。

(2) 输入一个英文字母,如果是大写字母,直接输出,如果是小写字母,转换成对应大写字母后输出。

(3) 分析以下程序的输出结果。掌握变量交换的思想。

【程序代码】

```
#include<stdio.h>
int main(void)
{
    int a=3,b=5,t;
    if(a>b)
    {
        t=a;
        a=b;
        b=t;
    }
```

```
    printf("a=%d,b=%d\n",a,b);
    return 0;
}
```


2. if-else 语句和条件表达式语句

（1）从键盘输入一学生的成绩，如果该成绩大于等于 60 分，则输出“恭喜您已通过考试！”，否则，输出“很遗憾！您还需继续努力！”。

（2）分析以下程序的输出结果。并复习总结++m 与 m++的区别。

【程序代码】

```
#include<stdio.h>
int main(void)
{
    int m=3;
    if(m++>3)
        printf("%d\n",m++);
    else
        printf("%d\n",++m);
    return 0;
}
```

（3）分析以下程序的输出结果。注意空语句的使用。

【程序代码】

```
#include<stdio.h>
int main(void)
{
    int a=5;
    if(a++>5)
        printf("%d\n",a--);
    else;
        printf("%d\n",++a);
    return 0;
}
```

（4）从键盘输入两个整数，求两个数中的较大者并输出该较大值。要求使用 if-else 结构实现。

（5）从键盘输入两个整数，求两个数中的较大者并输出该较大值。要求使用条件运算符构成的分支结构实现。

（6）分析以下程序的输出结果，总结并进一步理解条件运算符的优先级和结合性。

【程序代码】

```
#include<stdio.h>
int main(void)
{
    int x=3,y=5;
    int z=x>y?10:++y>7?8:9;
    printf("z=%d,y=%d\n",z,y);
    return 0;
}
```

(7) 分析以下程序的输出结果。

【程序代码】

```
#include<stdio.h>
int main(void)
{
    int w=4,x=3,y=2,z=1;
    printf("%d\n",(w<x?w++:z++<y?z:x));
    printf("w=%d\n",w);
    return 0;
}
```

3. if 语句嵌套

(1) 分析如下程序的输出结果。

【程序代码】

```
#include<stdio.h>
int main(void)
{
    int a=8,b=6,c=-3;
    if(a>b)
        if(b<0)
        if(c<0)
            c+=2;
        c++;
        printf("c=%d\n",c);
    return 0;
}
```

(2) 分析以下程序的输出结果。

【程序代码】

```
#include<stdio.h>
int main(void)
{
    int a=0,b=1,d=10;
    if(!a)
        if(b)
            d=20;
        else
            d=30;
        else
            d=40;
    printf("d=%d\n",d);
    return 0;
}
```

(3) 分析以下程序的输出结果。

【程序代码】

```
#include<stdio.h>
```

```
int main(void)
{
    int x=0,y=1,z=0;
    if(x)
        if(y)
            z=10;
        else
            z=20;
        else
            z=30;
    printf("z=%d\n",z);
    return 0;
}
```

4. 级联 else-if 多分支结构

(1) 从键盘输入三个整数,计算并输出三者中的最大者。要求使用级联 else-if 多分支结构实现。

(2) 某公司销售提成的计算:销售额为[0,60)万,提成按 6%计算;销售额为[60,80)万,提成按 10%计算;销售额为[80,∞)万,提成按 13%计算。输入该公司某员工的销售额,计算并输出该员工所得提成。

(3) 有一个分段函数:y=x (x<3)、y=2x-3 (3<=x<7)、y=3x-10 (x>=7)。输入 x 的值,计算并输出相应的 y 值。

5. switch-case 多分支结构

(1) 如果考虑是否闰年,月份对应的天数为:1、3、5、7、8、10、12 月 31 天;闰年 2 月 29 天,非闰年 2 月 28 天;其他月份 4、6、9、11 月份 30 天。输入某年及某月份,输出该年该月份含有的天数。

(2) 学生成绩(浮点数)与对应等级分别为:优(90.0~100.0)、良(80.0~89.0)、中(70.0~79.0)、及格(60.0~69.0)、不及格(<60.0)等 5 个等级。要求从键盘输入学生成绩,输出该成绩对应的等级。要求使用 switch-case 多分支结构实现。

提示:注意浮点数与零的比较及类型强制转换的使用。

(3) 分析以下程序的运行结果。

【程序代码】

```
#include<stdio.h>
int main(void)
{
    int a=5,b=0;
    switch(a)
    {
        case 1:b++;
        case 5:b++;
        case 3:b++;
        default:b++;
        case 4:b++;break;
        case 6:b++;
    }
```

```
    printf("b=%d\n",b);
    return 0;
}
```

(4) 从键盘输入两个整数及一个运算符(字符型)。如果该运算符为“+”,则计算并输出两数之和；如果该运算符为“-”,则计算并输出两数之差；如果该运算符为“*”,则计算并输出两数之积；如果该运算符为“/”,且除数不为零时,则计算并输出两数之商。

(5) 学生成绩按成绩段可分为 A、B、C、D、E 等 5 个等级,90~100 为 A,80~89 为 B,70~79 为 C,60~69 为 D,60 以下为 E。从键盘输入一个字符等级,要求输出该等级对应的成绩段。

第5章 循环结构

本章学习目标

- 熟练掌握循环结构的设计
- 熟练掌握三种循环结构的使用场景及相互等价转换
- 掌握循环结构中 continue 和 break 的区别
- 掌握循环的嵌套设计

C 语言中,把重复执行一组"相同"或"相似"操作的流程结构称为循环,该组"相同"或"相似"的语句集合被称为循环体。C 语言中支持 while、do-while、for 等三种形式的循环语句。

本章首先简要介绍三种基本的循环语句,接着介绍循环流程跳转的两种语句 break 和 continue 及其区别,最后重点介绍循环的嵌套结构。

5.1 while 循环

当循环体中的语句多于一条时,要用{}把这些语句括起来形成一条复合语句,如下所示。

```
while(Exp_cntrl)
{
    Statement_1;
    Statement_2;
    …
}
```

当循环体为一条简单语句时,可以省略{},即:

```
while(Exp_cntrl)
    Simple_Statement;                //循环体
```

while 循环的执行流程:

首先判断循环控制表达式 Exp_cntrl 的值,当该表达式的值为逻辑真(非 0)时,会一直执行循环体,直到表达式的值为逻辑假(0)时,结束循环。while 循环流程图如图 5-1 所示。

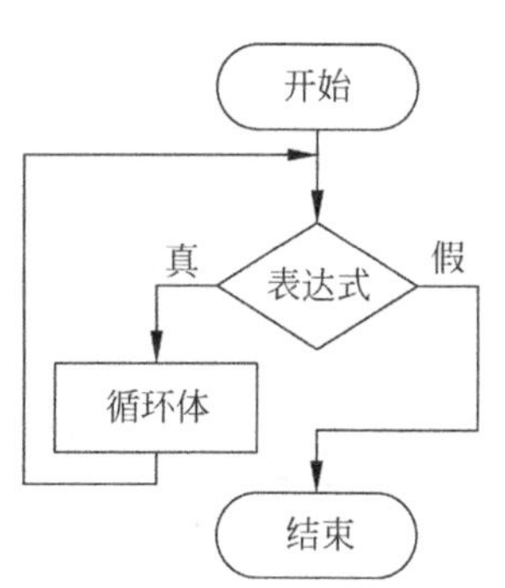

图 5-1 while 循环流程图

通常把循环控制表达式 Exp_cntrl 中含有的变量,称为循环控制变量。为了避免程序陷入死循环,必须要有能改变循环控制变量的语句，使循环控制表达式 Exp_cntrl 的值趋于逻辑假，以便使循环趋于终止。

例 1 统计输出 100 以内的所有奇数之和。

【分析】

通过分析，本题是重复执行“把 100 以内的当前奇数 1、3、5、7，…累加求和”的相似操作，故采用循环结构。循环算法的关键是要确定循环条件表达式和循环体。

循环控制变量及初始条件确定：由题意可知，奇数 i 作为循环控制变量，初值为第一个奇数，即 i=1。其他变量初始值：求和变量 sum=0。

循环条件表达式的确定：循环控制变量 i 为[1,100]间的奇数。故循环条件表达式为 i<=100。

循环体确定：该题循环体中包含以下两部分操作。

(1) 把当前奇数变量 i 累加到求和变量 sum 中，即 sum+=i;

(2) 为计算当前奇数的下一个奇数做准备，也就是控制变量的增量部分，即 i+=2。

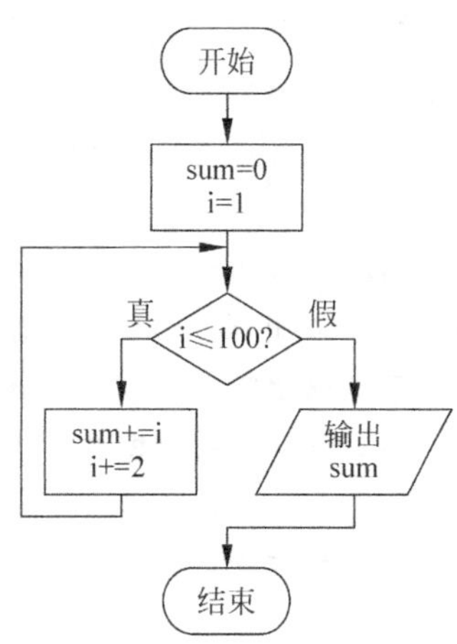

图 5-2 例 1 流程图

流程图如图 5-2 所示。

【参考代码】

```
#include<stdio.h>
int main(void)
{
    int sum=0,i=1;                   //i 初始为第一个素数
    while(i<=100)                    //循环执行的判断条件
    {
        sum+=i;
        i+=2;                        //控制变量的增量
    }
    printf("sum=%d\n",sum);
    return 0;
}
```

【运行结果】

```
sum=2500
```

【说明】

必须在零的基础上进行累加，故 sum 需要初始化为 0，否则将是无意义的随机值。循环控制条件不必刻意去思考最后一个奇数是否包含 100，让程序根据奇数的定义及相邻奇数的差值自行计算确定 100 以内的最后一个奇数。

例 2 计算输出 1-3+5-7+…-99 的值。

【分析】

通过分析，本题是重复执行“把当前数据项 item，如 1、-3、5、-7，…累加到求和变量 s 上”的相似操作，故采用循环结构。循环算法的关键是要确定循环条件表达式和循环体语句。

每个数据项 item 由符号位 sign 和数值位 n 两部分组成。

循环控制变量及初始条件确定：由题意可知，数据项的数值位 n 可以作为该题的循环控制变量，初值为 n=1。其他变量初始值：求和变量 s=0，符号位 sign。由于第一个数据项为 1 即+1，故符号位初始为 sign=1。

循环条件表达式的确定：循环控制变量 n 的起止值，起始值为 1，终止值为 99。故循环条件表达式为 n<=99。

循环体确定：该题的循环体语句包括以下三部分操作。

(1) 组建当前数据项 item(由符号位 sign 和数值位 n 组成)，即 item=sign* n。

(2) 并把各个当前数据项累加到求和变量 s 上，即 s+=item。

(3) 然后改变下一个数据项的符号位 sign 及数值位 n，符号位与前一项相反，即 sign*=-1，数值位 n 的改变也就是循环控制变量的增量部分，比前一项大 2，即 n+=2。

该算法的流程图表示如图 5-3 所示。

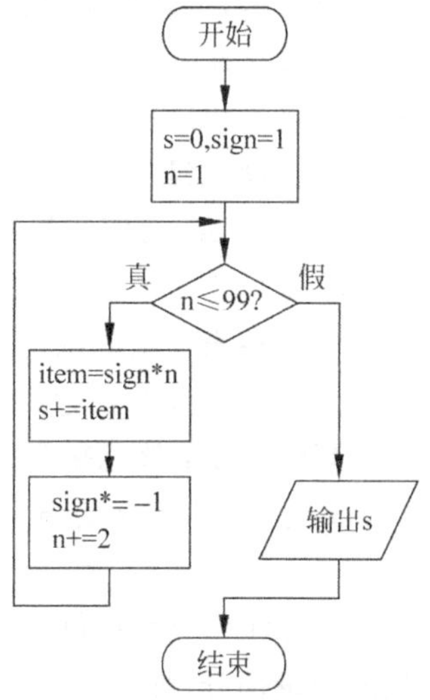

图 5-3　例 2 流程图

【参考代码】

```
#include<stdio.h>
int main(void)
{
    int s=0,sign=1,n=1,item;
    while(n<=99)
    {
        item=sign*n;            //组建当前项
        s+=item;                //累加当前项
        sign*=-1;               //改变下一项的符号位
        n+=2;                   //改变下一项的数值位
    }
    printf("sum=%d\n",s);
    return 0;
}
```

【运行结果】

```
sum=-50
```

例 3　任意输入一个十进制正整数，把其“反序”后输出(若输入：1234，则输出：4321)。

【分析】

经分析本题涉及两个主要操作：①把原数据从最低位到最高位逐位分离，如 4、3、2、1。②按照分离的顺序，用分离出的数字组成新的十进制整数 4321。

(1) 把数据 n=1234 从低位到高位逐位分离的方法和步骤如下。

① 分离个位数字：4。

用该数值 n(1234)除以 10 取余，即 n%10，可得个位数 4，然后用该数值 n(1234)除以 10 取整，即 n=1234/10=123。

② 分离十位数字：3。

用该数值 n(123)除以 10 取余，即 n%10，可得个位数 3，然后用该数值 n(123)除以 10 取整，即 n=123/10=12。

③ 分离百位数字：2。

用该数值 n(12)除以 10 取余，即 n%10，可得个位数 2，然后用该数值 n(12)除以 10 取整，即 n=12/10=1。

④ 分离千位数字：1。

用该数值 n(1)除以 10 取余，即 n%10，可得个位数 1，然后用该数值 n(1)除以 10 取整，即 n=1/10=0；即当 n=0 时，原数据的各位数字均已分离出来。

分析可知，上述各位数字的分离过程是重复执行 t=n%10;和 n=n/10;两条语句，直到 n=0 为止。故可采用 while 循环结构，代码框架如下。

```
while(n)
{
    t=n%10;                    //t:当前 n 分离出的低位数字
    //…
    n/=10;                     //去除已分离出的当前低位后的数值，为下一次分离次低位做准备
}
```

(2) 把各位数字按分离出的顺序组成一个新的十进制整数：先分离出的位(原数据的低位)作为新十进制数的高位，后分离出的位(原数据的高位)作为新十进制数的低位。

若依次用逐位分离出来的 4、3、2、1 组成一个新的十进制整数 m，则组建 m 的步骤如下。

① 设新组成的十进制数 m 初始为 0。

② m(0)扩大 10 倍，即原 m 的各位均向左(高位)移动一位，再加上刚分离出的数位 4，即 m=m×10+4=0×10+4=0+4=4。

③ m(4)扩大 10 倍，即原 m 的各位均向左(高位)移动一位，再加上刚分离出的数位 3，即 m=m×10+3=4×10+3=40+3=43。

④ m(43)扩大 10 倍，即原 m 的各位均向左(高位)移动一位，再加上刚分离出的数位 2，即 m=m×10+2=43×10+2=430+2=432。

⑤ m(432)扩大 10 倍，即原 m 的各位均向左(高位)移动一位，再加上刚分离出的数位 1，即 m=m×10+1=432×10+1=4320+1=4321。

完善上述代码框架如下。

```
int t,m=0;
while(n)
{
    t=n%10;                    //分离 n 的当前低位数字
    m=m*10+t;                  //用原 m 的各位作为高位，刚分离出的 t 作为低位，组成新的 m
    n/=10;                     //去除已分离出的当前低位后的数值，为下一次分离次低位做准备
}
```

【参考代码】

```
#include<stdio.h>
int main(void)
```

```
{
    int n,t,m=0;
    printf("输入十进制整数:");
    scanf("%d",&n);
    while(n)
    {
        t=n%10;
        m=m*10+t;
        n/=10;
    }
    printf("对应反序后数字:%d\n",m);
    return 0;
}
```

【运行结果】

```
输入十进制整数:1234
对应反序后数字:4321
```

【复习思考题】

1. 输入一个 n 值,求算术表达式 1+1/2+1/3+…+1/n 的值。

2. 输入一个十进制正整数,计算并输出该整数是几位数。如 123 是 3 位数,1000 是 4 位数。

5.2 do-while 循环

do-while 循环的格式如下。

```
do
{
    Statement _1;
    Statement _2;
    …
}while(Exp_cntrl);                    //分号不可丢
```

当循环体为一条简单语句时,可以省略{},即:

```
do
    Simple_Statement;                 //循环体
while(Exp_cntrl);
```

注意:在 do-while 结构中,while 括号后的分号不能丢。

do-while 循环的执行流程:首先无条件地执行一次循环体,然后再根据循环控制表达式的值来判断是否继续执行循环体。若为真,则继续执行;若为假,则停止执行,退出 do-while 循环。即 do-while 循环至少执行一次循环体。

do-while 循环和 while 循环的主要差别是:前者至少执行一次循环体,后者有可能一次也不执行循环体。

do-while 循环的执行流程图，如图 5-4 所示。

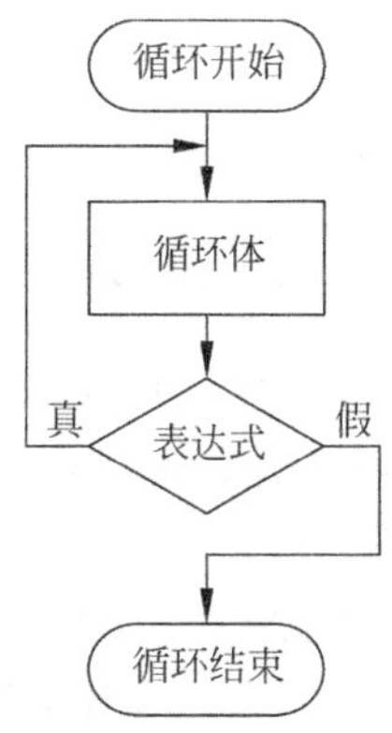

图 5-4　do-while 循环流程图

do-while 循环主要用在一直进行尝试性的操作，直到满足条件为止的情景。

例 4　编程实现猜数字游戏，假设谜底为 0~10 的整数，猜谜者每次输入一个整数，直到猜对为止。

【分析】

本题属于先输入所猜数字才能判断是否猜中，如果猜中，游戏结束，如果没猜中，继续猜，直到猜中为止。故该题符合 do-while 循环的使用场景。

【参考代码】

```
#include<stdio.h>
int main(void)
{
    int pwd=7,gs;                   //pwd:谜底
    printf("\tGames Begin\n");
    do
    {
        printf("Please guess(0~10):");
        scanf("%d",&gs);
    }while(gs!=pwd);
    printf("\tSucceed!\n");
    printf("\tGames Over\n");
    return 0;
}
```

【运行结果】

```
        Games Begin
Please guess(0~10):3
Please guess(0~10):5
Please guess(0~10):8
Please guess(0~10):7
        Succeed!
        Games Over
```

【复习思考题】

1. 阐述 while 循环和 do-while 循环的差异。
2. 理解 while 循环及 do-while 循环结构的应用场景。
3. 分析以下程序输出结果。

```
int x=4;
do
{
    printf("%d\n",x-=3);
}while(!(--x));
```

5.3 while和do-while的关系

5.3.1 while和do-while的等价关系

在多数情况下，while循环和do-while循环是等价的，如下例所示。

例5 计算表达式1-1/2+1/3-1/4+1/5-…-1/100的值。

【分析1】

通过观察可以发现，该表达式是把分母从1开始到100为止的所有数据项：1、-1/2、1/3、…、-1/100累加求和。也就是说先判断分母是否小于等于100，如果是，再组建该项，并把该项累加到求和变量上。符合循环条件前置的特点，故可选择while循环实现。

【参考代码1】

```
#include<stdio.h>
int main(void)
{
    double s=0.0,item;
    int sign=1,n=1;                //n：分母
    while(n<=100)
    {
        item=sign*(1.0/n);         //组建当前项，注意1.0的作用
        s+=item;                   //累加当前项
        sign*=-1;                  //改变下一项的符号位
        n++;                       //改变下一项的分母
    }
    printf("sum=%lf\n",s);         //double的格式控制符为%lf
    return 0;
}
```

【运行结果1】

```
sum=0.688172
```

【分析2】

由于事先知道求和变量s中至少包含一项1，故第一次累加的分母判断条件可以去掉，从第二项开始，首先判断分母是否小于等于100，再组项，然后累加。故该例子也符合循环条件后置的情况，所以本例也可以使用do-while循环，实现求该表达式的值。

【参考代码2】

```
#include<stdio.h>
int main(void)
{
    double s=0.0,item;
    int sign=1,n=1;                //n:分母
    do
    {
        item=sign*(1.0/n);         //组建当前项，注意1.0的作用
        s+=item;
```

```
        sign*=-1;
        n++;
    }while(n<=100);                    //勿漏分号
    printf("sum=%lf\n",s);
    return 0;
}
```

【运行结果 2】

```
sum=0.688 172
```

【说明】

(1) 每一项的组建均是：分数值(分子与分母相除的结果)与符号位相乘的结果，尽管在本例中写成 term=sign*1.0/n;同样能得到正确结果，但不提倡这种写法。建议分数值表示部分显式加上括号，即：item=sign*(1.0/n);这是一种规范的写法，这样可避免因编译器的差异而造成结果不确定的情况，即**增强了代码的可移植性**。

(2) 参考代码 item=sign*(1.0/n);中的 1.0 如果误写成 1，即：item=sign*(1/n);则输出错误结果：sum=1.000 000。原因是除了第一项 n 为 1 时，1/n=1 外，其余当 n≥2 时，1/n 分子、分母同为整数值，结果为取整，故从第二项开始每一项的结果均为 0。

5.3.2 while 和 do-while 的不等关系

并不是所有的 while 循环都可等价替换为 do-while 循环结构。当 while 循环第一次循环条件就不满足时，此时不能把该 while 循环转换为 do-while 循环。如例 6 所示。

例 6 分析如下两段代码的输出结果，总结 while 循环和 do-while 循环的差异。

【参考代码 1】

```
#include<stdio.h>
int main(void)
{
    int s=0,i=15;
    while(i<=10)
    {
        s+=i;
        i++;
    }
    printf("s=%d\n",s);
    return 0;
}
```

【参考代码 2】

```
#include<stdio.h>
int main(void)
{
    int s=0,i=15;
    do
    {
        s+=i;
```

```
        i++;
    }while(i<=10);
    printf("s=%d\n",s);
    return 0;
}
```


【分析】

【参考代码 1】 使用 while 循环结构,循环判断条件前置,先判断 i 是否满足小于等于 10 时,如果满足,则把 i 累加到 s 上;否则,循环结束。本例中 i 初始为 15,不满足 i 小于等于 10,故循环体一次也不执行。s 为 0。

【参考代码 2】 使用 do-while 循环结构,循环判断条件后置,先无条件执行一次循环体,即先把 i 的初始值 15 累加到 s 上,i 自增 1 变为 16,然后判断 i 的值 16 是否小于等于 10,结果为假,故循环终止。s 的值为 15。

【运行结果 1】

```
s=0
```

【运行结果 2】

```
s=15
```

5.4 for 循环

for 循环的格式如下。

```
for(Exp_init;Exp_cntrl;Exp_incr)
{
    Statement _1;
    Statement _2;
    …
}
```

当循环体为一条简单语句时,{}可以省略,即:

```
for(Exp_init;Exp_cntrl;Exp_incr)
    Simple_Statement;              //循环体
```

关键字 for 后的()内含有三个表达式,用两个分号隔开。Exp_init 为初始化表达式,主要用于对循环控制变量做初始化操作,仅执行一次;Exp_cntrl 为循环控制表达式,如果该表达式的值为真,则执行循环体,如果为假,则不再执行循环体,循环结束。Exp_incr 为增量表达式,一般为修改循环控制变量的表达式。

for 循环的执行流程如下。

第 1 步:先执行初始化表达式 Exp_init。

第 2 步:判断循环控制表达式 Exp_cntrl 的值,若为真(非 0),则执行循环体。然后接着执行第 3 步;若为假(0),则结束整个循环。即跳转到第 4 步,继续执行循环结构后面的语句。

第 3 步:执行增量表达式 Exp_incr,然后跳转到第 2 步继续往下执行。

第 4 步：循环结束，继续执行循环结构后面的语句。

for 循环流程图如图 5-5 所示。

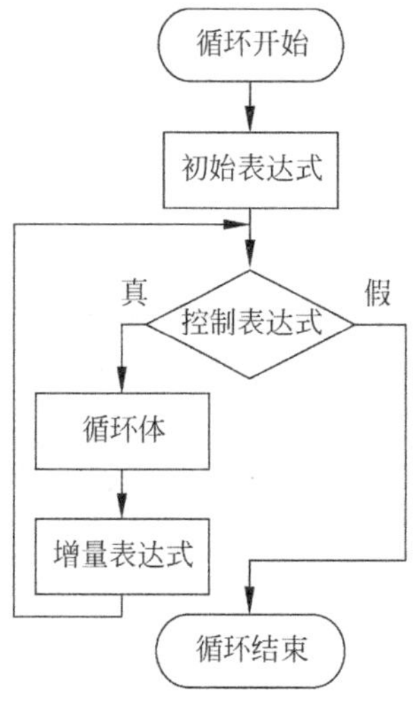

图 5-5　for 循环流程图

for 循环结构中的三个表达式中可以省略一个或者两个，甚至三个均省略，但两个分号均不能省略，当三个表达式全部省略时表示无限循环，或称为“死循环”。例如：

```
for(;;)                          //正确，表示无限循环
    Simple_Statement;            //循环体
```

例 7　计算输出 1~100 以内的所有偶数之和，使用 for 循环结构实现。

【分析】

定义求和变量 s，初始为 0，本题是重复执行把 100 以内的每个偶数都累加到 s 上，故使用循环结构。循环体为把当前偶数 i 累加到 s 上这一条简单语句，即 s+=i，故可省略循环体起止标志的一对大括号。

若采用 for 循环结构，则表达式 1 为循环控制变量 i 的初值表达式，即第一个偶数 2，i=2;。表达式 2 为循环控制表达式，只要该偶数小于等于 100 均可以累加到 s 上，即循环控制表达式为 i<=100;。表达式 3 为循环控制变量的增量表达式，即在当前偶数的基础上加 2 为下一个偶数，故循环控制变量 i 的增量表达式为 i+=2;。

【参考代码】

```
#include<stdio.h>
int main(void)
{
    int s=0,i;
    for(i=2;i<=100;i+=2)
        s+=i;
    printf("sum=%d\n",s);
    return 0;
}
```

【运行结果】

```
sum=2550
```

【说明】

(1) 在 for 循环结构的表达式 1 中，可以同时对多个变量做初始化操作，中间用逗号把各个赋值操作隔开，如下所示。

```
int s,i;
for(s=0,i=2;i<=100;i+=2)          //正确，但不提倡，见说明(2)
    s+=i;
```

(2) 为了使 for 循环结构清晰明了，建议在 for 循环结构的各个表达式中，都是仅对循环控制变量的判断或其他操作。本例中的循环控制变量即表达式 2 中涉及的变量只有 i，故在表达式 1 中，最好也仅为 i 赋初值，故不提倡说明(1)中的写法。

(3) 把表达式 1 中对循环控制变量赋初值的操作提前，即放到 for 循环前面的写法也是不提倡的，因为这样失去了 for 循环设计为三个表达式的意义。例如：

```
int s=0,i=2;
for(;i<=100;i+=2)                     //正确，但不提倡
    s+=i;
```

(4) 把表达式 3 的操作，移到循环体里的下部，如下形式的写法，虽然正确，但也是不提倡的。

```
int s=0,i;
for(i=2;i<=100;)                      //正确，但不提倡
{
    s+=i;
    i+=2;
}
```

例 8 打印输出所有的“水仙花数”。所谓“水仙花数”是指一个三位数，其各位数字的立方和等于该数本身。例如，153 是一个“水仙花数”，因为：$1^3+5^3+3^3=153$。

【分析】

(1) 由于“水仙花数”为三位数，从 100~999 每个三位数都进行验证，如果是则输出，所以循环控制变量 n 初值为 100，循环控制表达式为 n<=999，循环控制变量的增量表达式为 n++。

如何判断每个 n 是不是水仙花数？先分离 n 的个位、十位、百位等数字。然后判断各位数字的立方和是否为 n 本身，若是则说明 n 是“水仙花数”，输出 n。故程序框架如下。

```
for(n=100;n<=999;n++)
{
    //分离 n 的个位、十位、百位数字
    //判断各位数字立方和是否为 n,若是,输出 n
}
```

(2) 在循环体中，分离出每个数的个位、十位、百位，分离的方法不唯一，例如，分离 153 各位数的方法如下。

把 153 除以 10 取余即可得个位数字 3，即 n0=n%10。

把 153 除以 10 取整的结果 15，再除以 10 取余即可分离出十位数 5，即 n1=n/10%10。

把 153 除以 100 取整即可得百位数字 1，即 n2=n/100。

(3) 判断各位数字立方和是否等于该数本身 n。

求幂次方使用 math.h 头文件中的 pow 函数，如 n^2=pow(n,2)、n^3=pow(n,3)等。故该判断条件为：if(pow(n0,3)+pow(n1,3)+pow(n2,3) == n)。

(4) 由于每个“水仙花数”均为三位数，故输出格式可选择占 5 位输出，可保证每位数之间有两位间隔。“%5d”：右对齐，占 5 位输出。“%-5d”：左对齐，占 5 位输出。

填充程序框架如下。

```
for(n=100;n<=999;n++)
{
    n0=n%10;                          //个位
```

```
    n1=n/10%10;                 //十位
    n2=n/100;                   //百位
    if(pow(n0,3)+pow(n1,3)+pow(n2,3) == n)
        printf("%-5d",n);       //左对齐输出,每个数据占 5 位宽
}
```

【参考代码】

```
#include<stdio.h>
#include<math.h>                    //pow()函数头文件
int main(void)
{
    int n,n0,n1,n2;
    printf("水仙花数:");
    for(n=100;n<=999;n++)
    {
        n0=n%10;                    //个位
        n1=n/10%10;                 //十位
        n2=n/100;                   //百位
        if(pow(n0,3)+pow(n1,3)+pow(n2,3) == n)
            printf("%-5d",n);       //左对齐输出,每个数据占 5 位宽
    }
    return 0;
}
```

【运行结果】

```
水仙花数:153  370  371  407
```

5.5 循环的嵌套结构

在一个循环结构内,又嵌入另一个循环结构,称为循环结构的嵌套或多重循环,常用的为二重循环。通常把外层的循环称为外循环,内层的循环称为内循环。do-while 循环、while 循环、for 循环可以相互嵌套。

例 9 从键盘输入一个正整数 n,求 s=1+(1+2)+(1+2+3)+…+(1+2+3+…+n)的值。

【分析】

(1) 求和变量 s 可以看成 n 项之和,设当前项用 term 表示。第 1 项 term=1、第 2 项 term=(1+2)、第 3 项 term=(1+2+3),…、第 n 项 term=(1+2+3+…+n),把每一项 term 累加到求和变量 s 上,使用外层循环控制该操作,循环累加 n 次,设 i 为循环控制变量,则循环结构如下。

```
for(i=1;i<=n;i++)
{
    //计算第 i 项的 term 值
    s+=term;
}
```

以上循环控制变量 i 控制的循环称为外层循环,负责把 n 项的值累加到 s 上。

(2) 计算第 i 项的 term 值,term=(1+2+3+…+i),即把 1、2、3、…、i 累加到 term 上(term 初始为 0),设 j 为循环控制变量,则第(1)步中,“计算第 i 项的 term 值”的代码如下。

```
term=0;                              //每一项的初始值均为 0
for(j=1;j<=i;j++)
    term+=j;
```

以上循环控制变量 j 控制的循环称为内层循环,负责计算第 i 项的值。

(3) 把第(2)步代码嵌入到第(1)步的 for 循环中,即可得如下代码。

```
for(i=1;i<=n;i++)
{
    term=0;
    for(j=1;j<=i;j++)
        term+=j;
    s+=term;
}
```

【参考代码】

```
#include<stdio.h>
int main(void)
{
    int s=0,n,i,j,term;
    printf("Input a Integer:");
    scanf("%d",&n);
    for(i=1;i<=n;i++)
    {
        term=0;
        for(j=1;j<=i;j++)
            term+=j;
        s+=term;
    }
    printf("sum=%d\n",s);
    return 0;
}
```

【运行结果】 假设某次运行输入 10,然后回车(↙),输出结果如下。

```
Input a Integer:10↙
sum=220
```

例 10 编程输出如下矩阵:

```
1  2  3  4
2  4  6  8
3  6  9  12
```

【分析】

(1) 以上输出矩阵为三行,每一行都是执行相同的操作(输出该行的 4 列),所以该程序要重复执行三次输出行的操作,设行的循环控制变量为 i。使用外层 for 循环控制行的输出。循环体内为输出该行的 4 列,然后换行。故程序框架如下。

```
for(i=1;i<=3;i++)
{
    //输出第 i 行的 4 列
    printf("\n");                   //输出完第 i 行的 4 列后换行
}
```

(2) 输出第 i 行的 4 列,也就是要重复执行 4 次输出列的操作,故也符合循环结构。设控制列的循环控制变量为 j,则输出 4 列的循环代码如下。

```
for(j=1;j<=4;j++)               //循环输出 4 列
{
    //打印输出 i 行 j 列的值
}
```

由于该循环嵌入在控制行的外层循环中,故称该控制列的循环为内层循环。

(3) 把第(2)步中控制列的 for 循环结构填入第(1)步中控制行的外层循环中,即可得如下代码。

```
for(i=1;i<=3;i++)               //控制行操作的外层循环
{
    for(j=1;j<=4;j++)           //控制列操作的内层循环
    {
        //输出第 i 行、第 j 列的值
    }
    printf("\n");               //换行
}
```

(4) 分析第 i 行、第 j 列对应数值的数学规律,如表 5-1 所示。

表 5-1 第 i 行 j 列值的规律

i	j			
	1	**2**	**3**	**4**
1	1×1	1×2	1×3	1×4
2	2×1	2×2	2×3	2×4
3	3×1	3×2	3×3	3×4

由表 5-1 可得:i 行 j 列对应的值为 i×j。

可编写如下代码实现输出第 i 行、第 j 列的值。

```
printf("%-3d",i*j);             //每个数值占三列,左对齐输出
```

(5) 把第(4)步中输出第 i 行、第 j 列值的代码代入第(3)步代码框中。可得如下代码。

```
for(i=1;i<=3;i++)
{
    for(j=1;j<=4;j++)
    {
        printf("%-3d",i*j);
    }
    printf("\n");
}
```

由于控制列的内层循环体中仅含一条简单语句，故可省略内层循环体起止标志的一对大括号。

【参考代码】

```
#include<stdio.h>
int main(void)
{
    int i,j;
    for(i=1;i<=3;i++)
    {
        for(j=1;j<=4;j++)
            printf("%-3d",i*j);
        printf("\n");
    }
    return 0;
}
```

【说明】

(1) 循环嵌套程序设计的一般思路是先把外层循环的框架搭起来，确定循环体操作，如果不能写出，先在该位置加功能注释，由外而内逐步实现。

(2) 本题最容易出错的地方是输出换行的位置，如下所示将无法打印输出题目要求的矩阵形式。

```
for(i=1;i<=3;i++)
{
    for(j=1;j<=4;j++)
    {
        printf("%-3d",i*j);
        printf("\n");

    }
}
```

【复习思考题】

1. 从键盘输入大于等于 1 的正整数 n 值，求表达式 s=1!+2!+…+n!的值。

2. 打印九九乘法表，输出格式如下所示。

```
1*1=1
2*1=2  2*2=4
3*1=3  3*2=6   3*3=9
4*1=4  4*2=8   4*3=12  4*4=16
5*1=5  5*2=10  5*3=15  5*4=20  5*5=25
6*1=6  6*2=12  6*3=18  6*4=24  6*5=30  6*6=36
7*1=7  7*2=14  7*3=21  7*4=28  7*5=35  7*6=42  7*7=49
8*1=8  8*2=16  8*3=24  8*4=32  8*5=40  8*6=48  8*7=56  8*8=64
9*1=9  9*2=18  9*3=27  9*4=36  9*5=45  9*6=54  9*7=63  9*8=72  9*9=81
```

提示：

(1) 第 1 行有 1 列，第 2 行有 2 列，…，第 i 行有 i 列。

(2) 列对齐可采用输出完每列后输出一个制表符\t 位宽的空格。

5.6 执行流程跳转语句

控制程序流程跳转的通常有 goto、break、continue、return 等语句。本节主要讲解前三种流程跳转语句，return 语句通常用在被调函数执行结束后，返回调用者处的流程跳转，将在函数一章中讲解 return 语句。

5.6.1 goto 语句

goto 语句是一种无条件流程跳转语句，通常 goto 语句与 if 语句结合使用，当满足一定条件时，程序流程跳转到指定标号处，接着往下执行。

定义语句标识的格式如下。

```
语句标识：语句;
```

其中，“语句标识”可以是任一个合法的标识符，如 pos_1、pos_2、label_1、label_2 等都是合法的语句标识。

注意：语句标识后的冒号不能省略。

goto 语句的调用语法格式为：

```
goto 语句标号;
```

程序将从对应“语句标号”的代码处开始往下执行。

例 11 分析以下程序，了解 goto 语句的使用。

【程序代码】

```
#include<stdio.h>
int main(void)
{
    int n;
pos_1:
    printf("请输入一个正整数:");
    scanf("%d",&n);
    if(n<0)
    {
        printf("输入错误!\n");
        goto pos_1;
    }
    printf("成功输入正整数:%d\n",n);
    return 0;
}
```

【分析】

在上述程序代码中，有一个语句标号 pos_1。该程序的执行流程如下。

(1) pos_1 标号处。先提示用户“请输入一个正整数:”。

(2) 如果用户输入的是正整数，则提示“成功输入正整数：***”。执行(4)。

(3) 如果用户输入的是负数,则进入循环体,提示"输入错误!"。程序执行流程跳转到 pos_1 处,即跳转到第(1)步,继续往下执行。

(4) 程序结束。

【运行结果】 假设某次运行,依次输入-2、-6、3 等数字,其运行结果如下。

```
请输入一个正整数:-2
输入错误!
请输入一个正整数:-6
输入错误!
请输入一个正整数:3
成功输入正整数:3
```

【说明】

(1) 在一般 C 程序开发环境如 VC++ 6.0 中,语句标号处的位置较正常代码突出,就是为了让其更明显,不要刻意和其他代码对齐。

(2) 通过上述执行流程及运行结果的分析,可以发现该例中使用 goto 跳转语句实现了循环的功能。故可以使用循环结构的代码替换该 goto 结构的代码。

【等价代码】

```
#include<stdio.h>
int main(void)
{
    int n;
    printf("请输入一个正整数:");
    scanf("%d",&n);
    while(n<0)
    {
        printf("输入错误!\n");
        printf("请输入一个正整数:");
        scanf("%d",&n);
    }
    printf("成功输入正整数:%d\n",n);
    return 0;
}
```

使用 goto 语句可能会造成程序层次不清晰,可读性差,故在实际编程中,应尽量少使用或避免使用 goto 语句。

5.6.2 break 语句

当执行到循环体中的 break 语句时,将终止 break 所在该层的循环,从该层循环体之后的语句开始继续执行。

break 的执行流程如下所示。

单重循环情况:选用 while 循环结构示意,do-while 循环、for 循环同样适用。

```
while(循环判断表达式)
{
    …
```

```
    if(条件表达式)
        break;
    循环体中 break 后的语句;
}
循环结构后的第 1 条语句;
循环结构后的第 2 条语句;
        ...
```

【说明】

在循环体中,当满足一定条件执行到 break 语句时,终止 break 所在的该层循环,即"循环体中 break 后的语句"部分将不再被执行,程序执行流程转向从"循环结构后的第 1 条语句"处,开始继续往后执行。

双重循环情况:使用双重 for 循环嵌套结构示意,其他类型的循环嵌套组合同样适用。

```
for(;循环判断表达式 1;)
{
    ...
    for(;循环判断表达式 2;)
    {
        ...
        if(条件表达式)
            break;
        内层循环体中 break 后的语句;
    }
    内层循环结构后的第 1 条语句;
    内层循环结构后的第 2 条语句;
    ...
}
```

【说明】

在内层循环中,当满足一定条件执行到 break 语句时,仅结束 break 所在内层循环的执行(在本轮外层循环中,"内层循环体中 break 后的语句"部分不再被执行),程序执行流程跳转到"内层循环结构后的第 1 条语句"所在的外层循环体处,开始继续执行。

例 12 分析以下程序输出结果,掌握 break 语句的使用方法。

【参考代码】

```
#include<stdio.h>
int main(void)
{
    int s=0,i;
    for(i=1;i<=10;i++)
    {
        if(6==i)
            break;
        s+=i;
    }
    printf("sum=%d\n",s);
    return 0;
}
```

【分析】

当 i<6 时，均不执行 break 语句，可以将其忽略。即 i<6 时，等价于如下代码。

```
for(i=1;i<=10;i++)
{
    s+=i;
}
```

相当于执行了加法运算 s=1+2+3+4+5=15。

当 i=6 时，执行 break 语句，立即终止 break 语句所在的该层 for 循环，故 i=6 并没有累加到 s 上，接着从 for 循环结构后的第一条语句 printf("sum=%d\n",s);处开始继续执行。

【运行结果】

```
sum=15
```

例 13 打印输出如下矩阵。

```
1  2   3   4   5
2  4
3  6   9  12  15
4  8  12  16  20
```

【分析】

(1) 通过分析可知，如果第 2 行正常输出为 2　4　6　8　10，输出完整 4 行 5 列上述规律矩阵时的代码段如下。

```
for(i=1;i<=4;i++)
{
    for(j=1;j<=5;j++)
    {
        printf("%-3d",i*j);
    }
    printf("\n");
}
```

(2) 当执行到第 2 行第 3 列时，立即终止控制列输出的内层 for 循环，并换行输出。故在内层循环体中，输出第 i 行、第 j 列数值的语句之前，设置 break 条件语句。程序代码如下。

```
for(i=1;i<=4;i++)
{
    for(j=1;j<=5;j++)
    {
        if(i==2 && j==3)            //当执行到第 2 行第 3 列时，执行 break 语句
            break;
        printf("%-3d",i*j);
    }
    printf("\n");
}
```

【参考代码】

```
#include<stdio.h>
int main(void)
{
    int i,j;
    for(i=1;i<=4;i++)
    {
        for(j=1;j<=5;j++)
        {
            if(2==i && 3==j)
                break;
            printf("%-3d",i*j);
        }
        printf("\n");
    }
    return 0;
}
```

【说明】

(1) 表示“第 2 行第 3 列”时应该是第 2 行和第 3 列的逻辑与。

(2) 正确掌握设置 break 语句的位置,思考如果改变 break 语句的位置如以下代码段所示,分析输出结果。

```
for(i=1;i<=4;i++)
{
    for(j=1;j<=5;j++)
    {
        printf("%-3d",i*j);
        if(2==i && 3==j)
            break;
    }
    printf("\n");
}
```

5.6.3 continue 语句

在循环体中设置 continue 语句,同样可以改变循环的执行流程,只不过它不像 break 那样结束整个循环体,而是仅结束本次循环体的执行,提前进入下一次循环。

continue 语句的执行流程如下所示。

选用 for 循环结构示意。

```
for(初始表达式;循环判断表达式;增量表达式)
{
    …
    if(条件表达式)
        continue;
    循环体中 continue 后的所有语句;
}
```

【说明】

当在上述 for 循环中执行到 continue 语句时，本次循环体的执行流程将跳过“循环体中 continue 后的所有语句”，接着执行“增量表达式”部分，然后执行“循环判断表达式”，即提前进入下一次循环的准备工作。

例 14 分析以下程序输出结果，掌握 continue 语句的使用方法。

【参考代码】

```
#include<stdio.h>
int main(void)
{
    int s=0,i;
    for(i=1;i<=10;i++)
    {
        if(6==i)
            continue;
        s+=i;
    }
    printf("sum=%d\n",s);
    return 0;
}
```

【分析】

(1) 当 $i\neq 6$ 时，也就是 $i\leqslant 5$ 时，忽略 continue 语句，相当于：

```
for(i=1;i<=10;i++)
{
    s+=i;
}
s=1+2+3+4+5
```

(2) 当 i=6 时，执行 continue 语句，本次循环(i=6)体中 continue 后的语句 s+=i;将被忽略，接着执行增量表达式 i++，相当于 i=6 没有累加到 s 上。

(3) 后续的循环中 i 不再可能等于 6，故 continue 语句也将被忽略。故程序功能相当于把 1~10 中除 6 之外的 9 个数累加到 s 上。即 s=1+2+3+4+5+7+8+9+10=49。

【运行结果】

```
sum=49
```

例 15 编程输出如下形式的矩阵。

```
1  2   3   4   5
2  4       8  10
3  6   9  12  15
4  8  12  16  20
```

【分析】

通过分析可知，如果第 2 行正常输出为 2　4　6　8　10，输出完整 4 行 5 列上述规律矩阵时的代码段如下。

```
for(i=1;i<=4;i++)
{
    for(j=1;j<=5;j++)
    {
        printf("%d\t",i*j);        //每列数值后空制表符位宽,便于对齐
    }
    printf("\n");
}
```

执行到第 2 行第 3 列时,输出空格,而忽略输出该列对应数值 6,接着正常输出第 4 列、第 5 列,此处恰好符合 continue 语句的执行规律。故在内层循环体中,输出第 i 行、第 j 列数值的语句之前,设置 continue 条件语句。代码如下所示。

```
for(i=1;i<=4;i++)
{
    for(j=1;j<=5;j++)
    {
        if(2==i && 3==j)
        {
            printf("\t");          //此处输出制表符位宽的空格
            continue;
        }
        printf("%d\t",i*j);
    }
    printf("\n");
}
```

【参考代码】

```
#include<stdio.h>
int main(void)
{
    int i,j;
    for(i=1;i<=4;i++)
    {
        for(j=1;j<=5;j++)
        {
            if(2==i && 3==j)
            {
                printf("\t");
                continue;
            }
            printf("%d\t",i*j);
        }
        printf("\n");
    }
    return 0;
}
```

【说明】

复习运算符优先级,关系运算符(==、!=、>、>=、<、<=)的优先级高于逻辑运算符(&&、||)

的优先级，故 if((2==i) && (3==j))等价于 if(2==i && 3==j)。

【复习思考题】

1. 以下编程试图实现计算输出 1+2+3+4+5+7+8+9+10 值的功能。试分析如下 while 循环结构的程序能否正常输出，指出存在的问题，并说明在使用 while 循环结构的情况下，如何修改使其输出正确结果。

```
#include<stdio.h>
int main(void)
{
    int s=0,i=1;
    while(i<=10)
    {
        if(6==i)
            continue;
        s+=i;
        i++;
    }
    printf("sum=%d\n",s);
    return 0;
}
```

2. 编程输出如下形式的矩阵。提示：综合使用 continue 和 break 语句。

```
1  2   3   4   5
2  4          10



4  8  12  16  20
```

5.7 综合举例

例 16 某人摘了一堆桃子。第一天卖掉一半，吃了一个，第二天卖掉剩下的一半，又吃了一个，第三天、第四天，…，以此类推。第 6 天发现只剩下一个桃子。问此人共摘了多少个桃子，并打印输出每天初始的桃子个数。

【方法 1】

由当前天初始桃子个数推算出前一天初始桃子个数，当前天从第 6 天开始到第 2 天结束。

【分析 1】

由“第 6 天发现只剩下一个桃子”可知，第 6 天初始桃子的个数 n=1，根据每天即当前天初始桃子的个数推算出前一天初始桃子的个数，推算关系为：当前天初始个数=前一天初始个数/2-1，即前一天初始桃子的个数=(当前天初始桃子的个数+1)×2。

从当前天第 6 天即 d=6 开始，往前推算第 5 天、由第 5 天推算第 4 天、…、由第 2 天推算第 1 天初始桃子的个数。为重复做 5 次类似的推算操作，故采用循环结构。注意，由于第 1 天并没有前一天，也就没有做“卖掉一半，吃掉 1 个”的操作，故第 1 天不在循环操作中。

循环控制变量及初始条件确定：当前天 d 为循环控制变量，确定 d 的起止值，初始为第 6 天即 d=6，因为第一天不再有前一天，故终止为第 2 天即 d=2。当前天初始桃子的个数 n，初值为第 6 天初始桃子的个数 1，即 n=1。

循环条件表达式的确定：d 的范围为[6,2]递减整数，故循环条件表达式为 d>=2。

循环体的确定：该题的循环体语句包括以下三部分操作。

(1) 输出当前天初始桃子的个数，即：printf("第%d天,初始桃子的个数为：%d\n",d,n);。

(2) 为计算前一个当前天也就是前一天初始桃子个数做准备。由当前天初始桃子的个数 n，计算前一个当前天也就是前一天初始桃子的个数为 (n+1)*2，即：n=(n+1)*2。

(3) 当前天 d--;。

流程图如图 5-6 所示。

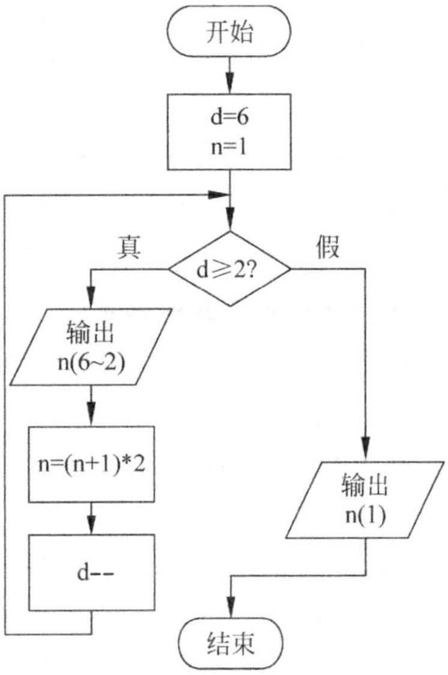

图 5-6 例 16 方法 1 流程图

【参考代码 1】

```
#include<stdio.h>
int main(void)
{
    int d=6,n=1;                        //当前天 d 从第 6 天开始,初始桃子个数 n 为 1
    while(d>=2)
    {
        printf("第%d天,初始桃子的个数为：%d\n",d,n);          //输出当前天初始桃子个数
        n=(n+1)*2;                      //计算前一天初始桃子个数
        d--;
    }
    printf("第%d天,初始桃子的个数为：%d\n",d,n);
    return 0;
}
```

【运行结果 1】

```
第 6 天,初始桃子的个数为：1
第 5 天,初始桃子的个数为：4
第 4 天,初始桃子的个数为：10
第 3 天,初始桃子的个数为：22
第 2 天,初始桃子的个数为：46
第 1 天,初始桃子的个数为：94
```

【方法 2】

由当前天剩余桃子个数推算出当前天初始桃子个数，当前天从第 5 天开始到第 1 天结束。

【分析 2】

由“第 6 天发现只剩下一个桃子”可知，第 5 天剩余桃子的个数 r=1，根据当前天剩余桃子的个数推算出当前天初始桃子的个数 n，推算关系为：当前天剩余个数=当前天初始个数/2-1，即当前天初始桃子的个数=(当前天剩余桃子的个数+1)×2。

从当前天第 5 天即 d=5 开始，由第 5 天剩余个数推算第 5 天初始个数、由第 4 天剩余个数推算第 4 天初始个数、…、由第 1 天剩余个数推算第 1 天初始个数。为重复做 5 次类似的推算操作，故采用循环结构。注意，由于第 6 天并没有做“卖掉一半，吃掉 1 个”的操作，故第 6 天不在循环操作中。

循环控制变量及初始条件确定：当前天 d 为循环控制变量，确定 d 的起止值，d 初始为第 5 天即 d=5，终止为第 1 天即 d=1。当前天剩余桃子的个数 r，初值为第 5 天剩余桃子的个数 1，即 r=1。当前天初始桃子个数用 n 表示。

循环条件表达式的确定：d 的范围为[5,1]递减整数，故循环条件表达式为 d>=1。

循环体的确定：该题的循环体语句包括以下 4 部分操作。

(1) 为计算当前天初始桃子个数 n，由当前天剩余桃子的个数 r，计算当前天初始桃子的个数为 (r+1)*2，即：n=(r+1)*2;。

(2) 输出当前天初始桃子的个数，即：printf("第%d 天，初始桃子的个数为：%d\n",d,n);。注意：此处的 d 不包含第 6 天，需单独考虑。

(3) 循环控制变量当前天 d 的增量，d--;。

(4) 把当前天的初始个数 n 作为前一天的剩余个数 r，即 r=n;。

特殊情况：第 6 天的初始个数为第 5 天的剩余个数 r，故输出语句为：

```
printf("第%d 天,初始桃子的个数为：%d\n",d+1,r);
```

【参考代码 2】

```
#include<stdio.h>
int main(void)
{
    int d=6-1,r=1,n;                 //r、n:均初始化为第 5 天的剩余个数、初始个数
    printf("第%d 天,初始桃子的个数为：%d\n",d+1,r);    //第 6 天初始个数=第 5 天剩余个数
    while(d>=1)
    {
        n=(r+1)*2;                   //由剩余的 r 求当天初始为(r+1)*2
        printf("第%d 天,初始桃子的个数为：%d\n",d,n);
        d--;
        r=n;                         //当前天初始个数 n,作为前一天剩余个数 r
    }
    return 0;
}
```

【运行结果 2】

```
第 6 天,初始桃子的个数为：1
第 5 天,初始桃子的个数为：4
第 4 天,初始桃子的个数为：10
第 3 天,初始桃子的个数为：22
第 2 天,初始桃子的个数为：46
第 1 天,初始桃子的个数为：94
```

【说明】

注意两种方法的区别，尤其是循环控制变量当前天 d 的起止范围。特殊天的处理：方法 1 中第 1 天，方法 2 中第 6 天的特殊处理。

例 17 只能被 1 和它本身整除的数,称为素数。从键盘输入一个正整数 n,判断并输出其是否为素数。使用 for 循环结构实现。

【分析】

(1) 根据素数定义的描述,如果用一个正整数 n 分别去除以 i: i 属于集合[2,n-1],故为循环结构。若每一个 i 均不能整除,则说明该数为素数;只要有一个 i 能整除,则停止判断,即退出循环,故可以使用 break 语句。循环结构如下。

```
for(i=2;i<n;i++)
{
    if(n%i==0)
        break;
}
```

该循环体中只有一条 if 语句,故循环体起止标志的一对大括号可以省略。

(2) 上述循环若正常终止(即一直没有执行 break 语句),则循环结束后,i 不再小于 n,如果循环结束后 i 依然小于 n,说明是执行了 break 语句使得循环提前终止的,肯定不是素数。否则是素数。

【参考代码】

```
#include<stdio.h>
int main(void)
{
    int n,i;
    printf("输入大于等于 2 的整数:");
    scanf("%d",&n);
    for(i=2;i<n;i++)
        if(n%i==0)
            break;
    if(i<n)
        printf("%d 不是素数.\n",n);
    else
        printf("%d 是素数.\n",n);
    return 0;
}
```

【运行结果】

```
输入大于等于 2 的整数:17
17 是素数.
```

例 18 打印输出如下图形。

```
   *
  ***
 *****
*******
```

【分析】

(1) 该图依次输出 4 行,故外层循环控制行输出,在每行内,先输出若干(可为 0)个空格,然后输出若干个*,最后换行。故程序框架如下。

```
for(i=1;i<=4;i++)
{
    //输出 i 行空格的代码
    //输出 i 行*的代码
    printf("\n");
}
```

(2) i 行与该行空格数 j 的关系如表 5-2 所示。

表 5-2 行数和空格数的关系

第 i 行	1	2	3	4
空格个数 j	3	2	1	0

根据表 5-2 可得,行数 i 和空格个数 j 的关系：i+j=4,故 j=4-i,输出 i 行空格的代码如下。

```
for(i=1;i<=4;i++)
{
    for(j=1;j<=4-i;j++)
        printf("");
    //输出 i 行*的代码
    printf("\n");
}
```

(3) i 行与该行*符号个数 k 的关系如表 5-3 所示。

表 5-3 行数和*符号数的关系

第 i 行	1	2	3	4
*符号个数 k	1	3	5	7

根据表 5-3 可得,行数 i 和*号个数 k 的关系：k=2*i-1,输出 i 行*符号的代码如下。

```
for(i=1;i<=4;i++)
{
    for(j=1;j<=4-i;j++)
        printf("");
    for(k=1;k<=2*i-1;k++)
        printf("*");
    printf("\n");
}
```

【参考代码】

```
#include<stdio.h>
int main(void)
```

```
{
    int i,j,k;
    for(i=1;i<=4;i++)
    {
        for(j=1;j<=4-i;j++)
            printf("");
        for(k=1;k<=2*i-1;k++)
            printf("*");
        printf("\n");
    }
    return 0;
}
```

小　　结

1. 本章主要知识点梳理

本章主要介绍了常见的三种循环结构：while 循环、do-while 循环和 for 循环。重点介绍了循环结构中的 break 和 continue 语句及循环的嵌套。本章知识点小结如表 5-4 所示。

表 5-4　本章主要知识点梳理

知　识　点	示　　例	说　　明

do-while 循环结构	do
	{
	　　//循环体
	}while(Exp_cntrl);
		首先无条件地执行一次循环体，然后再根据条件表达式的值来判断是否继续执行循环体，若为真，则继续执行；若为假，则停止执行，退出循环。即 do-while 循环至少执行一次循环体。一般循环控制变量的增量放在循环体中

while 循环结构	while(Exp_cntrl)
	{
	　　//循环体
	}
		当条件 Exp_cntrl 为逻辑真时，一直执行循环体，当条件为假时，循环结束。即 while 循环结构中，循环体有可能一次也没有执行。一般循环控制变量的增量放在循环体中

for 循环	for(Exp_init;Exp_cntrl;Exp_incr)
	{
	　　//循环体
	}
		与 while 循环功能相似，仅是三个表达式的位置不同而已

循环流程控制语句	break;退出该层循环。 continue;本次循环中，continue 后的语句不再执行，提前进入下一次循环条件的判断	goto 语句容易造成流程的混乱，不建议使用

2. 本章易错知识点

本章易错知识点如表 5-5 所示。

表 5-5　本章易错知识点

易错知识点	错误示例	说　　明

while、do-while 缺少循环控制变量的增量	计算 1+3+5+…+99
	int i=1,s=0;
	while(i<=99)
	{
	s+=i;
	}
	或者
	do
	{
	s+=i;
	}while(i<=99);
	以上两种循环结构中均缺少循环控制变量的增量,为死循环
		循环结构必须具备三个表达式:循环控制变量的初值表达式、循环控制表达式、循环控制变量的增量表达式。缺一不可
		int i=1,s=0;
		while(i<=99)
		{
		s+=i;
		i+=2;
		}
		或者
		do
		{
		s+=i;
		i+=2;
		}

缺少分号	do {…}while(…) 编译时报语法错误	正确格式如下 do {…}while(…);

while 多余分号	例如:计算 2+4+6+…+100 的值
	int i=2,s=0;
	while(i<=100);
	{s+=i;i+=2;}
	该程序为死循环
		该 while 循环既无编译错误,也无运行时错误。只是把循环体当成空语句,且没有执行循环控制变量的增量,故为死循环

for 多余分号	例如:计算 2+4+6+…+100 的值
	int i,s=0;
	for(i=2;i<=100;i+=2);
	{s+=i;}
	运行输出结果为:s=102
	属于逻辑错误
		(1) 该 for 循环既无编译错误,也无运行时错误。仅是循环体为空,该循环含有 i 初值 2,含循环控制条件 i<=100,也含有循环控制变量 i 的增量,i+=2。故是完整意义上的循环。
		(2) 该 for 循环结束时,i 不再满足<=100,而等于 102,接着执行循环后的语句块中语句 s+=i;,故 s=102。属于逻辑错误

习　　题

1. while 循环

(1) 语句 while (E);中的条件 E 等价于(　　)。

A. E==0　　B. E!=1　　C. E!=0　　D. ~E

(2) 分析以下程序的输出结果,并掌握循环控制变量的起止值。

```
#include <stdio.h>
int main(void)
```

```
{
    int n=0;
    while (n++<=2)
    {
        printf("%d\n",n);
    }
    printf("%d\n",n);
    return 0;
}
```

(3) 使用 while 循环编写求 n!的程序。

(4) 判断一个整数是否为对称数,如 123321 是对称数,而 12325 不是对称数。

提示:使用 while 循环依次把原整数从低位到高位分离出来,组成一个新的整数(原整数的低位作为新整数的高位),如果新整数与原整数相等,则该数为对称数。

(5) 输入一个长整型数 n,把 n 从低位到高位依次分离出来,用其中的奇数位依次组成一个新的十进制数 m,并输出 m 的值。如 n=123456789,则 m=97531。

2. do-while 循环

分析以下程序的输出结果。

```
#include<stdio.h>
int main(void)
{
    int x=3;
    do
    {
        printf("%d\t",x-=3);
    }while(!x);
    return 0;
}
```

3. while 和 do-while 的关系

以下关于 while 语句和 do-while 语句的描述中,错误的是(　　)。

A. while 语句和 do-while 语句都可以使一段程序重复执行多遍

B. while 语句和 do-while 语句都包含控制循环的表达式

C. while 语句和 do-while 语句都包含循环体

D. while 语句和 do-while 语句的循环体至少都会执行一次

4. for 循环

(1) 使用 for 循环打印输出 26 个小写字母'a'~'z',每行输出 13 个字母。

(2) 分别使用 while、do-while、for 循环实现计算输出 1+2+3+…+100。

(3) 分别使用 while、do-while、for 循环实现计算输出 1×2×3×…×10 即 10!。

(4) 分析以下程序段执行的次数,并输出结果。

```
int i;
for(i=3;i;)
    printf("%d",i--);
```

(5) 分析以下程序段是否正确,能否得到运行结果,如果有结果,是多少。

```
int i,s=0;
for(i=1;i<=100;i++);
{
    s+=i;
}
printf("s=%d\n",s);
```

5. 循环的嵌套结构

(1) 打印输出如下图形。

```
#########
 #######
  #####
   ###
    #
```

(2) 输出 100~200 以内的所有素数,每行输出 10 个。

6. 执行流程跳转语句

(1) 分析以下程序的输出结果。

```
#include <stdio.h>
int main(void)
{
    int i;
    for (i=4;i<=10;i++)
    {
        if (i%3==0)
            continue;
        printf("%d",i);
    }
    return 0;
}
```

(2) 打印输出如下矩阵(提示:综合使用 break 和 continue 语句)。

```
1  2   3   4   5
2          8   10


4  8   12  16  20
```

7. 综合举例

(1) 分析以下程序。

```
#include <stdio.h>
int main(void)
{
    int n=0;
    char c;
    while((c=getchar()) != '#')
    {
        if (c>='0' && c<='9')
```

```
        n=n*10+c-'0';
    }
    printf("value=%d\n", n);
    return 0;
}
```

① 当运行以上程序时，输入 A2b0c1Y7#↙（回车符），分析程序输出结果。

② 如果上述 while 循环条件误写成 while(c=getchar() != '#')，分析输出是否与原题相同，说明原因。（提示：从运算符优先级角度思考。）

（2）分析以下程序的输出结果，并说明该程序代码中的 break 与改变循环执行流程的 break 的区别。

```
#include<stdio.h>
int main(void)
{
    int k=4,n=0;
    while(k>0)
    {
        switch(k)
        {
            case 1:
            case 4:n+=1;k--;break;
            default:n=1;k--;
            case 2:
            case 3: n+=2;k--;break;
        }
    }
    printf("%d\n%d\n",n,k);
    return 0;
}
```

（3）分析以下程序的输出结果。代码中的 continue 可以去掉吗？

```
#include<stdio.h>
int main(void)
{
    int a,b=1;
    for(a=1;a<=15;++a)
    {
        if(b%3==1)
        {
            b+=3;
            continue;
        }
        if(b>=10)
            break;
    }
    printf("%d\n",a);
    printf("%d\n",b);
    return 0;
}
```

第6章 数　组

本章学习目标

- 熟练使用一维数组批量处理数据
- 熟练掌握冒泡排序和选择排序算法
- 熟练掌握“打擂台”算法在求最值中的应用
- 熟练使用字符数组处理字符串
- 掌握使用二维数组处理类似行列式问题

数组实际上是一系列相同类型变量的有序集合。在数组中一般把各变量称为数据元素。利用数组可以方便地批量处理同类型的数据。

例如，某班级有 50 名同学，若统计该班“C 语言程序设计”课程的考试成绩，按之前学的内容，需定义 50 个 int 型变量 int sc_1,sc_2,…,sc_50;分别用来保存这 50 名学生的成绩，非常烦琐，且极易出错。如果 100 个学生、1000 个学生就变得无法解决了。利用数组可以很好地解决批量处理同类型数据的问题。

数组按维数，一般分为一维数组、二维数组和多维数组等；按存储内容，一般分为数值数组和字符数组。

本章首先介绍一维数组的定义和引用，接着介绍了数组在查找和排序中的应用。然后介绍了使用一维字符数组处理字符串，最后介绍了二维字符数组定义、引用，以及应用二维数组解决类似行列式的问题。

6.1 一维数组

6.1.1 一维数组的定义

定义一个数组，也就是向编译器申请一块有名字的存储空间的过程，该空间用来顺序存放某相同类型、一定数量的数据元素，故类型、数组名、空间大小被称为数组定义的三要素。

C89 标准规定：数组的大小需要在编译阶段确定，即数组大小必须是常量或常量表达式，这种数组也称为静态数组。

而 C99 标准规定：数组的大小可以在运行时刻动态确定，即数组大小可以为变量，这种数组也称为动态数组或变长数组(Variable Length Array,VLA)。但是，有些 C 编译器，还未更新到支持 C99 标准，故可能编译出错，但动态数组是正确 C 语法。

如无特殊说明，本教材所讲的数组默认均为 C89 标准的静态数组。

静态数组的定义的一般格式为：

```
类型 数组名[空间大小];
```

例如，int a[8];定义了一个可容纳下 8 个整型变量（元素）的数组 a。这 8 个变量名依次为 a[0]、a[1]、a[2]、a[3]、a[4]、a[5]、a[6]、a[7]，且变量 a[i]按下标 i 从小到大的顺序依次存放，如下所示。

a[0]	a[1]	a[2]	a[3]	a[4]	a[5]	a[6]	a[7]

注意：C 语言规定，数组各元素（变量名）a[i]的下标 i 是从 0 开始的。上述定义的数组 a，其数据元素是 a[0]~a[7]，不存在数据元素 a[8]。本教材把数组中的各变量称为元素。

定义数组时一般要注意以下问题。

（1）类型：可以是 int、float、double、char 等基本数据类型，也可以是结构体类型、指针类型等构造数据类型。

（2）数组名：遵循标识符的命名规则，一般见名知意。**在 C 语言中，一维数组名一般表示数组首元素的地址，如 int a[5];，数组名 a 表示该一维数组首元素 a[0]的地址，即 a==&a[0]**。

（3）空间大小：表示该数组最多能容纳的数据元素的个数，在 C99 标准以前，一般要求为确定的值（整型正常量或正常量表达式）。

```
int a[5];                    //正确。可为常量
int a[2+3];                  //正确。可为常量表达式
int a[-2];                   //错误。空间大小不能为负数
int a[0];                    //错误。空间大小不能为 0
int a[2.6];                  //错误。只能为正整数，不能为浮点数
```

变长数组的例子如下。

```
int n=5;                     //n 为变量
int a[n];                    //正确。定义 a 为变长数组，但 C99 标准前的编译器不支持该语法
```

（4）数组边界。

数组元素下标索引是从 0 开始的。

编译器不检查数组下标索引的合法性，即在 C 标准中，即使使用了越界的数组下标索引，一般编译时也不会提示错误，但运行时可能会得到不确定的结果或使程序异常中断，故需要程序设计者自行保证数组下标索引的合法性。

【复习思考题】

1. 为什么要引入数组？

2. 数组的本质是什么？

3. 简述数组定义的格式及注意事项。

4. 简述数组下标索引的范围。如定义数组 char a[10];，写出该数组中各个元素（变量名）。

5. 编译器帮忙检查数组下标索引的合法性吗？该如何确保？

6. 既然 C99 标准支持数组大小为变量的语法，为什么在 VC++ 6.0 中定义这种数组时编译器会报错？

6.1.2 一维数组的引用

定义一维数组后，就可以像使用基本数据类型的变量一样，引用该数组的各个数据元素。数组元素的引用格式为：

```
数组名[下标];
```

数组必须先定义后引用。例如：

```
int a[10];                    //定义含 10 个元素的整型数组 a
```

如下均是引用数组元素的合法形式。

```
a[2]=5;                       //把 5 赋值给数据元素 a[2]
scanf("%d",&a[4]);            //输入整数到数据元素(变量)a[4]对应的空间中，勿忘 &
printf("%d",a[0]);            //输出数据元素 a[0]中的值
a[7]=a[8]+a[9]-5;             //a[8]、a[9]的值相加后再与 5 相减，其结果赋给 a[7]
```

如下均为数组元素非法引用形式。

```
a[-1]=5;                      //数组下标-1 越界(只能是 0~9)
printf("%d",a[10]);           //数组下标 10 越界(只能是 0~9)
```

用下标引用数组元素时，为确保下标索引的范围合法，一般建议在定义数组时，使用符号常量表示其空间大小，后续所有涉及使用数组元素时，下标索引的下界为 0，下标索引的上界统一使用该符号常量表示。

例 1 定义一个一维整型数组，从键盘上输入 10 个整型数，计算并输出所有整型数之和。

【分析】

本题主要考察一维整型数组的定义和引用。

(1) 为提高程序的可维护性及扩展性，把数组大小定义成宏定义形式的符号常量，后续数组大小发生改变时，只需重新指定该符号常量的值即可，其他代码无须改动。

```
#define N 10
```

注意：由于 const int N=10;本质为变量，是只读变量，虽然 C99 标准支持变长数组，为兼顾还未更新到 C99 标准的老版本编译器如 VC++ 6.0 等。本教材涉及数组大小定义时，暂且采用类型不安全的宏定义符号常量的形式。如采用只读变量形式，虽然语法正确，但“老版本”编译器报错。

(2) 数组下标 0~N-1，如果用整型变量 i 表示数组下标，为了体现 N 与数组的大小的关系，一般写成 i<N，而不写成 i<=N-1。

【参考代码】

```
#include<stdio.h>
#define N 10                  //当数组大小发生变化时，只需改变符号常量 N 值即可
int main(void)
{
    int a[N],i,s=0;           //符号常量指定数组大小，求和变量一定初始化为 0
    printf("Input %d numbers of integers:\n",N);
    for(i=0;i<N;i++)
        scanf("%d",&a[i]);    //勿忘 &，数据可用空格、Tab、回车键等隔开
```

```
    for(i=0;i<N;i++)          //i 可重新赋值使用
        s+=a[i];
    printf("The sum is = %d\n",s);
    return 0;
}
```

【运行结果】

```
Input 10 numbers of integers:
1 2 3 4 5 6 7 8 9 10
The sum is = 55
```

【说明】

如果输入数据的个数改为 15 个,只需修改符号常量 N 为 15 即可,程序中其他代码均不需改动,即:

```
#define N 15
```

【复习思考题】

1. 简述定义数组与引用数组数据元素的区别。

2. 能否在数组定义之前引用数组元素?

6.1.3 一维数组的初始化

可以先定义数组,后续再对数组的各元素显式赋值。也可以在定义数组的同时,通过初始化列表给数组对应元素赋初值,通常称为数组的初始化。

1. 先定义,后赋值

这种数组定义方式必须显式指定数组大小。例如:

```
int a[5];                    //正确。必须显式指定数组的大小为 5
int a[];                     //错误。不能省略一维大小,否则编译器无法确定其所需空间大小
```

对于存储类型为 static(静态)的数组,在定义时,即使没有指定初值,系统也会按其元素的数据类型分配相应的默认值。常见数据类型对应的默认值分别为:整型(0)、浮点型(0.0)、字符型(ASCII 值为 0 的空字符'\0')等。存储类型将在后续章节详细讲解,此处仅了解即可。例如:

```
static int a[5];             //静态数组,虽未显式赋值,但 a[0]~a[4]均有默认值 0
```

除静态数组外,如果仅定义数组,并未显式赋值,此时,数组各元素的值均为无意义的随机值。可后续再对数组各元素赋值,未被显式赋值的元素依然为随机值。

例 2 分析以下程序,输出其运行结果。

【程序代码】

```
#include<stdio.h>
int main(void)
{
    int a[5],i;
    a[0]=6;                  //仅对 a[0]和 a[3]显式赋值
    a[3]=9;
```

```
    for(i=0;i<5;i++)
        printf("%d\t",a[i]);
    return 0;
}
```

【分析】

该程序中,先定义了整型数组 a,并未赋值,此时 a[0]~a[4]均为随机值。接着分别为 a[0]和 a[3]显式赋值为 6 和 9。其余未被显式赋值的 a[1]、a[2]、a[4]仍为随机值。每次运行输出的随机值可能不相同,具体取决于当前内存中的值。

【运行结果】 某次运行的结果:

```
6       -858993460      -858993460      9       -858993460
```

2. 定义的同时赋值(初始化)

在定义数组的同时,通过初始化列表为数组元素赋初值,称为数组的初始化。初始化数据一般放在一对大括号{}内,各数据之间用逗号隔开。初始化列表中数据的个数不应超过数组大小。

(1) 初值个数等于数组大小:每个数据元素均得到对应的显式赋值结果。例如:

```
int a[5]={1,2,3,4,5};
```

相当于如下 5 条赋值语句。

```
a[0]=1;
a[1]=2;
a[2]=3;
a[3]=4;
a[4]=5;
```

(2) 初值的个数小于数组大小:从前往后把各初值分别赋给数组的各元素(a[0]、a[1]、…),不够的用数组类型对应的默认值补齐。例如:

```
int a[5]={1,2};            //a[0]为 1,a[1]为 2,其余 a[2]~a[4]均为 0
int a[5]={0};              //a[0]显式赋值为 0,a[1]~a[4]为整型的默认值 0
```

该语句相当于:

```
int a[5]={0,0,0,0,0};      //a[0]~a[4]均显式赋值为 0
```

(3) 初值的个数多于数组大小:语法错误,VC++ 6.0 中编译不通过。例如:

```
int a[3]={1,2,3,4};        //错误。4 个初值,但仅有三个数组元素空间
```

(4) 当定义数组的同时提供初始化列表时,该一维数组的大小可以省略。这时,编译器将根据列表中初始值的个数间接确定数组的大小。例如:

```
int a[]={1,2,3,4,5};       //5 个初值,故编译器可间接得知数组大小为 5
```

使用 sizeof(数组名),可求出该数组所占的总字节数,该例中有 5 个整型初值,每个整型数在 VC++ 6.0 中占 4 个字节,共 20 个字节,故 sizeof(a)返回值为 20;使用 sizeof(数组元素)的形式(一般选首元素),可以求出每个数据元素所占字节数,a 为 int 数组,每个

元素均为整型,故 sizeof(a[0])的返回值为 4。两者的比值即 sizeof(a)/sizeof(a[0])为数组大小(数组中数据元素的个数)。

即使提供的初值列表中数值个数与数组大小不一致,也能通过该方法求出数组的大小。例如:

```
int a[10]={1,2,3,4,5};
```

使用 sizeof(a)/sizeof(a[0])也能正确计算出该数组的大小为 10。

注意:*该方法一般仅限于在数组的定义函数中求解数组的大小,不能通过该方法,在一个函数中求在该函数之外定义的数组的大小。具体可以在学完函数章节中传址调用后进行分析理解。*

当定义数组未提供初始化列表时,则必须显式指定其大小;也可既提供初始化列表又显式指定数组大小,如 int a[5]={1,2,3,4,5};,注意初始化列表中数据的个数不能超过数组指定的大小。

例 3 从键盘输入若干个整数,求这些整数中的最大值、平均值。

【分析】

(1) 同类型的批量数据可以使用数组处理,定义一个整型数组 a,其大小用符号常量 N 表示,把输入的 N 个数据依次存入该数组的数据元素中。

(2) 定义变量 max 保存最大值,开始假设 a[0]最大,a[i](i 从 1~N-1)与 max 比较,如果 a[i]的值比 max 大(为处理方便一般 i 取 0~N-1),则把 a[i]赋值给 max,最后 max 中的值即为最大值。

(3) 求平均值的公式为:总和/个数。个数一般定义为 int 型,平均值一般为浮点数,故求和变量一般定义为浮点型,并初始化为 0.0。

【参考代码】

```
#include<stdio.h>
#define N 10
int main(void)
{
    int a[N],i,max;
    float s=0.0,aver;          //s 为 float 型
    printf("Input %d numbers:\n",N);
    for(i=0;i<N;i++)           //输入数据到数组中,勿忘 & 符号
        scanf("%d",&a[i]);
    max=a[0];                  //开始假设 a[0]最大
    for(i=0;i<N;i++)
    {
        s+=a[i];               //累加求和
        if(a[i]>max)           //只有 a[i]比 max 大时才改变 max 的值
            max=a[i];
    }
    aver=s/N;                  //s 为 float,故 aver 为浮点数
    printf("max=%d,aver=%.2f\n",max,aver);      //aver 保留两位小数
    return 0;
}
```

【运行结果】 如果从键盘上依次输入数据 1~10,程序的输出结果为:

```
Input 10 numbers:
```

```
1  2  3  4  5  6  7  8  9  10
max=10,aver=5.50
```

【说明】

(1) 上例中,如果求和变量 s 定义成 int 型,分析输出结果。

(2) 复习输出输出格式控制符%.2f 的作用,如果误写成%.2d,分析输出结果,如何调试发现错误所在? 并修改。

【复习思考题】

1. 定义非静态数组后如果未初始化,则各元素的值是多少? 静态数组呢?

2. 如果在定义数组的同时提供初始化列表,数组的大小可以省略吗? 如果可以,编译器如何给该数组分配空间?

3. 列举常见基本数据类型的对应默认值分别是多少。

4. 数组中初始化列表中初值个数可以超过数组大小吗?

5. 如何使用 sizeof 运算符计算在该函数(如 main 函数)中定义数组的大小?

6.2 查找和排序算法

排序和查找在程序设计中具有非常重要的地位。本教材仅是介绍最基本的查找和排序算法,在后续课程"数据结构与算法"中将详细讲解查找和排序算法。

查找也称检索,就是在数据元素集合中查询某个元素是否存在的过程。本节仅介绍顺序查找及打擂台算法。

所谓排序就是对初始数据元素序列按照数据元素递增或递减的顺序重新排列的过程。本节将介绍两种排序算法:气泡排序和选择排序。

6.2.1 顺序查找

所谓顺序查找就是从数据元素集合的一端开始,把待查元素与集合中的每个元素依次比较,若查找到待查元素,则查找成功;如果遍历完整个集合,仍没找到待查元素,则查找失败,即该集合中不含有该待查元素。

在集合中查找最大或最小数据元素也属于查找范畴。

1. 在集合中查询、统计某元素或范围

例 4 统计某班级 C 语言成绩优秀(大于等于 90 分)的人数。

【分析】

首先定义一个整型数组保存若干学生成绩,定义变量 cnt 保存优秀学生人数,且必须初始为 0。

从数组的 0 号位置依次判断每个元素是否大于等于 90 分,如果是 cnt++,所有数组元素均比较完后,cnt 中就是该班级 C 语言成绩优秀的人数。

【参考代码】

```
#include<stdio.h>
#define N 10                        //假定 10 个学生
int main(void)
```

```
{
    int sc[N]={88,95,63,51,98,76,92,87,80,73},i,cnt=0;
    for(i=0;i<N;i++)
        if(sc[i]>=90)
            cnt++;
    printf("优秀人数：%d\n",cnt);
    return 0;
}
```

【运行结果】

```
优秀人数：3
```

2. "打擂台"算法查询集合中的最值

"打擂台"算法思想：N个人排成一排进行比武选冠军，搭建擂台，先让第一个人站到擂台上，从第二个人开始，每一个人均与当前擂台上的人比武，获胜者留在擂台上。直到所有的人均比试过后，此时擂台上的将是本次比赛的冠军。

"打擂台"算法思想查找最值：设置一个变量(擂台)，初始一般把待查集合中的第一个数据元素赋给该擂台变量(推上擂台)，把从其后的每个数据元素均与该擂台变量中的值进行比较，如果当前数据元素比擂台变量中的数据元素大(小)，则把该元素赋给擂台变量，当待比较集合中的每个元素均与擂台变量中的值比较过后，此时擂台变量中保存的就是该数据元素集合中的最大值(最小值)。

例 5 查找并输出若干整数中的最大值。

【分析】

查找数据集合中的最值，可采用"打擂台"算法。本题是求最大值，定义擂台变量 max，初始假设擂主为 a[0]，i=1,2,3,…,N-1 等，每个数据元素均与擂台变量 max 中的值比较，如果比 max 中的值大，就把该数据元素赋给 max。当除第一个元素 a[0]外的 N-1 个元素均与擂台变量 max 比较后，max 中的值就是所有元素中的最大值。

【参考代码】

```
#include<stdio.h>
#define N 10
int main(void)
{
    int a[N]={6,2,-1,13,9,0,6,5,8,10},max,i;
    max=a[0];                    //a[0]为初始假设擂主
    for(i=1;i<N;i++)             //严格地说是从 a[0]的下一个元素 a[1]开始
        if(a[i]>max)
            max=a[i];
    printf("max=%d\n",max);
    return 0;
}
```

【运行结果】

```
max=13
```

【说明】

当不太严谨时，把 for(i=1;i<N;i++)写成下标 i 从 0 开始，for(i=0;i<N;i++)。由

于自身不大于自身，故不影响查找最值，功能正常。但不推荐这种写法。

【复习思考题】

1. 什么是顺序查找？

2. 简述“打擂台”算法的思想及应用场景。

6.2.2 气泡排序

气泡排序算法思想：设水中有一系列大小不等的气泡，初始无序，由于重力作用，轻者上浮，重者下沉，故可假设性认为：经过一段时间，水中气泡会自动按从小到大的顺序从上而下有序地排列在水中。

该算法衍生出两个子算法：冒泡算法（轻者上浮）及沉泡算法（重者下沉）

定义含 N 个元素的一维数组 a，各元素的值相当于一系列大小不等的气泡，首元素 a[0]的位置相当于水面，尾元素 a[N-1]的位置相当于水底。

a[0]	a[1]	a[2]	a[3]	…	a[N-3]	a[N-2]	a[N-1]

1. 沉泡算法（重者下沉）

沉泡排序算法的思想如下所述（以升序排列为例）：

把待排集合中的各元素从前向后两两比较，若逆序（前者 a[j]>后者 a[j+1]），则交换，当待排集合中的所有元素均已参与比较后，本趟排序结束。每趟排序的结果仅能确保当前待排集合中的最大元素“下沉”到该待排集合的尾位置处，并把该元素从待排集合中删除。当待排集合中仅含一个元素时，排序结束。

下面从排序的总趟数及每一趟排序过程中的具体操作两方面分析（按升序）：

1) 排序总趟数

(1) 若待排集合元素个数 N=1：已有序，所需排序总趟数为 0 趟，即 N-1=1-1=0 趟。

(2) 若待排集合元素个数 N=2：设初始待排集合为{3,2}：

0	1
{3	2}

由于 a[0]>a[1]，逆序，则两者交换，即前两者中的较大者 3“下沉”到 a[1]位置。此时，待排集合中的最后一个元素 a[1]已参与比较，即本趟排序结束。并把该较大元素 3 从待排集合中删除，如下所示。

0	1
{2}	3

此时，待排集合为{2}，仅含一个元素，已有序。

故当待排元素的个数 N=2 时，所需排序总趟数为 1 趟，即 N-1=2-1=1 趟。

(3) 若待排集合元素个数 N=3：设初始待排集合为{4,3,2}：

0	1	2
{4	3	2}

第一趟：待排集合{4,3,2}：

由于 a[0]>a[1]，逆序，则两者交换，即前两者中的较大者 4“下沉”到 a[1]位置。如下所示。

0	1	2
{3	4	2}

由于 a[1]>a[2]，逆序，则两者交换，即前三者中的最大者 4“下沉”到 a[2]位置。此时，待排集合中的最后一个元素 a[2]已参与比较，即本趟排序结束。并把该最大元素 4 从待排集合中删除，如下所示。

0	1	2
{3	2}	4

第二趟：待排集合{3,2}，如下所示。

0	1	2
{3	2}	4

如前所述，当待排集合中含两个元素时，仅需一趟排序即可有序。

综上，故当待排元素的个数 N=3 时，所需排序总趟数为 2 趟，即 N-1=3-1=2 趟。

…

依次类推，若待排元素为 4 个，需排序 4-1=3 趟；若待排元素为 5 个，需排序 5-1=4 趟；……，若待排元素为 N 个，需排序 N-1 趟。

当待排元素为 N 个时，排序的趟数可用如下 for 循环实现。

```
int i;
for(i=0;i<N-1;i++) //N-1 趟
{
    //每一趟的具体实现
}
```

2）每趟排序过程中的具体操作

(1) 遍历待排集合中各元素下标的变量 j 的起止范围的确定方法如下：

a[0]	a[1]	a[2]	a[3]	…	a[N-3]	a[N-2]	a[N-1]

算法每趟排序均是从前向后两两比较，故每趟 j 的初值均为 0，由于是 a[j]与 a[j+1]比较，故只要 a[j+1]能覆盖当前待排集合中的最后一个元素即可，即变量 j 的终值是当前待排集合中倒数第二个元素对应的下标。

i=0 趟：待排集合为{a[0],…,a[N-1]}，j 的终值为 N-2，即 j<N-1，即 j<N-1-i。

i=1 趟：待排集合为{a[0],…,a[N-2]}，j 的终值为 N-3，即 j<N-2，即 j<N-1-i。

i=2 趟：待排集合为{a[0],…,a[N-3]}，j 的终值为 N-4，即 j<N-3，即 j<N-1-i。

…

由上述规律可得：i 趟排序过程中，j 为递增趋势，初值均为 j=0，终值均为 j<N-1-i。即 j 的起止范围为：0⩽j<N-1-i。

(2) 比较及交换操作。

从前向后两两比较,即 a[j]与 a[j+1]比较,仅当前者大于后者(逆序)时才交换。即:

```
if(a[j]>a[j+1])
    //交换 a[j]与 a[j+1]
```

综上所示,每一趟排序操作的具体实现代码如下:

```
int j,t;
for(j=0;j<N-1-i;j++)          //j:数组元素下标,勿忘 -i
    if(a[j]>a[j+1])           //若按从大到小排序,改为<符号
    {
        t=a[j];
        a[j]=a[j+1];
        a[j+1]=t;
    }
```

沉泡排序的完整代码如下:

【参考代码】

```
# include<stdio.h>
# define N 10                 //假定 10 个元素
int main(void)
{
    int a[N]={6,7,1,-2,0,7,9,5,8,2};
    int i,j,t;
    for(i=0;i<N-1;i++)
    {
        for(j=0;j<N-1-i;j++)
            if(a[j]>a[j+1]) //若按从大到小排序,改为<符号
            {
                t=a[j];
                a[j]=a[j+1];
                a[j+1]=t;
            }
    }
    printf("after sorting ,the array is:\n");
    for(i=0;i<N;i++)
        printf("% d ",a[i]);
    printf("\n");
    return 0;
}
```

【运行结果】

```
after sorting ,the array is:
-2  0  1  2  5  6  7  7  8  9
```

2. 冒泡算法(轻者上浮)

冒泡排序算法的思想如下所述(以升序排列为例):

把待排集合中的各元素从后向前两两比较，若逆序（后者 a[j]<前者 a[j-1]），则交换，当待排集合中的所有元素均已参与比较后，本趟排序结束。每趟排序的结果仅能确保当前待排集合中的最小元素“上浮”到待排集合的首位置处，并把该元素从待排集合中删除。当待排集合中仅剩一个元素时，排序结束。

下面从排序的总趟数及每一趟排序过程中的具体操作两方面分析（按升序）。

(1) 排序总趟数：若待排集合中含有 N 个元素，则所需排序总趟数依然为 N-1 趟。

每趟待排序的数据元素范围：从后向前两两比较，若后者 a[j]小于前者 a[j-1]，则交换。

(2) 每趟排序过程中的具体操作。

① 遍历待排集合中各元素下标的变量 j 的起止范围的确定方法如下：

a[0]	a[1]	a[2]	a[3]	…	a[N-3]	a[N-2]	a[N-1]

算法每趟排序均是从后向前两两比较，故每趟 j 初值均为 N-1，由于是 a[j]与 a[j-1]比较，故只要 a[j-1]能覆盖当前待排集合中的首元素即可，即变量 j 的终值是当前待排集合中第二个元素对应的下标。

i=0 趟：待排集合为{a[0]，…，a[N-1]}，j 的终值为 1，即 j>0，即 j>i。

i=1 趟：待排集合为{a[1]，…，a[N-1]}，j 的终值为 2，即 j>1，即 j>i。

i=2 趟：待排集合为{a[2]，…，a[N-1]}，j 的终值为 3，即 j>2，即 j>i。

…

由上述规律可得：i 趟排序过程中，j 为递减趋势，初值均为 j=N-1，终值均为 j>i。

② 比较及交换操作。

从后向前两两比较，即 a[j]与 a[j-1]比较，仅当后者小于前者（逆序）时才交换。即：

```
if(a[j]<a[j-1])
    //交换 a[j]与 a[j-1]
```

综上所述，每一趟排序操作的具体实现代码如下：

故冒泡算法（轻者上浮）的核心代码如下：

```
for(i=0;i<N-1;i++)             //N-1 趟
{
    for(j=N-1;j>i;j--)         //注意 j>i，不能误写为>=
        if(a[j]<a[j-1])        //若按从大到小排序，改为>符号
        {
            t=a[j];
            a[j]=a[j-1];
            a[j-1]=t;
        }
}
```

【参考代码】

```
#include<stdio.h>
#define N 10                   //假定 10 个元素
int main(void)
{
    int a[N]={6,7,1,-2,0,7,9,5,8,2};
```

```
    int i,j,t;
    for(i=0;i<N-1;i++)
    {
        for(j=0;j<N-1-i;j++)
            if(a[j]>a[j+1])  //若按从大到小排序,改为<符号
            {
                t=a[j];
                a[j]=a[j+1];
                a[j+1]=t;
            }
    }
    printf("after sorting ,the array is:\n");
    for(i=0;i<N;i++)
        printf("%d ",a[i]);
    printf("\n");
    return 0;
}
```

【运行结果】

```
after sorting ,the array is:
-2  0  1  2  5  6  7  7  8  9
```

3. 算法改进

由前所述,N 个元素采用气泡算法排序,原则上需要进行 N-1 趟排序,如果第 i(1≤i≤N-1)趟结束后,本趟没有需要交换的元素,即执行流程没有进入交换操作语句块中,说明此时整个数据集合已经有序,排序过程可以提前结束。

因此,可以设置标志位 flag,在每趟开始时,把 flag 置为 0,在交换操作语句块中,把 flag 置为 1。如果本趟结束后,flag 依然为初值 0,则说明本趟操作没有进入交换语句块,即没有需要交换的元素,此时整个待排集合已经有序,排序过程可以提前结束。程序代码如下。

【改进代码】

```
for(i=0;i<N-1;i++)
{
    flag=0;                   //本趟初始为 0
    for(j=0;j<N-1-i;j++)
        if(a[j]>a[j+1])       //按从大到小排序
        {
            flag=1;           //交换体中才置 1
            t=a[j];
            a[j]=a[j+1];
            a[j+1]=t;
        }
    if(0==flag)               //或 if(!flag)本趟已无须交换,集合已有序,提前结束
        break;
}
```

【复习思考题】

1. 简述气泡排序算法的思想。
2. 气泡算法衍生出沉泡算法和冒泡算法,分别简述各自的算法思想和算法核心代码等。
3. 简述改进的气泡排序算法的原理及具体方法。

6.2.3 选择排序

算法思想：每次从待排序数据元素集合中选取关键字值最小(或最大)的数据元素与本轮待排集合首元素(尾元素)交换，待排数据元素集合不断缩小，当待排数据元素集合中仅剩一个数据元素时，选择排序结束。

下面以对含 N 个元素的整型数组 a 按从小到大的顺序排序为例，讲解选择排序的过程。

a[0]	a[1]	a[2]	a[3]	…	a[N-3]	a[N-2]	a[N-1]

1. 确定趟数，每趟的待排集合的范围，及本趟待排集合的首元素

第一趟：在待排集合 a[0]~a[N-1]中选择一个最小的元素放到待排集合首元素 a[0]处，即与 a[0]交换。剩余待排集合为 a[1]~a[N-1]。

第二趟：在待排集合 a[1]~a[N-1]中选择一个最小的元素放到待排集合首元素 a[1]处，即与 a[1]交换。剩余待排集合为 a[2]~a[N-1]。

…

第 N-2 趟：在待排集合 a[N-3]~a[N-1]中选择一个最小的元素放到首元素 a[N-3]处，即与 a[N-3]交换。剩余待排集合为 a[N-2]~a[N-1]。

第 N-1 趟：在待排集合 a[N-2]~a[N-1]中选择一个最小的元素放到首元素 a[N-2]处，即与 a[N-2]交换。剩余待排集合为 a[N-1]~a[N-1]。此时待排集合中仅剩一个元素 a[N-1]，无须再排，已经有序。算法结束。

由此可见，对 N 个元素进行选择排序，只需进行 N-1 趟操作即可。

用外层循环控制排序的趟数，程序框架如下所示。

```
for(i=0;i<N-1;i++)              //共 N-1 趟
{
    //采用"打擂台"算法找出 i 趟待排集合中的最小元素
    //把 i 趟最小元素放到本趟待排集合首元素 a[i]处，即与 a[i]交换操作
}
```

2. 每一趟(i 趟)的具体实现

每一趟目标：选出本趟待排元素集合中最小元素所在的下标，并把该下标对应元素放到待排集合的相应位置上。可采用“打擂台”算法寻找最小元素对应的下标。

定义“擂台”k，用于保存本趟集合中最小元素的下标。k 初始为本趟待排数据元素集合中的第一个元素所对应的下标。具体步骤如下。

(1) “打擂台”寻找最小元素对应下标。

首先把下标 i“推上擂台”，即初始假设 i 号位置为本趟最小元素的下标。然后从 j=i+1 开始，之后的每个下标 j 对应元素 a[j]均与“擂台”k 对应元素 a[k]比较。如果 a[j]比 a[k]小，表明本趟当前所比较过的元素中，a[j]最小，只需把其下标 j 赋给“擂台”k 即可。本趟待排集合中所有元素均比较之后，k 中将保存本趟待排集合中最小元素对应的下标。程序框架如下。

```
k=i;                            //i 趟擂台 k 初值为本趟首元素 a[i]的下标 i
for(j=i+1;j<N;j++)
```

```
{
    if(a[j]<a[k])
        k=j;
}
```

(2) a[k]与待排集合首元素 a[i]交换。

是否一定需要把 a[k]与 a[i]交换?

如果本趟"擂台"k 中初始假设的值 i,在本趟比较完后,始终不变。说明 a[i]就是本趟待排元素中最小的,不用交换。只有 k≠i,即"擂台易主"情况下才进行 a[k]与 a[i]交换。交换程序框架如下。

```
if(k!=i)                    //本趟结束后"擂台 k 易主",即:其上不再是初始的"擂主"i
{
    t=a[i];                 //t 为用于交换的临时变量
    a[i]=a[k];
    a[k]=t;
}
```

综上所述,选择排序的核心代码框架如下所示。

```
for(i=0;i<N-1;i++)          //共 N-1 趟
{
    k=i;                    //i 为本趟初始"擂主"
    for(j=i+1;j<N;j++)      //"打擂台"找出本趟最小元素的下标,并保存到 k 中
    {
        if(a[j]<a[k])
            k=j;
    }
    if(k!=i)                //本趟"擂台易主"的情况下才把 a[k]与待排集合首元素 a[i]交换
    {
        t=a[i];
        a[i]=a[k];
        a[k]=t;
    }
}
```

例 6 采用选择排序算法对整型数组中的各元素按照从大到小的顺序排序并输出。

【分析】

按照从大到小的顺序排序,只需要在每趟"打擂台"算法中选择本趟待排集合中最大元素对应下标即可。即只有 a[j]大于 a[k]时才把最大元素的下标 j 保存到 k 中,按从小到大排序与从大到小排序仅需改变关系符号即可,核心代码如下。

```
for(j=i+1;j<N;j++)
{
    if(a[j]>a[k])           //大于号
        k=j;
}
```

【参考代码】

```
#include<stdio.h>
#define N 10                        //假定 10 个元素
int main(void)
{
    int a[N]={6,7,1,-2,0,7,9,5,8,2};
    int i,j,k,t;
    for(i=0;i<N-1;i++)              //共 N-1 趟
    {
        k=i;                        //i 为本趟初始假设"擂主"
        for(j=i+1;j<N;j++)
        {
            if(a[j]>a[k])           //打擂台算法,选择最大元素的下标保存到 k 中
                k=j;
        }
        if(k!=i)                    //本趟结束后"擂台 k 易主",不再是 i,交换 a[k]与 a[i]
        {
            t=a[i];
            a[i]=a[k];
            a[k]=t;
        }
    }
    printf("after sorting ,the array is:\n");
    for(i=0;i<N;i++)
        printf("%d ",a[i]);
    printf("\n");
    return 0;
}
```

【运行结果】

```
after sorting ,the array is:
9 8 7 7 6 5 2 1 0 -2
```

【复习思考题】

1. 简述选择排序的算法思想。

2. 简述打擂台算法思想。

3. 选择排序核心程序可以改写成如下形式吗？两者的区别是什么？哪种效率更高？

【程序代码】

```
for(i=0;i<N-1;i++)
{
    k=i;
    for(j=i+1;j<N;j++)
    {
        if(a[j]>a[k])
            k=j;
    }
    t=a[i];
    a[i]=a[k];
    a[k]=t;
}
```

6.3 二维数组

数学中的行列矩阵，通常使用二维数组来描述，即用二维数组的第一维表示行，第二维表示列；生活中凡是能抽象为对象及对象的若干同类型属性的问题，一般用二维数组来描述。

例如，若表示一个班级学生的语文、数学、外语、C 语言等 4 门课的成绩数据。该问题可把每个学生看成一个对象，用二维数组的第一维来表示，如果有 50 个学生，则可设定二维数组第一维的大小为 50；成绩可看成每个对象的属性，且均可使用整型表示，可用二维数组的第二维来表示，每个对象(学生)含 4 个属性(4 门课程)，故第二维大小可设为 4。

再比如，某公司若统计某产品的某个月份的销量数据，该问题可以把一周当成一个对象，一个月含 4 周，故 4 个对象，二维数组第一维可设为 4；日销售量可看成每个对象的属性，可用二维数组的第二维表示，对象(每周)含有 7 个属性(7 天的日销售量)，故二维数组的第二维可设为 7。

6.3.1 二维数组的定义

同一维数组一样，既支持 C89 标准的二维静态数组，又支持 C99 标准的二维动态数组或变长数组。某些 C 编译器还没更新到支持 C99 标准的语法，故可能在一些编译器中变长数组会报错。如无特殊说明，本教程所指二维数组，均默认为静态数组。

静态二维数组定义的一般格式为：

```
类型 数组名[第一维大小][第二维大小];
```

其中，第一、二维的大小一般均为常量表达式。

例如：

```
int a[4][5];
```

定义了一个 4 行 5 列的 int 型二维数组 a。

```
float sc[3][4];
```

定义了一个 3 行 4 列的 float 型二维数组 sc。

如下二维数组的定义形式均是错误的。

```
int a[][3];                //错误。编译器无法确定所需空间
int a[2][];                //错误。缺少列下标，编译器无法确定所需空间
```

动态数组例子如下，仅做了解。

```
int n=2;
int a[n][3];               //动态数组，正确的 C99 语法。但在某些编译器中可能报错
int a[2][n];               //动态数组，正确的 C99 语法
```

定义时未初始化的数组，其数据元素的值一般为无意义的随机值，如

```
int a[2][3];               //该数组的 6 个元素均为随机值
```

可以把二维数组看成一个特殊的一维数组，它的每个元素又是一个一维数组。

例如，定义一个表示 3 个学生 4 门课程成绩的二维数组：

```
int sc[3][4];
```

定义了一个 3 行 4 列的二维数组 sc，该二维数组可表示 3 个对象（学生），从这个角度看，该二维数组可以看成含 3 个对象（学生）的一维数组，3 个对象（元素）分别为：sc[0]、sc[1]、sc[2]，其中 sc 为该一维数组名。

每个对象（元素）sc[i]又是一个包含 4 个属性（4 门成绩）的一维数组，4 个属性分别为：sc[i][0]（语文）、sc[i][1]（数学）、sc[i][2]（外语）、sc[i][3]（C 语言）。每一行表示一个学生，每一列表示一门课程，形成如下所示的行列矩阵形式。

```
                                语文      数学      外语      C语言
sc[0](第一个学生)-----sc[0][0]  sc[0][1]  sc[0][2]  sc[0][3]
sc[1](第二个学生)-----sc[1][0]  sc[1][1]  sc[1][2]  sc[1][3]
sc[2](第三个学生)-----sc[2][0]  sc[2][1]  sc[2][2]  sc[2][3]
```

二维数组名 sc 是首对象（第一个学生）sc[0]的地址，即 sc=&sc[0]。二维数组名加 1 表示跳过一个对象，即 sc+1 为第二个对象（学生）sc[1]的地址，sc+2 为第三个对象（学生）sc[2]的地址。

从行列式角度分析，二维数组名即首行的地址，C 语言中的地址一般均是空间首地址。故二维数组名是首行首地址，该数组名加 1 表示跳过一整行，到达第二行的首地址，以此类推。

例 7 以下二维数组 sc 用于保存 3 个学生的 4 门课程（语数外及 C 语言）成绩。根据程序的运行结果，分析二维数组名的含义。设在 VC++ 6.0 开发环境中。

【程序代码】

```
#include<stdio.h>
int main(void)
{
    int sc[3][4];
    printf("sc=%p\n",sc);
    printf("&sc[0]=%p\n",&sc[0]);
    printf("sc+1=%p\n",sc+1);
    printf("sc+2=%p\n",sc+2);
    return 0;
}
```

【运行结果】 程序某次运行的结果：

```
sc=0012FF18
&sc[0]=0012FF18
sc+1=0012FF28
sc+2=0012FF38
```

【分析】

(1) 本例中定义的二维数组为 3 行 4 列，含 3 个学生对象，对应 3 行，每个学生对象包括 4 个属性，对应 4 列。

(2) 二维数组名 sc 相当于首对象即第一个学生 sc[0]的地址，即 sc==&sc[0]。输出地址一般使用格式控制符%p 或%x 或%08x，具体在指针章节介绍。由某次运行结果可知，sc 和 &sc[0]的值均为十六进制数 0012FF18。

由此可得：**二维数组名为首对象或首行的地址。**

(3) 二维数组名加 1 表示跳过一个对象(一行)的空间，为下一个对象(下一行)的地址。即跳过一个对象所有属性(一行中所有列元素)对应的空间，到达下一个对象(下一行)的起始位置。

而本例中一个对象有 4 个属性，每个属性均为整型变量，在 VC++ 6.0 中占 4 字节，故一个对象(一行)共占 4×4=16 个字节。故 sc、sc+1、sc+2 均相差 16 个字节，转换为十六进制为 0x10。如运行结果所示。

(4) 程序每次运行为某变量空间分配的起始地址可能有差别。

【复习思考题】

1. 什么情况下使用二维数组？
2. 简述静态数组的定义格式及注意事项。
3. 如何理解二维数组是一个特殊的一维数组？
4. 二维数组名的含义是什么？二维数组名加 1，表示的含义是什么？

6.3.2 二维数组的引用

二维数组的引用格式为：

```
数组名[行下标][列下标];
```

注意引用数组元素时不能加类型，且行下标、列下标均从 0 开始。且行下标和列下标的形式可以为常量、变量或表达式。

若 M 和 N 均为已定义的正整数：

```
int i,j;                    //i 和 j 分别表示行下标和列下标
int a[M][N];                //定义了一个 M 行 N 列的二维整型数组 a
```

行下标 i 的范围为 0~M-1。

列下标 j 的范围为 0~N-1。

称第几个时，习惯上是从第 1 个开始，第 2 个，第 3 个，…，而不从第 0 个开始。但是二维数组的行下标及列下标均是从 0 开始的，为统一起见，本书中对数组元素的引用，采用行列序号来描述，如 a[i][j]为 i 行 j 列元素，而不说成第 i 行第 j 列元素。例如：

```
int a[3][4];
a[0][0];                    //为 0 行 0 列元素
a[2][1];                    //为 2 行 1 列元素
a[1][1+2];                  //为 1 行 3 列元素
```

例如：

```
int n=4,i,j;
int a[3][4];                //定义了一个 3 行 4 列的二维数组 a
```

对该数组的引用形式为 a[i][j],其中,行下标 i 的范围为 0~2,列下标 j 的范围为 0~3。以下对该二维数组的引用均是正确的。

```
a[2][n-1]=a[0][1+1]+a[2][2-1];      //a[0][2]、a[2][1]相加后赋给 a[2][3]
a[3-1][n-1];                        //引用 2 行 3 列元素
```

以下对该二维数组的引用形式是错误的。

```
a[-2][1];                           //行下标-2 越界,应为 0~2
a[3][2];                            //行下标 3 越界,应为 0~2
a[2][n];                            //列下标 n=4 越界,应为 0~3
a[2,3];                             //引用形式错误,应为 a[2][3]
a[2][];                             //缺少列下标
int a[1][n-2];                      //引用不能加类型,若为定义,第二维含有变量 n,错误
```

例 8 定义一个 2 行 3 列的二维数组,从键盘上输入 6 个数值,依次给该二维数组的每个元素赋值,按每行三个元素输出该二维数组及所有元素的和。

【分析】

本例题涉及对二维数组的赋值,一般使用双重循环,外层循环控制行下标,内层循环控制列下标。

二维数组的每个元素 a[i][j]像普通变量一样使用,使用 scanf 函数输入时,一定要加 &。输入时,可以输入完 6 个数据后按一次回车键。

本题要求每输出一行后换行,即输出完一行中的所有列数据(内层循环结束)后换行。

【参考代码】

```
#include<stdio.h>
int main(void)
{
    int a[2][3];                        //先定义,后赋值
    int i,j,s=0;
    printf("Input 6 integers:");
    for(i=0;i<2;i++)
    {
        for(j=0;j<3;j++)
        {
            scanf("%d",&a[i][j]);       //勿忘 &
            s+=a[i][j];                 //与上一条语句不能颠倒
        }
    }
    for(i=0;i<2;i++)
    {
        for(j=0;j<3;j++)
            printf("%d\t",a[i][j]);     //使用\t 的作用
        printf("\n");                   //注意该输出换行符的位置
    }
    printf("s=%d\n",s);
    return 0;
}
```

【运行结果】

```
Input 6 integers:1 2 3 4 5 6
1       2       3
4       5       6
s=21
```

【复习思考题】

1. 区分二维数组的定义及引用，并判断下列语句是否正确。

(1)

```
int a[3][];
```

(2)

```
int n=4;
int a[3][4];
a[2][n-1]=a[0][1]+2;
```

2. 在例8中输出部分代码如果改成如下代码，分析输出结果。

```
for(i=0;i<2;i++)
{
    for(j=0;j<3;j++)
    {
        printf("%d\t",a[i][j]);
        printf("\n");
    }
}
```

6.3.3 二维数组的初始化

二维数组可以先定义，后赋值，在显式赋值之前，二维数组的各数据元素是随机值。也可以在定义二维数组的同时，采用初始化列表的形式对其元素赋初值，称为二维数组的初始化。

二维数组的初始化方式通常有以下几种。

1. 分行给出初始化数据，且每行的初始化数据个数等于列数

例如：

```
int a[2][3]={{1,2,3},{4,5,6}};
```

该初始化列表给出了两行数据，每一行数据用一对大括号{}括起来，一行中的数据及行与行之间均用逗号隔开。这是一种较常用的二维数组的初始化方式。

该初始化语句相当于如下6条赋值语句。

```
a[0][0]=1; a[0][1]=2; a[0][2]=3;
a[1][0]=4; a[1][1]=5; a[1][2]=6;
```

由于初始化列表中明确给出了两行数据，故定义该数组时，其第一维的大小可省略，编译器能间接算出该数组的行数为 2，故依然可以确定其空间大小，因此，**在对二维数组进行初始化时，其第一维的大小可以省略**，即写成如下形式：

```
int a[][3]={{1,2,3},{4,5,6}};
```

注意：第二维的大小一定不能省略！如下初始化均是错误的。

```
int a[2][]={{1,2,3},{4,5,6}};            //错误。不能省略第二维大小
int a[][]={{1,2,3},{4,5,6}};             //错误。不能省略第二维大小
int a[][3];                        //错误。没有提供初始化列表时，两维的大小都必须显式给出
int a[2][3]={{1,2,3},{4,5,6},{7,8,9}}; //错误。初始行数多于数组行数
```

如果把上面一条初始化语句改为省略第一维的大小，便是正确的，即：

```
int a[][3]={{1,2,3},{4,5,6},{7,8,9}};  //正确。间接得知该数组为三行
```

2. 分行给出初始化数据，但每行的初始化数据个数少于列数

例如：

```
int a[2][3]={{1,2},{4}};
```

该初始化列表给出了两行数据，第一行给出两个数据，少一个，对 int 型默认为补 0；第二行仅给出一个数据，少两个，补两个 0。所以上述初始化语句相当于：

```
int a[2][3]={{1,2,0},{4,0,0}};
```

同理，

```
int a[][3]={{0},{0}};
```

相当于：

```
int a[][3]={{0,0,0},{0,0,0}};            //2行3列
```

3. 初始化数据没有分行，容易产生混乱，不推荐这种方式

如果初始化数据的个数是列数的整数倍，即：

```
int a[2][3]={1,2,3,4,5,6};
```

初始化数据以列数三个为一组，共分为两组，且每组数据个数恰好等于列数 3，故第一组赋值给第 1 行，第二组赋值给第 2 行。初始化后，数组中各元素为：

```
1  2  3
4  5  6
```

例如：

```
int a[2][3]={1,2,3,4};
```

由于该二维数组列数为 3，初始化数据以三个为一组，共分为两组，但第二组仅一个数据，少于列数 3，对 int 型数组用 0 补齐。故第一组数据 1, 2, 3 赋值给第一行，第二组补齐为三个数据 4,0,0 后，赋值给第二行。相当于如 int a[][3]={1,2,3,4,0,0};初始化后，数组中各元素为：

```
1  2  3
4  0  0
int a[][3]={1,2,3,4,5,6,7,8};          //正确,可间接得知该数组为三行,不推荐
```

第三行不够三个数据,用 0 补齐。故该语句相当于:

```
int a[][3]={1,2,3,4,5,6,7,8,0};初始化后,数组中各元素为:
1  2  3
4  5  6
7  8  0
```

如果第一维大小没有省略,则初始化数据的个数一定不能超过数组元素的总个数,否则报错。例如:

```
int a[2][3]={1,2,3,4,5,6,7,8};         //错误。初始数据个数 8 多于数组总个数 6
```

【复习思考题】

1. 简述 int a[2][3];与 int a[2][3] = {0};的区别。
2. 分析比较下列初始化语句的异同。

```
int a[2][3]={{1},{0}};
int a[][3]={{1},{0}};
int a[2][3]={1};
int a[][3]={1};
```

6.3.4 二维数组的存储

二维数组在逻辑(表现形式)上可理解为矩阵形式(分行分列),但其物理存储形式却是连续的,即存完第一行,在其后面接着存储第二行,第三行,…,如无特殊说明,本书中涉及对二维数组的表述一般指的是其逻辑形式即矩阵形式。

如 int a[3][4];其逻辑结构是 3 行 4 列的矩阵形式,如图 6-1 所示,而其存储结构是连续的(线性的),如图 6-2 所示。

```
a[0][0]   a[0][1]   a[0][2]   a[0][3]
a[1][0]   a[1][1]   a[1][2]   a[1][3]
a[2][0]   a[2][1]   a[2][2]   a[2][3]
```

图 6-1　二维数组的逻辑结构

图 6-2　二维数组的存储结构

6.3.5 二维数组的应用举例

例 9　一个班级有 N 名学生,每个学生有 4 门课程(语文、数学、外语、C 语言),计算每个学生的平均分。编写程序实现该功能需求。

【分析】

该问题可把每个学生当成一个对象，而每个对象(学生)有 5 个属性：4 门课程成绩及平均分。故该问题可使用二维数组来处理数据，该二维数组含有 N 个对象，故第一维的大小为 N，每个对象有 5 个属性，故第二维的大小为 5。为便于验证，本例中学生个数 N 设为 3 个。

【参考代码】

```
#include<stdio.h>
#define N 3
int main(void)
{
    float a[N][5],sum;                    //sum 用来累加每个学生 4 门课的总成绩
    int i,j;
    printf("输入%d 个学生信息(语、数、外、C 语言成绩):\n",N);
    for(i=0;i<N;i++)
    {
        sum=0.0;                          //对每个学生 sum 均初始为 0
        printf("NO%d:",i+1);
        for(j=0;j<4;j++)                  //每个学生仅输入 4 门课成绩，注意 j<4
        {
            scanf("%f",&a[i][j]);
            sum+=a[i][j];
        }
        a[i][4]=sum/4;                    //每个学生的平均成绩是计算出来的
    }
    printf("\n 学号\t 语文\t 数学\t 外语\tC 语言\t 平均成绩\n");
    for(i=0;i<N;i++)
    {
        printf("NO%d:\t",i+1);
        for(j=0;j<5;j++)
            printf("%.1f\t",a[i][j]); //保留一位小数，注意格式%.1f
        printf("\n");
    }
    return 0;
}
```

【运行结果】

输入 3 个学生信息(语、数、外、C 语言成绩)：

```
NO1:82  91  88  93
NO2:83  84  80  91
NO3:73  79  86  81

学号  语文  数学  外语  C语言   平均成绩
NO1:  82.0  91.0  88.0  93.0    88.5
NO2:  83.0  84.0  80.0  91.0    84.5
NO3:  73.0  79.0  86.0  81.0    79.8
```

例 10 在二维数组 a 中选出各行中最大的元素，存入一维数组 b 中，并输出该一维数

组 b 中的各元素。

【分析】

(1) 定义一个 M 行 N 列的二维数组 a,需要在每一行中寻找最大元素,故采用循环遍历二维数组的每一行,称外层循环。

定义变量 max 用于保存每行中的最大值,假设每行首元素为该行初始最大值,并赋给 max,然后这一行的其他列(j=1,2,3,…,N-1)对应元素依次与 max 比较,如果比 max 大,则把该列元素 a[i][j]赋值给 max。使用循环遍历该行的所有列,称为内层循环。该内循环结束时,max 中即保存了该行中的最大值。把该最大值赋值给 b[i]。

寻找每行最大值的程序框架如下。

```
for(i=0;i<M;i++)
{
    max=a[i][0];                       //假设每行的第一个元素(0列)为该行最大值
    for(j=1;j<N;j++)                   //不严格时,也可从 j=0 开始
    {
        if(a[i][j]>max)
            max=a[i][j];
    }
    b[i]=max;                          //把 i 行最大值 max 赋值给 b[i]
}
```

(2) 输出二维数组时,是每输出完一行后输出换行符,故应在内层 for 循环执行完后换行,而不能在内层 for 循环体内。掌握制表符的使用。

【参考代码】

```
#include<stdio.h>
#define M 3                            //M 表示行数
#define N 4                            //N 表示列数
int main(void)
{
    int a[M][N]={{2,8,3,7},{6,1,5,2},{3,2,5,0}};
    int b[M],i,j,max;
    for(i=0;i<M;i++)
    {
        max=a[i][0];                   //假设每行的第一个元素(0列)为该行最大值
        for(j=1;j<N;j++)               //不严格时,也可从 j=0 开始
        {
            if(a[i][j]>max)
                max=a[i][j];
        }
        b[i]=max;                      //把 i 行最大值 max 赋值给 b[i]
    }
    printf("array a:\n");
    for(i=0;i<M;i++)
    {
        for(j=0;j<N;j++)
            printf("%d\t",a[i][j]);
        printf("\n");                  //注意换行语句的位置
```

```
    }
    printf("array b:\n");
    for(i=0;i<M;i++)
        printf("%d\t",b[i]);
    printf("\n");
    return 0;
}
```

【运行结果】

```
array a:
2     8     3     7
6     1     5     2
3     2     5     0
array b:
8     6     5
```

【复习思考题】

1. 二维数组在内存中是分行存放还是连续存放的?

2. 总结在数组中查找最大值的算法。

6.4 一维字符数组

字符数组通常用于存储和处理字符串,在C语言中,一般以空字符'\0'(ASCII值为0)作为字符串结束的标志。

一维字符数组一般用于存储和表示一个字符串,二维字符数组一般用于存储和表示多个字符串,其每一行均可表示一个字符串。

6.4.1 一维字符数组的定义及初始化

一维字符数组的定义格式为:

```
char 数组名[数组大小];
```

例如:

```
char c[10];
```

该语句定义了一个一维字符数组c,大小为10,即占10个字符变量空间,最大可存储长度为9的字符串(第10个字符为'\0')。由于没有显式给每个字符变量赋值,故每个字符变量为随机值。

可以采用单个字符逐个赋值的方式初始化,也可以使用字符串初始化的方式。

1. 采用逐个字符赋值的方式

(1) 当字符个数少于数组空间大小时,例如:

```
char c[8]={'h','e','l','l','o'};        //始值个数 5 小于数组空间个数 8
```

该语句定义了含8个字符变量的一维字符数组,前5个字符变量分别显式初始化为'h'、'e'、'l'、'l'、'o'等5个字符,后3个字符变量为空字符'\0'。其存储形式如下。

0	1	2	3	4	5	6	7
h	e	l	l	o	\0	\0	\0

当字符数组中含有字符串结束字符'\0'时,可以使用 printf 函数及格式控制符%s,输出该字符数组中的字符串,如下所示。

```
printf("%s",c);                    //数组名 c 为首字符'h'的地址或者为 &c[0]
```

注意:使用 printf 函数及格式控制符%s,输出一个字符串时,输出列表中一定为某个字符的地址,且从该字符开始的串一定有结束标志'\0'。该语句的功能是:从输出列表中的该地址开始,到第一次遇到'\0'为止,这之间的字符全部输出。

通常一维数组初始化时,其第一维大小可以省略,例如:

```
char c[]={'h','e','l','l','o'};
```

对应的数组存储形式如下所示。

0	1	2	3	4
h	e	l	l	o

由于该数组中不存在'\0'字符,故不能使用 printf("%s",c);输出。

```
char c[8]={'h','e','l','l','o'};
```

不等价于

```
char c[]={'h','e','l','l','o'};
```

(2) 当字符个数等于数组空间大小时,例如:

```
char c[5]={'h','e','l','l','o'};        //初值个数 5 等于数组大小 5
```

执行该初始化语句后,数组的存储形式如下所示。

0	1	2	3	4
h	e	l	l	o

```
char c[5]={'h','e','l','l','o'};
```

等价于

```
char c[]={'h','e','l','l','o'};
```

由于该字符数组中不包含字符串结束标志'\0',故不能使用 printf("%s",c);输出其中的字符串。输出结果中一般含有随机乱码。

这种情况一般采用循环语句逐个输出该数组中的每个字符。

```
int i;
for(i=0;i<5;i++)                    //循环次数为字符个数或数组大小
    printf("%c",c[i]);              //格式控制符为%c,输出列表中为字符变量 c[i]
```

(3) 当字符个数多于空间大小时，编译时报错。例如：

```
char c[4]={'h','e','l','l','o'};        //错误。初值个数 5 大于数组大小 4
```

2. 采用字符串初始化的方式

在 C 语言中，字符串一般是指含有字符串结束符'\0'的若干个字符的集合。而使用双引号括起来的字符串常量，默认隐含字符串结束符'\0'。例如：

```
char c[12]={"C program"};               //注意该数组大小应足够大
```

用字符串对字符数组初始化时，一般大括号可以去掉，即：

```
char c[12]="C program";
```

该初始化语句与以下三条语句均是等价的。

```
char c[12]= {'C',' ','p','r','o','g','r','a','m','\0','\0','\0'};
```

或者

```
char c[12]={'C',' ','p','r','o','g','r','a','m','\0'};
```

或者

```
char c[12]={'C',' ','p','r','o','g','r','a','m'};
```

以上等价初始化语句有一个共同特点：数组的大小均为指定值 12。

其数组存储形式均如下所示。

0	1	2	3	4	5	6	7	8	9	10	11
'C'	' '	'p'	'r'	'o'	'g'	'r'	'a'	'm'	'\0'	'\0'	'\0'

采用字符串对字符数组进行初始化时，一般省略一维数组空间的大小。即：

```
char c[]="C program";
```

该数组中除了存储字符串中的 9 个有效字符外，还自动在字符串的结尾存储'\0'字符。即该数组的大小为 10。其存储形式如下所示。

0	1	2	3	4	5	6	7	8	9
'C'	' '	'p'	'r'	'o'	'g'	'r'	'a'	'm'	'\0'

为节省空间及书写方便，当用字符串对字符数组初始化时，一般均省略其一维的大小。

6.4.2 一维字符数组的引用

字符数组中的每一个元素都是一个字符，可以使用下标的形式来访问数组中的每一个字符。

例如 char c[]="abcd";定义了一个一维字符数组 c，用字符串常量对其初始化，该数组大小为 5，前 4 个元素的值分别为'a'、'b'、'c'、'd'，第 5 个元素的值为'\0'。其存储形式如下所示。

c[0]	c[1]	c[2]	c[3]	c[4]
'a'	'b'	'c'	'd'	'\0'

可以使用 c[i]引用该数组中的每个元素,例如:

```
c[2]='f';                              //把'f'赋给元素 c[2]
scanf("%c",&c[3]);                     //输入一个字符,保存到元素 c[3]对应的地址空间中
printf("%c",c[1]);                     //输出元素 c[1]中的字符值
```

如果每次输出一个字符,可使用循环语句输出字符数组中保存的字符串,参考代码如下。

```
int i;
for(i=0;c[i]!='\0';i++)                // 当前 i 号位置的字符变量只要不是结束符就输出
    printf("%c",c[i]);
```

【复习思考题】

1. 列举字符数组赋值的方式及各自的易错点。

2. C 语言中所指字符串为什么一般末尾需要有'\0'?

3. 什么情况下可以调用库函数处理字符数组中保存的"串"?

6.4.3 一维字符数组的应用举例

C 语言中的字符串总是以'\0'作为结束标志,所以字符串的长度指的是从字符串的首字符开始,到第一次遇到'\0'为止,这之间所包含的有效字符的个数,结束符'\0'不计算在字符串长度内。

如字符串"abcd",C 语言中字符串最后一个有效字符后隐含'\0'字符,故该字符串长度为 4。

例 11 编写实现求一个字符串长度的程序。

【分析】

把字符串保存在一维字符数组中,其长度用 len 表示,初始为 0。算法为:从该数组的首元素(0 号位置)开始,只要当前元素不为'\0',len 加 1,直到遇到'\0'为止,此时 len 的值即为该字符串的长度。

【参考代码】

```
#include<stdio.h>
int main(void)
{
    char str[]="A good book is a good friend!";
    int i,len=0;                       //len 必须初始化为 0
    for(i=0;str[i]!='\0';i++)
        len++;
    printf("The length is: %d\n",len);
    return 0;
}
```

【运行结果】

```
The length is: 29
```

【说明】 该程序循环部分也可以使用 while 循环，如下所示。

```
i=0;                                    //注意：勿忘 i 初始化为 0
while(str[i]!='\0')                     //等价于 while(str[i])
{
    len++;
    i++;
}
```

例 12 编程实现统计字符串中大小写英文字母出现的个数。

【分析】

把该字符串保存在字符数组 str 中，从数组的 0 号位置开始，直到遇到'\0'为止，逐个字符进行判断。大写字母的范围为'A'~'Z'，逻辑为：

```
str[i]>='A' && str[i]<='Z'
```

小写字母的范围为'a'~'z'，其逻辑为：

```
str[i]>='a' && str[i]<='z'
```

【参考代码】

```
#include<stdio.h>
int main(void)
{
    char str[]="Hello,World!";
    int i,c1=0,c2=0;                    //c1、c2 分别表示大小写字母的个数，初始为 0
    for(i=0;str[i]!='\0';i++)
    {
        if(str[i]>='A' && str[i]<='Z')
            c1++;
        else if(str[i]>='a' && str[i]<='z')     //不构成 if-else 的逻辑
            c2++;
    }
    printf("c1 = %d,c2 = %d\n",c1,c2);
    return 0;
}
```

【运行结果】

```
c1 = 2,c2 = 8
```

【说明】

一个字符串中的字符有很多种类，有大写字母、小写字母、标点符号、特殊符号等很多种类，除大写字母之外的并非全是小写字母，故大小写字母之间的逻辑关系并非 if-else 关系，不能写成如下代码：

```
if(str[i]>='A' && str[i]<='Z')
    c1++;
else
    c2++;
```

例 13 从含有数字字符的字符串中，从前往后依次提取所有数字字符，并组成十进制数输出(先提取的数字字符作高位，后提取的作为低位)。

测试数据：Actions2 s0peak louder 1than words.7

运行结果：num = 2017

【分析】 本题主要考察如何把数字字符转换成对应的数字及如何把若干十进制数码组成十进制数。定义一维字符数组 s，其下标用 i 表示。

(1) 判断一个字符是否为数字字符通常可用两种方式。即 s[i]>='0' && s[i]<='9' 为逻辑真时，表示 s[i]为数字字符；或者调用库函数 int isdigit(char c)，如果函数 isdigit(s[i])的返回值非零，则表示 s[i]为数字字符，注意使用该函数时需包含其头文件 ctype.h，即#include<ctype.h>。

(2) 数字字符的 ASCII 值与'0'字符的 ASCII 值的差值，即为该数字字符对应的数字。如数字字符'7'的 ASCII 值 55，减去'0'字符的 ASCII 值 48，即 55-48=7 即把字符'7'转换成了对应的数字 7。数字字符 s[i]对应的数值为 s[i]-'0'。

(3) 若干十进制数码组成对应的十进制数。

例如，把依次出现的两个十进制数码 3、6 分别作为高位和低位，组成的十进制整数 36 的过程如下。

```
int num=0;                                   //组成的十进制数保存在 num 中
```

出现数码 3 后，组成的十进制数为 num=num×10+3=0×10+3=3；

出现数码 6 后，组成的十进制数为 num=num×10+6=3×10+6=36。

以此类推，若出现数码为(s[i]-'0')，则组成的十进制数为：

```
num=num*10+(s[i]-'0');
```

【参考代码】

```
#include<stdio.h>
int main(void)
{
    char s[]="Actions2 s0peak louder 1than words.7";
    int i,num=0;
    for(i=0;s[i]!='\0';i++)
    {
        if(s[i]>='0'&&s[i]<='9')        //或 if(isdigit(s[i]))
            num=num*10+(s[i]-'0');
    }
    printf("num = %d\n",num);
    return 0;
}
```

【运行结果】

```
num = 2017
```

【复习思考题】

1. 总结判断某字符是否为数字字符的方法。

2. 复习库函数 int isdigit(char c)的使用,并验证。

3. 总结使用若干十进制数码组成十进制数的方法,并举例验证。

6.5 字符串处理函数

为方便程序设计者对字符串的操作,C 语言编译系统提供了包含一些专门处理字符串操作函数的函数库,这些库函数并不属于 C 语言本身,而是一些 C 语言编译系统为方便用户编程提供的,使用时要包含相应的头文件。这些函数都是经过大量实践检验过的较可靠的函数,熟练使用这些库函数对提高编程效率和增强代码稳定性有很大帮助。本书仅介绍以下 10 种常见的字符串处理函数。

由于字符串输入操作的频繁性、重要性及易错性,本书将对其重点讲解,其他函数的使用将仅做简要介绍。由于目前还没接触函数及指针,对如下函数的原型仅做了解,会调用这些库函数即可。

1. gets 字符串输入函数

函数原型：char * gets(char * str);

头文件：stdio.h

功能描述：从标准输入设备读取字符串,一般按下回车键时停止,并将读取的结果存放在 str 指针所指向的字符数组中。回车换行符不作为读取串的内容,读取的回车换行符被转换为空字符'\0',自动存入字符数组中,并以此作为该字符串的结束标志。

调用格式：gets(字符数组名)

应用举例：

```
char s1[20];
gets(s1);
printf("%s\n",s1);
```

如果从键盘上输入 hava a nice day↙,则按下回车键后,整个串均存入 s1 数组中,并在其后面自动存储'\0',printf 函数将输出串 hava a nice day。

scanf 与 gets 在字符串输入时的异同如下。

相同点：

(1) 均需包含头文件 stdio.h。

(2) 输入完毕,均会自动把'\0'存入到字符串后面,作为其结束标志

不同点：

scanf：从第一个非空格字符开始输入,以空格、制表符 Tab、回车键作为结束标志等,字符串中不含有空格、制表符 Tab 键及回车键；输入结束后,这三种字符依然会残留在输入缓冲区中。因此可能会影响后续的输入操作。

gets：可接收按下回车键之前的所有字符,包括空格、制表符 Tab 等。且输入结束后,回车键不会留在输入缓冲区中。

比较如下三段代码的区别。

【代码 1】

```
char s1[10],s2[10];
gets(s1);
scanf("%s",s2);
```

如果从键盘上输入 Jim Green↙后，会继续等待用户输入，再输入 Li Lei↙后，两数组内容如下所示。

s1:

J	i	m		G	r	e	e	n	\0

s2:

L	i	\0	?	?	?	?	?	?	?

（? 表示不确定值）

【分析 1】

先调用的 gets 函数，当输入 Jim Green↙后，该串存入 s1 数组中，并自动添加'\0'字符；接着调用 scanf 函数，故等待用户输入，当再输入 Li Lei↙后，scanf 函数遇空格结束，故 s2 数组中存储的仅为空格之前的 Li。

【代码 2】

```
char s1[10],s2[10];
scanf("%s",s1);
gets(s2);
```

当从键盘上输入 Jim Green↙后，整个输入就结束了，两数组的内容如下所示。

s1:

J	i	m	\0	?	?	?	?	?	?

s2:

	G	r	e	e	n	\0	?	?	?

（? 表示不确定值）

【分析 2】

程序设计的本意可能是想输入两个字符串分别到 s1 和 s2 数组中，但是，当输入 Jim Green↙后，整个输入操作就结束了。原因是 scanf 函数在前，当其遇到空格输入便结束，空格之前的内容存入 s1 数组中。但是其空格依然留在输入缓冲区中，gets 函数从输入缓冲区中接收回车换行符前的所有字符，并存入 s2 数组中，故 s2 数组的第一个字符为空格。

为防止 scanf 输入字符串时对后续输入的影响，一般可在其后添加 fflush(stdin)，用于清空输入缓冲区。其头文件为 stdio.h。如代码段 3 所示。

【代码 3】

```
char s1[10],s2[10];
scanf("%s",s1);
fflush(stdin);
gets(s2);
```

【分析 3】

当从键盘输入 Jim Green↙后，scanf 遇空格结束，串"Jim"存入 s1 中，fflush 函数清空输入缓冲区。gets 等待用户继续输入，当输入 Li Lei↙后，串"Li Lei"存入 s2 中。

【复习思考题】

(1) 简述 scanf 和 gets 在字符串输入时的差别。

(2) 分析以下程序，当输入 hello world.↙后，输出其运行结果。

【程序代码】

```
#include<stdio.h>
int main(void)
{
    char s1[20],s2[20];
    printf("输入字符串:");
    scanf("%s",s1);
    scanf("%s",s2);
    puts(s1);
    puts(s2);
    return 0;
}
```

(3) 分析以下程序，当输入 hello world.↙后，输出其运行结果。

【程序代码】

```
#include<stdio.h>
int main(void)
{
    char s1[20],s2[20];
    printf("输入字符串:");
    scanf("%s",s1);
    gets(s2);
    puts(s1);
    puts(s2);
    return 0;
}
```

2. puts 字符串输出函数

函数原型：int puts(const char *string);

头文件：stdio.h

功能描述：puts 函数用来向标准输出设备(屏幕)输出字符串并换行。

调用格式：puts(字符串 s);

其中，字符串 s，可以是字符数组名或字符指针或字符串常量中的任一种形式。例如：

```
char s[10]="Hello";
puts(s);
```

等价于

```
puts("Hello");
```

说明：与 printf 的区别在于 puts 输出字符串后自动输出换行，而 printf 输出字符串时，不输出换行。

应用举例：

```
char s[20]="Han Meimei";
```

若想输出 s 中保存的串，并换行，可用如下两种等价形式。

```
printf("%s\n",s);
```

或者

```
puts(s);
```

3. strcpy、strncpy 字符串复制函数

函数原型：char *strcpy(char *dest,const char *src);

头文件：string.h

功能描述：把从 src 地址开始且含有结束符'\0'的字符串复制(覆盖)到以 dest 开始的地址空间中。

调用格式：strcpy(字符数组名,字符串 src);

其中，字符串 src 可以是字符数组名或字符指针或字符串常量中的任一种形式。而目标串 dest 必须为字符数组空间，因为把原串 src 复制到 dest 中即改变了 dest 内容，故 dest 中必须为变量空间，故只能为字符数组空间。

说明：src 指向的串中必须含有'\0'，dest 必须指向字符数组空间，且其空间应足够大。

在 C 语言中，把一个字符串复制到一个字符数组空间中，一般采用 strcpy 函数。例如：char s1[10],s2[]="hello";。下面两条语句均是合法的字符串复制语句。

```
strcpy(s1,"hello");          //正确,strcpy函数的第二个参数可以是字符串常量
strcpy(s1,s2);               //正确,第二个参数可以为字符数组名
```

而如下两条语句均是非法的。

```
s1=s2;                       //错误
s1="hello";                  //错误
```

应用举例：分析如下两段代码的区别。

【代码 1】

```
char s1[10],s2[]="hello";
strcpy(s1,s2);
```

等价于

```
strcpy(s1,"hello");
```

功能都是把"hello"串复制到 s1 数组空间中。则 s1 数组内容如下。

h	e	l	l	o	\0	?	?	?	?

【代码 2】

```
char s1[10]="nanjing",s2[]="hello";
```

此时 s1 的内容如下所示。

n	a	n	j	i	n	g	\0	\0	\0

```
strcpy(s1,s2);
```

执行完上述复制(覆盖)函数后,s1 中的内容如下所示。

h	e	l	l	o	\0	g	\0	\0	\0

注意:s2 串的结束符'\0'也一并复制到 s1 中。如再执行 puts(s1);则输出 hello。原因是 puts 与 printf 函数输出时,均是输出第一个'\0'之前的字符。

如果仅需要复制一个串的前几个字符到另一个字符数组空间,可使用 strncpy 函数。该函数需要第三个整型参数 n 指明要复制的是前 n 个字符,默认并不复制'\0'。分析如下两段代码的区别。

【代码 3】

```
char s1[10]="nanjing",s2[]="hello";
strncpy(s1,s2,5);                    //复制 s2 前 5 个字符到 s1 空间,并没复制'\0'到 s1
```

执行上述语句后,s1 数组中存储内容如下所示。

h	e	l	l	o	n	g	\0	\0	\0

则执行 puts(s1);

【运行结果】

```
hellong
```

【代码 4】

```
char s1[10]="nanjing",s2[]="hello";
strncpy(s1,s2,6);                    //复制 s2 前 6 个字符到 s1 空间,第 6 个字符恰好为'\0'
```

执行上述语句后,s1 数组中存储内容如下所示。

h	e	l	l	o	\0	g	\0	\0	\0

再执行 printf("%s\n",s1);

【运行结果】

```
hello
```

4. strcat 字符串链接函数

函数原型：char * strcat(char *dest,char *src);

头文件：string.h

功能描述：把 src 所指整个字符串(包括'\0')链接到 dest 所指串结尾处(覆盖 dest 串的结束符'\0')。返回 dest 所指串的起始地址。

调用格式：strcat(字符数组名,字符串 src);

其中,字符串 src 可以是字符数组名或字符指针或字符串常量中的任一种形式。而 dest 与 strcpy 函数中的一样,只能为字符数组类型。

说明：

(1) 该函数为字符串链接函数,两个参数均应代表一个串,dest 中必须包含字符串结束符'\0'。如下语句运行时是非法的。

```
char s1[10],s2[]="hello";
strcat(s1,s2);                //虽然编译未报错,但因找不到 s1 中的'\0',故不能正常链接
puts(s1);                     //输出乱码,且运行时错误
```

修改方法：s1 中需存放字符串,哪怕改成 s1 中存放空字符串,程序也可正常运行

```
char s1[10]="",s2[]="hello";   //s1 中存放空串,即 10 个'\0'
strcat(s1,s2);                 //s2 串链接到 s1 空串的后面,即覆盖第一个'\0'
puts(s1);                      //正确,输出串：hello
```

(2) 目标串 dest 的字符数组空间应足够大,能容纳下链接之后的串。

如下形式均是错误的写法。

```
char s1[]="abc",s2[]="hello";    //s1 大小为 4(三个有效字符,一个'\0')
strcat(s1,s2);                   //错误写法,虽编译未报错,但链接后总长度 3+6=9,越界
char s1[8]="abc",s2[]="hello";   //s1 的空间大小为 8
strcat(s1,s2);                   //错误写法,虽编译未报错,s1 空间大小 8<链接后长度 9
```

注意：由于 C 语言编译器一般对数组越界并不报错,调用 puts(s1);,即使在某一次或某些次输出了正确的结果,但我们视其为错误写法,坚决杜绝。

5. strlen 字符串测长函数

函数原型：unsigned int strlen(char *s);

头文件：string.h

功能描述：从字符串的某个字符(可以是字符串的首字符位置或中间某个字符位置)开始扫描,直到第一次遇到字符串结束符'\0'为止,计算并返回这之间的有效字符的个数(不包含'\0'字符)。

调用格式：strlen(字符串 s);

其中,字符串 s 可以是字符数组名或字符指针或字符串常量中的任一种形式。例如：

```
char s[10]="abcd";
int rst;
rst=strlen(s);
```

等价于 rst=strlen("abcd"); 长度 rst 均为 4。

说明：

(1) 扫描到一次遇到字符串结束符'\0'为止。例如：

```
char s[10]="abcd\0ef";            //s中含多个'\0',但第一个'\0'前有4个有效字符
int rst;
rst=strlen(s);                    //rst为4
```

(2) 如果字符数组中不含有字符串结束符'\0',则不能使用该函数求长度。例如：

```
char s[6]="abcdef";               //有效字符个数为6,'\0'越界,隐含的错误形式
int rst;
rst=strlen(s);                    //错误形式,该函数无法准确求出该数组中串的长度
```

6. strcmp 字符串比较函数(大小写敏感)

函数原型：int strcmp(const char *s1,const char *s2);

头文件：string.h

功能描述：把两个字符串从左向右逐个字符按 ASCII 值大小进行比较,直到出现不同的字符或遇到字符串结束符'\0'为止。

调用格式：strcmp(字符串 1,字符串 2);

其中,字符串 1 和字符串 2,可以是字符数组名或字符指针或字符串常量中的任一种形式。例如：

```
char s1[10]="abcd",s2[]="Aac";
int rst;
```

如下三条语句等价。

```
rst=strcmp(s1,s2);
rst=strcmp("abcd","Aac");
rst=strcmp(s1,"Aac");
```

返回值如下。

如果 s1 串大于 s2 串,返回正整数(>0);

如果 s1 串等于 s2 串,返回零(=0);

如果 s1 串小于 s2 串,返回负整数(<0)。

说明：

(1) s1 等于 s2：如果两个串 s1 和 s2 的长度相等,且所有字符均相同,则表示两个串相等。例如：

```
char s1[10]="abc",s2[15]="abc";          //虽然两空间大小不同,但所存串却相同
```

故 strcmp(s1,s2)==0。

(2) s1 大于 s2：

① s1 和 s2 从左向右逐个字符比较,每个字符均相等,直到 s2 遇到结束符'\0'为止。例如：char s1[10]="abcd",s2[15]="abc";则 strcmp(s1,s2)>0。

② s1 和 s2 从左向右逐个字符比较,直到遇到不相同的字符为止,s1 中该字符的 ASCII 值大于 s2 中该字符的 ASCII 值。(注意：两字符串 s1 和 s2 均尚未遇到结束符

'\0'。)例如：

```
char s1[10]="abcfg",s2[15]="abcFg";    //前三个字符均相同,第4个'f'>'F'
```


故 strcmp(s1,s2)>0。

(3) s1 小于 s2：

① s1 和 s2 从左向右逐个字符比较,每个字符均相等,直到 s1 遇到结束符'\0'为止。例如：char s1[10]="abcd",s2[15]="abcde";则 strcmp(s1,s2)<0。

② s1 和 s2 从左向右逐个字符比较,直到遇到不相同的字符为止,s1 中该字符的 ASCII 值小于 s2 中该字符的 ASCII 值。(注意：两字符串 s1 和 s2 均尚未遇到结束符'\0'。)例如：

```
char s1[10]="fBcd",s2[15]="faca";      //第二个字符不同,'B'(66)<'a'(97)
```

故 strcmp(s1,s2)<0。

注意：

(1) 通过本函数了解常见字符 ASCII 值的大小关系。例如：

数字字符('0'~'9')<大写英文字母('A'~'Z')<小写英文字母('a'~'z')等。

(2) C 语言不支持两个串直接用关系运算符比较,必须使用 strcmp 函数,通过该函数的返回值判断两串的关系。例如：

```
char s1[10]="abcd",s2[15]="abcd";
if(s1==s2)                              //错误,不能用关系运算符比较两个串
{…}
if(0==strcmp(s1,s2))                    //正确,等价于 if(!strcmp(s1,s2))
{…}
```

7. stricmp 字符串比较函数(不区分大小写)

函数原型：int stricmp(const char *s1,const char *s2);

头文件：string.h

功能描述：以大小写不敏感的方式比较两个串 s1 和 s2,其他与 strcmp 相同。

调用格式、返回值均与 strcmp 相同

适用场景：在某些密码验证或某些邮箱地址经常看到忽略大小写的区别(大小写不敏感),即'a'与'A'视为相同。

说明：

```
char s1[10]="abcd",s2[15]="AbCd";      //大小写英文字符视为相同
```

故 stricmp(s1,s2)==0。

8. strrev 字符串逆序函数

函数原型：char* strrev(char *s);

头文件：string.h

功能描述：把一个字符串逆序,字符串结束符'\0'的位置不变。

调用格式：strrev(字符数组名);

说明：调用格式中一般只能为字符数组名,因为逆序即改变原串中的字符位置,故该串

中的各字符必须为字符变量，所以只能传字符数组。不能为字符串常量，因为常量不能改变，故不能逆序。

```
char s[]="string";
strrev(s);
```

执行完上述语句后，s 数组中的串为"gnirts"。

```
strrev("abc");                         //错误,运行时错误,不能对常量串逆序
```

9. strlwr 小写转换函数

函数原型：char *strlwr(char *s);

头文件：string.h

功能描述：该函数确保字符串 s 中的所有大写字母转换成相应的小写字母，其他字符保持不变。

调用格式：strlwr(字符数组名);

其中，因为该函数可能要改变原串中字符的大小写，故该串中的各字符必须为字符变量，所以只能传字符数组。不能为字符串常量。

当传入字符串常量时，将产生运行时错误。例如：

```
strlwr("Hello");                       //运行时错误
```

10. strupr 大写转换函数

函数原型：char * strupr (char *s);

头文件：string.h

功能描述：该函数确保字符串 s 中的所有小写字母转换成相应大写字母，其他字符保持不变。

调用格式：strupr (字符数组名);

与 strlwr 一样，strupr 的传入参数也只能为字符数组，不能为字符串常量。例如：

```
strupr("Hello");                       //运行时错误
```

【复习思考题】

1. 列举 10 种常见的字符串处理函数的原型及传入实参类型及返回值类型。并举例验证。

2. 举例说明：不区分大小写的比较函数 stricmp 的应用场景。

3. strcpy 和 strcat 中的目标串 dest 可以为字符数组类型、字符串常量等类型吗？说明原因。

4. 说明为什么调用 strrev、strlwr、strupr 等函数时，传入的参数仅能是字符数组类型。

6.6 二维字符数组

二维字符数组一般用于存储和处理多个字符串，二维字符数组中的每一行均可存储表示一个字符串。

6.6.1 二维字符数组的定义及初始化

二维字符数组的定义格式为：

```
char 数组名[第一维大小][第二维大小];
```

如

```
char c[3][10];                    //定义了一个3行10列的二维字符数组c
```

由于该二维数组的每一行 c[0]、c[1]、c[2]均是含有10个元素的一维字符数组，即二维数组的每一行均可表示一个字符串。

二维字符数组的初始化：

通常情况下，二维数组的每一行分别使用一个字符串进行初始化。

例如：

```
char c[3][8]={{"apple"},{"orange"},{"banana"}};
```

等价于

```
char c[3][8]={"apple","orange","banana"};
```

以上两条初始化语句中，二维数组的第一维大小均可省略。

数组c的逻辑结构如下所示：

	0	1	2	3	4	5	6	7
c[0]	a	p	p	l	e	\0	\0	\0
c[1]	o	r	a	n	g	e	\0	\0
c[2]	b	a	n	a	n	a	\0	\0

6.6.2 二维字符数组的引用

可以使用行下标和列下标引用二维字符数组中的每个元素(字符)，例如：

```
char c[][10]={"apple","orange","banana"};
```

以下均是对二维字符数组元素的合法引用。

```
printf("%c",c[1][4]);          //输出1行4列元素'g'字符
scanf("%c",&c[2][3]);          //输入一个字符到2行3列元素中
c[2][0]='B';                   //把字符'B'赋值给2行0列元素
printf("%s",c[1]);             //c[1]为第2行的数组名(首元素地址)，输出orange
scanf("%s",c[2]);              //输入字符串到c[2]行，从c[2]行的首地址开始存放
```

以下是对二维字符数组元素的非法引用。

```
c[0][0]="A";                   //行、列下标表示的为字符型元素，不能使用字符串赋值
printf("%c",c[2]);             //c[2]为第3行的首地址，不是字符元素，故不能用%c
```

例14 分析以下程序，输出其运行结果。

【程序代码】

```
#include<stdio.h>
```

```
int main(void)
{
    char c[3][5]={"Apple","Orange","Pear"};
    int i;
    for(i=0;i<3;i++)
        printf("%s\n",c[i]);
    return 0;
}
```

【分析】

本题主要考查二维数组的逻辑结构和存储结构的区别。二维数组在逻辑上是分行分列的,但其存储结构却是连续的。

字符串"Apple"的长度为 5,加上结束符'\0'共 6 个字符,前 5 个字符'A'、'p'、'p'、'l'、'e'分别从 c[0]行的首元素 c[0][0]开始存放,到 c[0][4],第 6 个字符'\0'只能保存到 c[1]行的首元素 c[1][0]。

字符串"Orange"的长度为 6,该字符串的前 5 个字符'O'、'r'、'a'、'n'、'g'分别从 c[1]行的首元素 c[1][0]开始存放,到 c[1][4],第 6 个字符'e'及结束符'\0'顺序存到 c[2][0]和 c[2][1]。

字符串"Pear"的长度为 4,该字符串的 5 个字符'P'、'e'、'a'、'r'和'\0'分别从 c[2]行的首元素 c[2][0]开始存放,到 c[2][4]。

故该数组各元素中的值如下所示。

	0	1	2	3	4
c[0]	A	p	p	l	e
c[1]	O	r	a	n	g
c[2]	P	e	a	r	\0

由上述可以发现,该二维字符数组空间仅有一个字符串结束符'\0',而 printf("%s",地址);的功能是输出一个字符串,该串是从输出列表中的地址开始,到第一次遇到'\0'为止之间的字符组成的串。

c[0]为 c[0]行的首地址,即 &c[0][0]。

```
printf("%s\n",c[0]);输出 AppleOrangPear
printf("%s\n",c[1]);输出 OrangPear
printf("%s\n",c[1]);输出 Pear
```

【运行结果】

```
AppleOrangPear
OrangPear
Pear
```

【说明】

本例题仅是为了说明数组的逻辑结构和存储结构的区别,程序设计时,应避免这种情况。

【复习思考题】

1. 二维字符数组在内存中是连续存放的还是分行存放的?编写程序验证。

2. 分析以下程序，输出其运行结果。

【程序代码】

```
#include<stdio.h>
int main(void)
{
    char c[3][5]={"Apple","Orange"};
    int i;
    for(i=0;i<3;i++)
        printf("%s\n",c[i]);
    return 0;
}
```

提示：数组三行，而初始化串仅两个，第三个默认为空串。

3. 如果把第 2 题中，字符数组行数改为 2，即如下程序，分析其运行结果，并说明产生该结果的原因。

【程序代码】

```
#include<stdio.h>
int main(void)
{
    char c[2][5]={"Apple","Orange"};
    int i;
    for(i=0;i<2;i++)
        printf("%s\n",c[i]);
    return 0;
}
```

提示：该数组空间中有无'\0'?

6.6.3 二维字符数组的应用举例

例 15 有 s1 和 s2 两个字符串集合，找出同时在 s1 和 s2 集合中出现的字符串，并将这些字符串存入字符串集合 s3，输出 s3 集合中字符串及其个数。编程实现该功能。

已知：

```
s1 集合为：{"for","while","if","switch","case","break"};
s2 集合为：{"char","float","for","break","if"};
```

【分析】

二维字符数组的每一行均可存储一个字符串，故三个字符串集合 s1、s2、s3 对应三个二维字符数组。

查找在 s1 和 s2 中均出现的字符串，可以采用如下方法。

s1 集合中第一个串即 s1[0]与 s2 集合中的每一个串 s2[0]、s2[1]、s2[2]、s2[3]、s2[4]分别比较，如果相同，则把该串存入 s3[k]（k 初始为 0），然后 k++为存放下一个相同的串做准备。

s1 集合中第二个串即 s1[1]与 s2 集合中的 s2[0]、s2[1]、s2[2]、s2[3]、s2[4]分别比较，如果相同，则把该串存入 s3[k]，k++。

……

s1 集合中第 6 个串即 s1[5]与 s2 集合中的 s2[0]、s2[1]、s2[2]、s2[3]、s2[4]分别比较,如果相同,则把该串存入 s3[k],k++。

综上所述,外层循环次数为 s1 集合中字符串的个数。内层循环次数为 s2 集合中字符串的个数。

【参考代码】

```
#include<stdio.h>
#include<string.h>                          //strcmp、strcpy 函数头文件
int main(void)
{
    char s1[6][10]={"for","while","if","switch","case","break"};
    char s2[5][10]={"char","float","for","break","if"};
    char s3[6][10];
    int i,j,k=0;                            //i、j、k:分别遍历 s1、s2、s3 的行
    for(i=0;i<6;i++)                        //s1 中有 6 个串,外层循环 6 次
    {
        for(j=0;j<5;j++)                    //s1 每个串均与 s2 的 5 个串比较,内层循环 5 次
        {
            if(0==strcmp(s1[i],s2[j]))  //字符串比较使用 strcmp 函数
            {
                strcpy(s3[k],s1[i]);    //等价于 strcpy(s3[k++],s1[i]);
                k++;
            }
        }
    }
    printf("s3 集合中有%d 个串:",k);
    for(i=0;i<k;i++)
        printf("%s ",s3[i]);
    printf("\n");
    return 0;
}
```

【运行结果】

```
s3 集合中有 3 个串:for if break
```

【代码改进】

为了概念及逻辑较清晰,参考代码中加入了一些大括号及部分语句分开实现,较专业的开发人员通常采用比较简约的形式,故上述字符串比较部分的核心代码建议写成如下简约形式。

```
for(i=0;i<6;i++)
    for(j=0;j<5;j++)
        if(0==strcmp(s1[i],s2[j]))      //或 if(!strcmp(s1[i],s2[j]))
            strcpy(s3[k++],s1[i]);
```

例 16 在二维字符数组中,存储了若干个字符串,删除不符合标识符命名规则的字符串,输出该数组中保留的合法标识符对应的字符串。(标识符命名规则:只能由字母、数字、

下画线这三种类型的字符组成,且首字符不能为数字。)

【分析】

(1) 设初始字符串个数 N=5,n 表示当前字符串个数,每删除一个字符串,n--。

(2) flag 标志变量,flag=0 为合法标识符标志,flag=1 为非法标识符标志,先初始假设每个标识符均合法。然后对照每个命名规则,如果有一个规则不满足,则把 flag 置 1。使 flag 置 1 的情况可分为以下两种。

① 首字符不满足:不是下画线或字母中任何一种。可采用如下两种判断条件之一判断。

```
!(isalpha(s[i][0]) ||'_'==s[i][0])
```

或者

```
!isalpha(s[i][0]) && '_'!=s[i][0]
```

② 非首字符不满足:存在某一或某些字符,不是字母、数字、下画线这三种字符中的任一种,可采用如下两种判断方式之一判断。

```
!isalpha(s[i][j]) && !isdigit(s[i][j]) && s[i][j]!='_'
```

或者

```
!(isalpha(s[i][j]) ||isdigit(s[i][j]) ||'_'==s[i][j])
```

(3) 删除不满足条件的字符串:如果 s[i]串不满足,要删除该串。令 k=i+1,从 s[i+1]串到最后一个串,每个字符前移"一行",覆盖前"一行"的串,即 strcpy(s[k-1],s[k]);删除完成后,字符串个数 n--。

(4) 原 i 行 s[i]串已被删除后,此时原 i"行"处存放的为后面前移来的新串,并未对该"行"处新串进行判断,故下一轮依然需要从原 i 行对应串开始判断。由于 for 循环第三个表达式为 i++,故删除后,需要先进行 i--,方可保证下一轮依然从原 i 行(新串)开始判断。

【参考代码】

```
#include<stdio.h>                      //包含 printf、puts 函数
#include<string.h>                     //包含 strcpy 函数
#include<ctype.h>                      //包含 isalpha、isdigit 函数
#define N 5
int main(void)
{
    char s[N][6]={"a_1","1ad","abc!","_68","a_%"};
    int i,j,k,flag,n=N;                //n 初始为 N,后续可能会减小
    for(i=0;i<n;i++)
    {
        flag=0;                        //初始假设任一字符均为合法标识符 flag=0;
        if(!(isalpha(s[i][0]) ||'_'==s[i][0]))      //判断首字符
            flag=1;
        else
        {
```

```
        for(j=1;s[i][j]!='\0';j++)
            if(!isalpha(s[i][j]) && !isdigit(s[i][j]) && s[i][j]!='_')
                flag=1;
    }
    if(1==flag)                    //判断变量与常量相等关系时,一般把常量放左边
    {
        for(k=i+1;k<n;k++)
            strcpy(s[k-1],s[k]);
        n--;                       //行数-1,即串个数-1
        i--;                  //i 处为后面前移来的新串,下次依然从该处判断,故先 i--
    }
  }
  printf("合法的标识符为:\n");
  for(i=0;i<n;i++)
      puts(s[i]);                  //本身包含输出换行功能
  return 0;
}
```

【运行结果】

```
合法的标识符为:
a_1
_68
```

【说明】

删除部分还可以使用如下写法,这两种写法均需要理解掌握。

```
if(1==flag)
{
    for(k=i;k<n-1;k++)
        strcpy(s[k],s[k+1]);
    n--;
    i--;
}
```

【复习思考题】

1. 写出字符串复制和比较的函数原型及调用时参数类型及易错点。

2. 写出判断字符是否大小写英文字母的函数 isalpha 的原型及调用方法,并举例验证。

3. 写出判断字符是否为 0~9 数字字符的函数 isdigit 的原型及调用方法,并举例验证。

4. 列举在二维字符数组中删除某个字符串的方法,并写成代码验证。

6.7 数组综合举例

例 17 约瑟夫环问题:有 N 个人围成一圈,他们的编号分别为 1~N,从第一个人开始顺序报数,凡报数为 M 的人出圈。其后面的人再从 1 开始顺序报数,依然是报到 M 的人出

圈，…，直到所有的人出圈为止。输出所有人出圈的顺序。

【分析】

本题的执行流程如下。

(1) 定义一个一维整型数组，给数组元素依次赋值 1,2,3,…,N，即让 N 个人均落座。count 表示当前出圈的人数，初始为 0；j 初始为 0，用于遍历数组，s 为报数计数器，保存当前报数值，当前报数 s 等于 M 时，对应位置的人出圈。

(2) 如果 count<N，则重复执行(3)~(6)，否则程序结束。

(3) 首先判断 j 的范围是否为 0~N-1，如果 j>N-1，则 j=0，即数组首尾相连，逻辑上形成一个环。

(4) 如果 a[j]!=-1 表示此位置有人，需要报数，s++，当 s==M 时，执行(5)。

(5) 表示当前 j 号元素出圈，输出 a[j]，并把 a[j]置为-1，标志着 j 号位置的人已出列，count++，由于下一个人又从 1 开始报数，故报数计数器 s 清零。

(6) j++，移动到下一个位置做准备。

【参考代码】

```
#include<stdio.h>
#define N 6                             //总人数
#define M 5                             //报数 M 的人出圈
int main(void)
{
    //count:已出圈人数,i:数组赋初值,j:遍历数组元素,s:报数计数器
    int a[N],i,count=0,j=0,s=0;
    for(i=0;i<N;i++)                    //为数组元素赋值(为每人编号):1,2,3,…,N
        a[i]=i+1;
    printf("依次出圈人的序号为:\n");
    while(count<N)                      //直到所有人出圈为止
    {
        if(j>N-1)                       //确保 j 不越界,并逻辑上形成环
            j=0;
        if(a[j]!=-1)                    //如果 j 号位置的人还未出圈,做相应处理
        {
            s++;
            if(s==M)                    //当前报数为 M
            {
                printf("%d\t",a[j]);
                s=0;                    //报数计数器清零
                a[j]=-1;
                count++;
            }
        }
        j++;                    //判断或处理完 j 号位置,后移一位到下一个需判断或处理的位置
    }
    printf("\n");
```

```
    return 0;
}
```

【运行结果】 N = 6,M=5 时的运行结果为:

```
依次出圈人的序号为:
5    4    6    2    3    1
```

例 18 统计一个字符串中英语单词的个数,如"Never give up,Never lose the opportunity to succeed!"。

【分析】

定义一维字符数组 str,将该字符串存入该字符数组中。单词的个数 cnt 初始为 0。从数组的第一个元素 str[0]开始,从左到右逐个字符进行扫描,直到遇到字符串的结束字符'\0'为止,每当扫描到一个单词的尾字符(即当前字符为字母,而其后一个字符为非字母),意味着一个完整单词已结束,cnt 加 1。当扫描完整个串时,cnt 的值即为该字符串中单词的总个数。

判断一个字符是否为字母可以用库函数 isalpha,须包含头文件 ctype.h。

【参考代码】

```
#include<stdio.h>
#include<ctype.h>
int main(void)
{
    char str[]="Never give up,Never lose the opportunity to succeed!";
    int i,cnt=0;
    for(i=0;str[i]!='\0';i++)
        if(isalpha(str[i]) && !isalpha(str[i+1]))cnt++;
    printf("The number of words is:%d\n",cnt);
    return 0;
}
```

【运行结果】

```
The number of words is:9
```

【说明】

本题还可采用每当扫描到一个新单词的首字符(即当前字符为字母,而其前一个字符为非字母)时,cnt 加 1 的方法。但这时需注意特殊情况:该方法无法判断第一个单词的首字符,故第一个单词需单独考虑。注意 i 不能从 0 开始,否则判断其前一个字符 str[i-1]时越界,核心代码如下。

```
for(i = 1;str[i] != '\0';i++)
    if( isalpha(str[i]) && !isalpha(str[i-1]))
        cnt++;
cnt = cnt + 1;                          //加上第一个单词
```

小　　结

1. 本章主要知识点梳理

本章主要介绍了数组的定义、初始化和应用，包括数值数组和字符数组，一维数组和二维数组，以及常见的字符串操作函数。本章知识点小结如表 6-1 所示。

表 6-1　本章主要知识点梳理

<table>
<tr><th>知　识　点</th><th>示　　例</th><th>说　　明</th></tr>
<tr><td>一维数组的定义和初始化</td><td><pre>int a[5]={1,2,3,4,5};</pre>或<pre>int a[]={1,2,3,4,5};</pre></td><td>如果在定义一维数组的同时为其提供了初始化列表，则一维数组的大小可省略</td></tr>
<tr><td>“打擂台”算法求最值</td><td>使用“打擂台”算法找最值，例如找最小值：<pre>int a[5]={6,2,-1,13,9},min,i;
min=a[0];
for(i=1;i<5;i++)
    if(a[i]<min)
        min=a[i];</pre></td><td>“打擂台”算法求最值，通常把集合中的首元素设为初始擂主，从其后的元素开始，均与擂台上的值比较，如果比擂台值大(小)，则留在擂台上。当集合中所有元素都参与比较过后，此时擂台上为集合中的最大(小)值</td></tr>
<tr><td>气泡排序</td><td>(1) 沉泡排序(重者下沉)从小到大排序的核心代码：<pre>#define N 10
int a[N]={6,7,1,4,0,7,9,5,8,2};
int i,j,t;
for(i=0;i<N-1;i++)
{
    for(j=0;j<N-1-i;j++)
        if(a[j]>a[j+1])
        {
            t=a[j];
            a[j]=a[j+1];
            a[j+1]=t;
        }
}</pre>(2) 冒泡排序(轻者上浮)核心代码：<pre>for(i=0;i<N-1;i++)
{
    for(j=N-1;j>i;j--)
        if(a[j]<a[j-1])
        {
            t=a[j];
            a[j]=a[j-1];
            a[j-1]=t;
        }
}</pre></td><td>可以对气泡排序算法进行改进，如果 i 趟没有需要交换的数据，说明此时已经有序，排序过程可提前结束。<pre>for(i=0;i<N-1;i++)
{
    flag=0;
    for(j=0;j<N-1-i;j++)
        if(a[j]>a[j+1])
        {
            flag=1;
            t=a[j];
            a[j]=a[j+1];
            a[j+1]=t;
        }
    if(0==flag)
        break;
}</pre></td></tr>
</table>

续表

知　识　点	示　　例	说　　明

选择排序	选择排序的核心代码：
	`#define N 10`
	`int a[N]={6,7,1,4,0,7,9,5,8,2};`
	`int i,j,k,t;`
	`for(i=0;i<N-1;i++)      //共 N-1 趟`
	`{`
	`    k=i;  //i 为本趟初始假设"擂主"`
	`    for(j=i+1;j<N;j++)`
	`    {`
	`        if(a[j]>a[k])`
	`            k=j;`
	`    }`
	`    if(k!=i)`
	`    {`
	`        t=a[i];`
	`        a[i]=a[k];`
	`        a[k]=t;`
	`    }`
	`}`
		选择排序中并不是每趟都需要交换，只有本趟排序后擂主不再是本趟初始假设的擂主的情况下，才进行交换

二维数组的定义和初始化	`int a[3][4]={{1,2,3,4},{5,6,7,8},`
	`            {9,10,11,12}};`
	等价于
	`int a[][4]={{1,2,3,4},{5,6,7,8},`
	`            {9,10,11,12}};`
		定义二维数组的同时提供初始化列表时，数组的一维大小可以省略，但第二维大小不可以省略

字符数组	一维字符数组，可存储一个字符串。例如：
	`char s[20]="hello,world.";`
	二维字符数组的每行可存一个字符串。例如：
	`char str[5][10]={"int","float",`
	`"double","while","switch-case"};`
		使用字符串常量为一维字符数组或二维字符数组的每一行赋值时，在字符串的末尾会自动存储结束符'\0'

常见的字符串处理函数	字符串求长度 strlen、字符串复制 strcpy、字符串比较 strcmp、字符串连接 strcat 等	注意：字符串连接 strcat 及复制 strcpy 等函数，调用时的第一个实参必须为足够大的数组空间或动态内存空间

熟练掌握 isdigit 及 isalpha 函数在字符判断中的实用性和重要性，灵活进行程序设计。

2. 本章易错知识点

本章易错知识点见表 6-2。

表 6-2　本章易错知识点

易错知识点	错误示例	说　　明
一维字符数组初始化数据个数超过数组大小	int a[5]={1,2,3,4,5,6}; char s[10]="study hard."; s 数组的大小至少为 12	(1) 一维数值数组初始化时，初值列表个数不能多于数组大小。 (2) 一维字符数组大小必须大于初始化字符串长度
定义数组后，企图通过数组名对数组整体赋值	int a[5]; a={1,2,3,4,5};　　　//错误 a[5]={1,2,3,4,5};　　//错误	(1) 数组名 a 是常量地址，不能为其赋值，编译错误。 (2) a[5]为数组元素表示形式，但该数组元素下标为 a[0]~a[4]，故 a[5]越界；另外，元素不能使用集合赋值。编译错误
字符串复制、链接操作时，目标空间不够大	(1) char d[10],s[]="hello,world"; strcpy(d,s);　//错误，d 空间不够 (2) char d[8]="good ",s[]="job."; strcat(d,s);　//错误，d 空间不够	当调用 strcpy 和 strcat 等做字符串复制操作时，目标空间要足够大，能容纳下原串或链接后的字符串
strcpy, strcat 等的第一个实参必须是数组类型。 strrev, strlwr, strupr 等的实参也必须是数组类型	以下均是常见错误： (1) strcpy("come","on."); (2) strcat("Hello,","world."); (3) strrev("Hello"); (4) strlwr("Hello"); (5) strupr("Hello");	strcpy,strcat 均需要改变目标空间的内容。 strrev,strlwr,strupr 等需要改变原串的内容，故原串必须存在变量空间中，数组本质是一系列变量的集合。故可为数组类型，而不能为字符串常量

习　　题

1. 一维数组

1) 一维数组的定义

(1) 简述定长数组的定义格式及注意事项。

(2) 设有数组定义语句 int a[5+3];，描述该数组定义的含义，并写出该数组中的各个元素 (变量名)。

2) 一维数组的引用

设有定义语句 int a[10];，则对数组元素的引用格式正确的是(　　)。

A. int a[3]=5;　　　　B. a[10]=a[3+1]+5;

C. a[10-1]=a[6]+a[0];　　　　D. a[10-10]=a[3.0]+5;

3) 一维数组的初始化

(1) 分析以下程序，输出其运行结果。

【程序代码】

```
#include<stdio.h>
int main(void)
{
    int a[]={1,2,3,4,5,6,7,8},n;
    n=sizeof(a)/sizeof(a[0]);
    printf("n=%d\n",n);
    return 0;
}
```

(2) 分析以下程序,输出其运行结果。

【程序代码】

```
#include<stdio.h>
int main(void)
{
    int a[10]={1,2,3,4,5,6,7,8},n;
    n=sizeof(a)/sizeof(a[0]);
    printf("n=%d\n",n);
    return 0;
}
```

(3) 查找一维数组中的最大元素值及其所在下标,并输出。

2. 查找和排序算法

1) 顺序查找

(1) 编程实现在某个数组中查找并统计某个元素出现的次数。

(2) 查找并输出一组成绩中的最低分和最高分,并计算输出平均分。

2) 气泡排序

分别使用冒泡和沉泡算法对数组进行从大到小的顺序排序。

3) 选择排序

按照如下选择排序算法描述编写程序把数组中待排元素按照从小到大的顺序排序。

算法描述:每次从待排序数据元素集合中选取关键字值最大的数据元素与本轮待排集合尾元素交换,待排数据元素集合不断缩小,当待排数据元素集合中仅剩一个数据元素时,选择排序结束。

3. 二维数组

1) 二维数组的定义

设有二维数组定义 int a[4][5];,说出 a、a[0]、&a[0]、a[1]、a[1][3]等的含义。

2) 二维数组的引用

若有说明 int a[3][4];,则对 a 数组元素的正确引用是(　　)。

A. a[2][4]　　　　B. a[0,3]

C. a[1+1][0]　　　　D. a(2)[0]

3) 二维数组的初始化

以下二维数组的定义中不正确的是(　　)。

A. int a[][4];　　　　B. int b[][3]={0,1,2,3,4};

C. int c[1+1][3]={0}; D. int d[2][]={{1,2},{3,4}};

4）二维数组的存储

二维数组的内存形式与表现形式一样是分行存储的吗？

5）二维数组的应用举例

编程实现判断一个 n 阶矩阵是否存在鞍点（该位置的数是所在行中的最大数，同时也是所在列中的最小数），并输出该鞍点对应数据元素的值及其行列下标。

如下 4 阶矩阵中，存在一个鞍点：0 行 1 列元素 3。

```
 1   3  2   0
 4   6  5  -1
 7   9  8   0
-1  10  3   2
```

4. 一维字符数组

1）一维字符数组的定义及初始化

以下对字符数组初始化语句中与其他三项不同的是（　　）。

A. char c[]={'h','e','l','l','o'};

B. char c[6]={'h','e','l','l','o'};

C. char c[]={'h','e','l','l','o','\0'};

D. char c[]={"hello"};

2）一维字符数组的引用

分析以下程序，描述正确的是（　　）。

```
#include<stdio.h>
int main(void)
{
    char a[10],b[]="Come on.";
    a=b;
    puts(a);
    return 0;
}
```

A. 运行输出字符串：Come on. B. 运行输出字符串：Come

C. 运行输出字符：C D. 编译报错

5. 字符串处理函数

（1）分析以下程序段，输出其运行结果。

```
char str[]="abc\0defg\0hi";
printf("%s\n",str+5);
```

（2）不调用库函数 strlen，编程实现求字符串长度的程序，并验证。

（3）不调用库函数 strcpy，编程实现字符串复制功能的程序，并验证。

（4）不调用库函数 strrev，编程实现字符串逆序功能的程序，并验证。

（5）不调用库函数 strcat，编程实现将两个字符串链接的程序，并验证。

（6）调用 strlen("abcdef\0\g\0hi")的返回值是多少？

6. 二维字符数组

(1) 分析以下程序,输出其运行结果。深刻理解二维数组的顺序存储。

```
#include<stdio.h>
int main(void)
{
    char c[3][5];
    int i;
    strcpy(c[0],"Apple");
    strcpy(c[1],"Orange");
    for(i=0;i<3;i++)
        printf("%s\n",c[i]);
    return 0;
}
```

(2) 选出二维字符数组中最大的字符串,并输出。

(3) 删除二维字符数组中重复的字符串,并验证输出。

7. 数组综合举例

(1) 分析输出一段英文句子中最长的单词及其长度。

测试句子:I will greet this day with love in my heart.

最长的单词:greet heart

长度:5

(2) 统计并输出一段英文句子中出现频率最高的单词和其次数。大小写不敏感,即Dare 与 dare 为同一个单词。

测试句子:Dare and the world always yields. If it beats you sometimes, dare it again and again and it will succumb.

输出格式如下:

单词　　　次数

```
and         3
it          3
```

第7章 函　数

本章学习目标

- 熟练掌握函数的定义和调用方法
- 重点掌握传值调用和传址调用的区别和使用方法
- 掌握递归函数的设计方法
- 了解变量的作用域和生存期

C 语言强调模块化编程，这里所说的模块就是函数，即把每一个独立的功能均抽象为一个函数来实现。从一定意义上讲，C 语言就是由一系列函数串组成的。

在本章之前，我们的程序只有一个 main 函数，把所有代码都写在 main 函数中，这样虽然程序的功能正常实现，但显得杂乱无章，代码可读性、可维护性较差。学完本章后，应把每个具体的独立功能单位均抽象为一个函数，在 main 函数中调用各个函数。

每一个 C 语言程序都含有一个 main 函数，操作系统调用 main 函数，main 函数调用各个库函数或自定义函数。

C 语言函数大概包括两种，一种是编译系统提供的库函数，如字符串处理复制函数 strcpy，这是 C 编译系统提供的库函数，该函数定义在 string.h 头文件中，在使用时必须包含对应的头文件，即需加上 #include<string.h>预处理包含命令；另一种是程序设计者自定义的函数，本章主要讲解的就是程序设计者自定义函数。

本章先介绍函数的定义和调用格式，接着重点介绍传值调用和传址调用的区别和设计方法，然后介绍了递归函数的设计和调用，最后介绍变量的作用域和生存期。

7.1 函数的定义

函数是用户与程序的接口，在定义一个函数前，首先要清楚以下三个问题。

(1) 函数的功能实现及算法选择。算法选择将在后续课程“数据结构”中详细讲解，本书重点关注函数的功能实现。一般选取能体现函数功能的函数名，且见名知意，如求和函数的函数名可取为 add，求最大值的函数名可取为 max，排序函数可取名为 sort 等。

(2) 需要用户传给该函数哪些参数、什么类型，即函数参数。

(3) 函数执行完后返回给调用者的参数及类型，即函数返回值类型。

7.1.1 函数定义格式

函数定义的一般格式为：

```
返回类型 函数名(类型参数 1,类型参数 2,…)
{
    函数体
}
```

例如,定义一个求两个整数之和的函数,返回该和值。

【程序代码】

```
int add(int x,int y)
{
    return (x+y);                    //括号可省略
}
```

说明:

(1) 一个函数定义包含函数头和函数体两部分。函数名、参数表和返回类型这三部分一般称为函数头。一对大括号{}括起来的为函数体。

(2) 函数名:符合标识符的命名规则,最好见名知意。如使用 add 作为求和函数的函数名,sort 作为排序函数名。

(3) 参数表:函数定义时的参数又称为形式参数,简称形参。可以含有一个或多个参数,多个形参用逗号隔开。如下格式是错误的。

```
int add(int x;int y)                 //错误。函数各形参间用逗号隔开,而非分号
{
    return x+y;
}
```

各形式参数对应类型均不能省略,如下格式也是错误的。

```
int add(int x,y)                     //错误。形参 y 的类型不能省略
{
    return x+y;
}
```

也可以不含参数,不含参数时,参数表中可写关键字 void,或省略,为规范起见,本书对没有参数的函数,参数表中统一写 void。例如:

```
类型 函数名()
{
    函数体
}
```

等价于:

```
类型 函数名(void)                     //建议的书写方式
{
    函数体
}
```

(4) 在函数定义中,参数表后不能加分号,如下函数定义格式是错误的。

```
float add(float x,float y);          //错误。函数定义时,函数头后不能有分号
```

```
{
    return x+y;
}
```


(5) 函数体：即函数的功能实现代码部分。用一对大括号{}括起来，函数体也可以为空，即函数体内不含任何代码，便于以后扩充。例如：

```
void fun()
{
}
```

(6) 返回类型：也称为函数类型，即给调用者返回值的类型。要求显式指定返回类型。可以是基本数据类型如 int、char、float 等，也可以是复合数据类型，如数组类型、指针类型，或者是自定义类型(结构体类型)。

如果返回类型省略，一般默认为 int 型，但不推荐这种不规范的写法。

如果该函数没有返回类型，则为 void 类型。例如：

```
void add(int x,int y)
{
    printf("sum=%d\n",x+y);
}
```

除了 void 类型外，在函数体中，均需要显式使用 return 语句返回对应的表达式的值。有关函数返回值的内容在 7.1.2 节中详细介绍。

7.1.2 函数返回值

函数的值是指调用函数结束时，执行函数体所得并返回给主调函数的值。

关于函数返回值说明如下。

(1) 带返回值的函数，其值一般使用 return 语句返回给调用者。其格式为：

```
return 表达式;
```

或者

```
return(表达式);
```

例如：

```
int add(int a,int b)
{
    return (a + b);                    //return 后为表达式
}
```

(2) 函数可以含一个或多个 return 语句，但每次调用时只能执行其中一个 return 语句。

例如，求整数绝对值的函数：

```
int f(int n)                           //含多个 return 语句,但每次调用只执行一个
{
    if(n >= 0)
```

```
        return n;
    else
        return -n;                          //或为 return (-1 * n);
}
```

(3) 不带返回值的函数,其返回类型一般显式指定为 void 类型。如 void print_99 (void);函数,其返回类型为 void。

(4) 如果没有显式指定函数的返回类型,默认为 int 型,不推荐这种不规范的写法。例如:

```
add(int a,int b)                            //省略返回类型,默认为 int 型
{
    return (a + b);
}
```

(5) return 后表达式的类型应与函数返回类型一致,如果不一致,则先将表达式的类型自动转换为函数类型后再返回。例如:

```
int f(void)                                 //函数返回类型为 int
{
    int n = 1;
    return (n + 2.3);                       //表达式为 double 型
}
```

上述函数中,函数类型为 int 型,return 后表达式的类型为 double 型值 3.3,两者类型不一致,故首先把表达式的类型 double 自动转换为 int 型值 3,然后再把 3 作为函数返回值返回给调用者。这种情况一般会丢失精度,可能得不到预想的结果。

【复习思考题】

1. 既然可以在 main 函数中实现所需功能,为什么还要自定义函数?
2. 简述函数定义的格式及各部分说明。
3. 函数定义中可以含有多个 return 语句吗? 请举例。
4. 如果不规范的函数定义中,省略了函数返回类型,则系统默认该函数的返回类型是什么?
5. 为什么严格要求 return 后表达式的值类型与函数类型保持一致?

7.2 函数的调用

7.2.1 函数调用格式

1. 无参函数的调用格式

```
函数名();
```

注意: 无参函数调用时,参数表空着,而不能写出 void,如下函数调用是错误的。

```
函数名(void);                               //错误!无参函数调用时,参数表空着,不能加 void
```

例如,设有定义好的无参函数 void print_99(void);的调用如下。

```
print_99();                               //正确。调用无参函数
print_99(void);                           //错误。实参表中不能加 void
```

2. 带参函数的调用格式

```
函数名(实参 1,实参 2,…);
```

说明:

(1) 其中各实参可以是各种类型的常量、变量或表达式。

例如,对定义好的带参函数 int add(int a,int b);的调用如下。

```
add(2,5+1);                               //正确,实参可以为常量、变量或表达式
int n=7;
add(3,n);                                 //正确,实参可以是变量
```

(2) 调用函数时,不能写函数类型。

```
int add(2,3);                             //错误,调用时不能加返回类型
```

【复习思考题】

1. 简述无参和带参函数的调用格式。
2. 函数调用时可以写函数类型吗?

7.2.2 函数调用过程

函数调用的过程是:首先是实参给形参赋初值,接着函数体对形参做相应处理,最后把处理结果作为函数值返回给调用者。

未被调用时的函数形参并不占用内存空间,在函数调用时为形参变量分配空间,把实参的值赋给对应形参变量的空间,函数调用结束时,收回分配给形参的内存空间。即形参仅在函数调用的过程中占有内存空间。

通过如下 add 函数来说明函数调用过程。

```
int add(int a,int b)                      // 函数定义
{
    int s;
    s=a+b;
    return s;
}
```

说明:

(1) 以上是 add 函数的定义,a 和 b 为形参,s 为函数内定义变量,a、b、s 这三个变量均为局部变量,作用域为该函数,不能在 add 函数外使用。

(2) 未调用 add 函数时,a、b 和 s 均不占用内存空间。函数调用时,即执行如下语句。

```
int x=2,y=3,sum;
sum=add(x,y);
```

该函数调用语句中,有两个实参,第一个实参为 x,其值为 2,第二个实参为 y,其值为

3。在函数调用时，为形参 a 和 b 及函数内变量 s 这三个整型局部变量分配存储空间，在 VC++ 6.0 里各占 4 个字节。函数调用时，实参与形参的关系如图 7-1 所示。

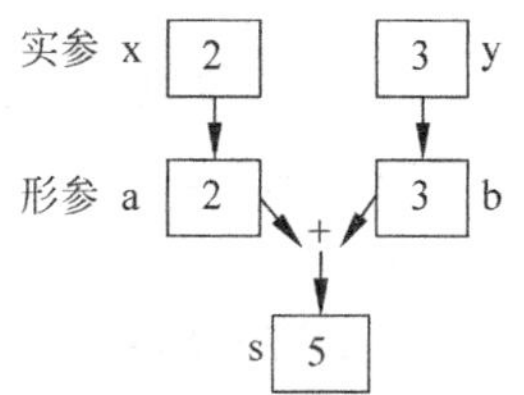

图 7-1 实参与形参

函数调用过程也就是实参给形参赋初值的过程，即：

```
a=x;
b=y;
```

函数体中，对形参 a 和 b 求和的结果赋给 s，最后把 s 的值作为函数的值返回赋给 sum 变量。调用过程结束，函数 add 中的所有局部变量的内存空间被收回。

由于形参仅在定义函数内有效，故在函数调用时，函数的实参可以和形参变量同名，互不影响。

【复习思考题】

1. 函数的形式参数始终占有内存空间吗？
2. 函数调用的本质是什么？
3. 函数调用时，实参和形参可以同名吗？为什么？

7.2.3 函数原型声明

函数原型包括返回类型、函数名、参数列表等函数定义的基本信息。一般用于告知调用者该函数的基本信息，便于调用。

函数原型声明通常有以下两种形式。

无参函数原型声明格式为：

```
返回类型 函数名(void);
```

或者

```
返回类型 函数名();
```

带参函数原型声明通常有如下两种形式。

(1) 返回类型 函数名(类型参数 1,类型参数 2,…);

这种写法是把函数定义时的函数头直接复制过来加分号即可，在编程时，操作方便，较节省时间，例如：

```
int add(int a,int b);                    //正确,函数头后面直接加分号
```

(2) 返回类型 函数名(类型,类型,…);

这种写法在第一种写法的基础上，去掉了各个形参名，只保留各个形参类型。这种写法比较专业，但可能多花费些时间。例如：

```
int add(int,int);                        //正确,只指明有两个整型形参即可
```

如果把函数定义的代码写在了调用语句之前，在这种情况下，虽然不加函数原型声明，也可以正常调用函数。但为了规范起见，要求所有定义函数，在函数调用前必须加函数原型声明语句。

比较常见规范的函数使用方式是：先函数原型声明，再调用，一般函数定义在程序的后面。

说明：函数原型声明，原则上只要在函数调用前声明都可以，但为了不让 main 函数显得臃肿，一般不放在 main 函数里面，比较规范的做法是把其放在 main 函数前面。本书采用这种方式。

【复习思考题】

1. 简述函数原型的两种声明方式。
2. 简述无参函数原型声明的方式。

7.2.4 函数调用举例

1. 带参函数调用举例

例 1 设计一个求两个整型数之和的函数。

【分析】

(1) 欲求两个整型数之和，调用者必须传递给该函数两个整型数，故函数需要两个整型类型的“容器”即形参，用于接收调用者传来的两个整型数。因实现功能为求和运算，函数名可取为 add，把求和的结果（整型）返回给调用者，即返回值类型也为整型。

(2) 函数调用之前必须声明函数原型，一般放在 main 函数前面。

(3) 函数调用时，把欲求和的被加数和加数作为实参传递给函数形参。

(4) 函数的返回值即求和的结果，可以直接输出，或保存到某变量中参与其他运算或输出。

【参考代码】

```
#include<stdio.h>
int add(int a,int b);                    //函数声明
int main(void)
{
    int a=2,b=3,s;
    s=add(a,b);                          //函数调用,返回值赋给 s
    printf("%d+%d=%d\n",a,b,s);
    return 0;
}
int add(int a,int b)                     //函数定义
{
    int s;
    s=a+b;
    return s;
}
```

【运行结果】

```
2+3=5
```

例 2 编程实现把一个字母转换成对应大写字母的函数。

【分析】

欲把一个字母转换成大写字母，必须传递给该函数一个字母，故函数有一个接收用户传递字母的“容器”即形参，且为字符型。函数功能为转换为大写字母，故可取名to_upper。

小写字母 ch 与对应大写字母 up_ch 的 ASCII 值之差为 ch-up_ch，该差值和'a'与'A'的差值相同，即满足数学关系 ch-up_ch = 'a'-'A'，所以小写字母 ch 对应的大写字母为 ch-('a'-'A')。

【参考代码】

```
#include<stdio.h>
char to_upper(char ch);                    //函数原型声明
int main(void)
{
    char c1='d';                           //欲转换的字母
    char c2=to_upper(c1);                  //函数调用
    printf("%c-->%c\n",c1,c2);
    return 0;
}
char to_upper(char ch)                     //函数定义
{
    char up_ch;                            //保存转换后的大写字母
    if(ch>='a' && ch<='z')
        up_ch=ch-('a'-'A');                //小写转为大写
    else
        up_ch= ch;                         //大写字母保持不变
    return up_ch;
}
```

或者

```
char to_upper(char ch)
{
    if(ch>='a' && ch<='z')
        return (ch - ('a'-'A'));
    else
        return ch;
}
```

【运行结果】

```
d-->D
```

例 3 编程实现求 170 内任一整数阶乘的函数。

【分析】

(1) 求阶乘的数学公式：$n!=1\times2\times3\times\cdots\times n$。

(2) 阶乘的数字一般较大，如果用 long int 存储，一般只能计算到大约 10 的阶乘。由于 double 型变量表示的范围极大，170!也能存储。故本例中采用 double 型变量表示阶乘，输出时只保留整数部分即可，输出格式为%.0lf。

【参考代码】

```
#include<stdio.h>
double f(int);                             //省略形参名的声明方式
int main(void)
{
    int n=15;
```

```
    double d=f(n);
    printf("%d != %.0lf\n",n,d);          //double:lf,.0表示只保留整数
    return 0;
}
double f(int n)
{
    int i;
    double r=1.0;                          //累乘变量必须初始化为1
    for(i=1;i<=n;i++)
        r*=i;
    return r;
}
```

【运行结果】

```
15 != 1307674368000
```

2. 无参函数调用举例

有些函数,不需要调用者传入任何参数,就可以完成相应功能,定义无参函数时,参数表中可以为空,但建议写 void。而调用无参函数时,实参表为空,不能写 void。

例 4 编写一个打印九九乘法表的函数。

【分析】

该函数根据实现的功能可取名为 print_99,该函数不需要调用者(main 函数)向其传递任何参数,该函数就可以正常打印九九乘法表,故该函数可以定义为无参类型。

【参考代码】

```
#include<stdio.h>
void print_99(void);                      //函数声明
int main(void)
{
    print_99();                           //无参函数调用
    return 0;
}
void print_99(void)                       //无参函数定义
{
    int i,j;
    for(i=1;i<=9;i++)
    {
        for(j=1;j<=i;j++)
            printf("%d*%d=%d\t",i,j,i*j);
        printf("\n");
    }
}
```

【运行结果】

```
1*1=1
2*1=2 2*2=4
3*1=3 3*2=6  3*3=9
4*1=4 4*2=8  4*3=12 4*4=16
5*1=5 5*2=10 5*3=15 5*4=20 5*5=25
```

```
6*1=6 6*2=12 6*3=18 6*4=24 6*5=30 6*6=36
7*1=7 7*2=14 7*3=21 7*4=28 7*5=35 7*6=42 7*7=49
8*1=8 8*2=16 8*3=24 8*4=32 8*5=40 8*6=48 8*7=56 8*8=64
9*1=9 9*2=18 9*3=27 9*4=36 9*5=45 9*6=54 9*7=63 9*8=72 9*9=81
```

再例如,即使操作系统不给 main 函数传递参数时,也可以正常调用 main 函数,此时 main 函数可定义为无参形式,表示如下。

```
int main(void)                          //操作系统不需传递参数,便可调用 main
{
    …
    return 0;
}
```

3. 空函数调用举例

在程序设计中,有些功能在规划中,但目前还没有实现,这部分功能可用空函数表示,后续进行功能扩充时,将在该空函数内实现该功能。

例如,某机器人的设计规划中,有意念控制功能,但该功能目前还未实现,预计在不久的将来会实现该功能,可先把该功能设计成空函数。

```
void idea_control(void);                //空函数声明,与其他函数一样
int main(void)
{
    //…
    idea_control();                     //空函数调用,不做任何操作
    return 0;
}
void idea_control(void)                 //空函数定义
{
    //待扩充
}
```

C 语言语法中,支持调用空函数操作,所以在 main 函数中,可以调用该空函数 idea_control()。

【复习思考题】

1. 函数调用的本质是什么?
2. 无参函数调用时,实参能传 void 吗?
3. 什么情况下可能使用空函数?举例说明其用途。

7.3 函数的嵌套调用

在 C 语言中,函数不能嵌套定义,即不能在一个函数中定义其他函数。

如下两段代码,都是函数的嵌套定义,都是错误的语法。

【代码 1】 在 main 函数中嵌套定义函数 fun,为错误语法。

```
int main(void)
{
```

```
        int fun(void)                       //错误,不能嵌套定义
        {
            //fun 函数体
        }
        //…
    return 0;
}
```

【代码 2】 在自定义函数 fun1 中嵌套定义函数 fun2,为错误语法。

```
void fun1(void)
{
    //…
    void fun2(void)                     //错误,不能嵌套定义
    {
        //fun2 函数体
    }
    //…
}
```

C语言虽然不支持函数的嵌套定义,但支持函数的嵌套调用,即在一个函数中可以调用其他函数,在前面已经涉及函数嵌套调用,就是在 main 函数中调用其他自定义函数。自定义函数之间也可以相互嵌套调用。

例 5 编程实现求 $1^2+2^2+3^2+4^2+5^2+\cdots+10^2$ 的值。

【分析】

(1) 上式中的每一项均可抽象为求 m 的 n 次方 m^n,其中 n=2,定义函数 int pow(int m,int n)用于求 m^n,pow(i,2)=i^2。

(2) 定义 sum 函数用于求和,sum 函数中调用 i(1≤i≤n)次 pow 函数即得所求结果。即:

$$sum(n) = \sum pow(i,2) = pow(1,2) + pow(2,2) + \ldots + pow(n,2) = 1^2 + 2^2 + \cdots + n^2$$

(3) 在 main 函数中调用 sum 函数,sum(10)=pow(1,2)+pow(2,2)+…+pow(10,2)=$1^2+2^2+\cdots+10^2$。

【参考代码】

```
#include<stdio.h>
int pow(int,int);                   //函数原型声明
int sum(int);
int main(void)
{
    int r;
    r=sum(10);                      //前 10 项之和,main 函数中嵌套调用 sum 函数
    printf("result=%d\n",r);        //main 函数中嵌套调用库函数 printf
    return 0;
}
int sum(int n)                      //求 pow(1,2)+pow(2,2)+pow(3,2)+...+pow(n,2)之和
{
```

```
    int i,s=0;                    //s:累加变量,初始化为 0
    for(i=1;i<=n;i++)
        s+=pow(i,2);              //sum 函数调用 pow 函数
    return s;
}
int pow(int m,int n)              //求 m 的 n 次方函数
{
    int i,p=1;                    //p:累乘变量,初始化为 1
    for(i=1;i<=n;i++)
        p*=m;
    return p;
}
```

【运行结果】

```
result=385
```

【说明】

(1) 该程序的执行过程是,操作系统调用 main 函数,main 函数调用 sum 函数,sum 函数调用 pow 函数,pow 函数执行完后,返回到其调用者 sum 函数,接着往下执行,sum 函数执行完,返回调用处 main 函数,接着往下执行,执行完 main 函数,return 0;后返回给操作系统,整个程序执行结束。

(2) sum 函数及 pow 函数中均含有相同名字的变量 n 和 i。因为它们都是局部变量,作用域仅局限于各自的函数体中,故它们互不相干,互不影响。

【复习思考题】

1. 判断:函数既不能嵌套定义也不能嵌套调用。

2. 理解掌握嵌套调用的执行流程。

7.4 传值调用和传址调用

C 语言中函数调用方式可分为传值调用和传址调用两大类。

传值调用:函数调用时,把实参的值传递给对应形参变量。这种调用形式,相当于形参复制了实参的一个副本,函数体内对形参(实参的副本)操作,形参变量的变化并不会影响到实参的值。即函数调用过程中,数据的传递是单向的。

传值调用时,传入的实参是普通变量(包括数组的某个元素)和常量及常量表达式。

例 6 分析如下程序,输出其运行结果。

【程序代码】

```
#include<stdio.h>
void swap(int,int);
int main(void)
{
    int a=3,b=5;
    swap(a,b);
    printf("a=%d,b=%d\n",a,b);
    return 0;
```

```
}
void swap(int x,int y)
{
    int t;
    t=x;
    x=y;
    y=t;
}
```

【分析】

(1) 形参为普通变量(整型),实参为普通变量(整型变量 a 和 b),故该函数调用为传值调用。形参相当于复制了实参的一个副本,函数内对形参的操作,均是对实参副本的操作,不会对实参变量产生任何影响。

(2) swap 函数,借助于变量 t,把形参 x 和 y 的值进行交换,由于 x、y 和 t 均属于 swap 函数内的局部变量,函数调用结束后,三个变量的空间全收回,对实参变量 a 和 b 没有任何影响。故调用该函数后,a 和 b 的值并未发生交换。

【运行结果】

```
a=3,b=5
```

例 7 分析如下程序,输出其运行结果。

【程序代码】

```
#include<stdio.h>
void func(int);
int main(void)
{
    int a[]={1,2,3,4,5};
    func(a[1]);                        //实参为数组元素 a[1]和普通变量一样
    printf("a[1]=%d\n",a[1]);
    return 0;
}
void func(int x)
{
    x=-1;
}
```

【分析】

函数形参类型为普通类型(整型),实参为数组元素,而数组元素在使用时与普通变量一样。故该函数调用为传值调用,函数调用时,实参为形参赋初值,即相当于: x=a[1];函数体内对形参值的改变不会影响到实参变量 a[1]的值。函数调用结束,形参 x 的空间被收回。

【运行结果】

```
a[1]=2
```

传址调用:实参是某个空间的地址,把该地址赋给形参变量,函数内对该地址操作,可间接对该地址所指的空间进行操作。即传址调用过程,函数可以通过传入的地址值,改变该地址空间的值。数组作为函数参数和指针作为函数参数均可实现传址调用。

传址调用时，实参为地址(一维数组名被看成数组首元素的地址)。形参一般为数组类型或指针类型，关于指针类型将在后续章节讲解。

如果形参为数组类型，则实参为同类型数组的数组名或首元素的地址。

例 8 用数组类型作函数形参，编程实现求斐波那契数列的前 n 项的程序，并输出。

【分析】

(1) 用数组类型作为函数形参，则函数调用时，实参为数组名或首元素地址。故该函数调用为传址调用。

(2) 数组类型作函数形参时，一般使用两个形参，一个形参只说明为数组类型，另一个形参指明，该函数对数组中的多少个元素操作。一般不采用 void Fib(int x[n])的形式。而是采用 void Fib(int x[],int n)的形式，参数 1 表明为整型数组类型，参数 2 表明对数组的 n 个元素操作。一定注意：函数仅是对从实参地址开始的 n 个数组元素进行操作。

(3) 函数调用 Fib(a,N);时传入的实参为数组名，即数组首元素的地址，相当于 Fib(&a[0],N);。形参数组名 x 取得该首地址后，也就相当于拥有了数组 a 的空间及对数组 a 的操作权限。因此在函数中对形参数组 x 的操作也就是对 main 函数中数组 a 的操作。

【参考代码】

```
#include<stdio.h>
#define N 10
void Fib(int x[],int n);
int main(void)
{
    int i,a[N]={0,1};                //给出数列的前两项
    Fib(a,N);                        //传址调用,a 相当于 &a[0]
    for(i=0;i<N;i++)
        printf("%-4d",a[i]);         //左对齐,每个数值占 4 位宽,%-m.nd 的用法
    printf("\n");
    return 0;
}
void Fib(int x[],int n)              //形参为数组类型
{
    int i;
    for(i=2;i<n;i++)
        x[i]=x[i-1]+x[i-2];
}
```

【运行结果】

```
0   1   1   2   3   5   8   13  21  34
```

【说明】

为了增强程序的可维护性和可扩展性，像本题设计数组元素个数的一般使用宏定义形式指定 N 的大小，如果所求项数发生改变，只需修改宏定义一处即可。

例 9 分析如下程序,输出其运行结果。

【程序代码】

```
#include<stdio.h>
#define N 10
void reverse(int x[],int n);
int main(void)
{
    int i,a[N]={1,2,3,4,5,6,7};
    reverse(a+2,7);
    reverse(a,N-1);
    for(i=0;i<N;i++)
        printf("%-4d",a[i]);
    printf("\n");
    return 0;
}
void reverse(int x[],int n)
{
    int i,t;
    for(i=0;i<n/2;i++)
    {
        t=x[i];
        x[i]=x[n-1-i];
        x[n-1-i]=t;
    }
}
```

【分析】

(1) reverse 函数的功能:把数组 x 前 n 个元素逆序。

数组名 a 为首元素 a[0]的地址,在数组中地址值每加 1,表示跳过一个存储单元,故 a+2 表示 a[2]的地址。 reverse(a+2,7);即把 a[2]的地址赋给 x,表示 x 数组含有从 a[2]开始的 7 个元素 a[2]~a[8]。即:x 数组为 a 数组的一部分,x 数组与 a 数组的关系如图 7-2 所示。

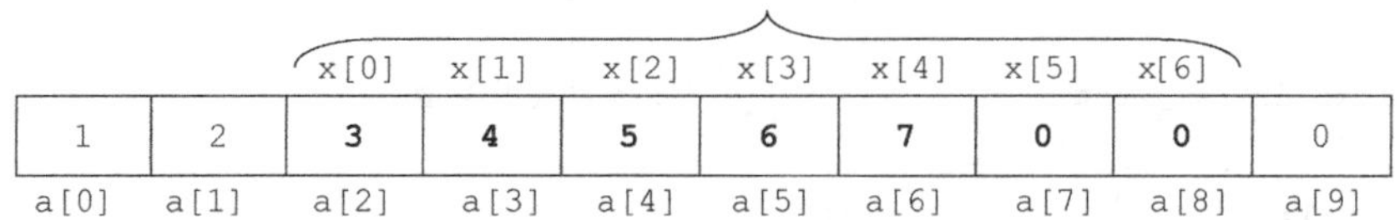

图 7-2 x 数组与 a 数组的关系

(2) 调用 reverse(a+2,7)后,函数是对 x 数组(a[2]~a[8])进行逆序,调用结束后,故数组 a 的内容如图 7-3 所示。

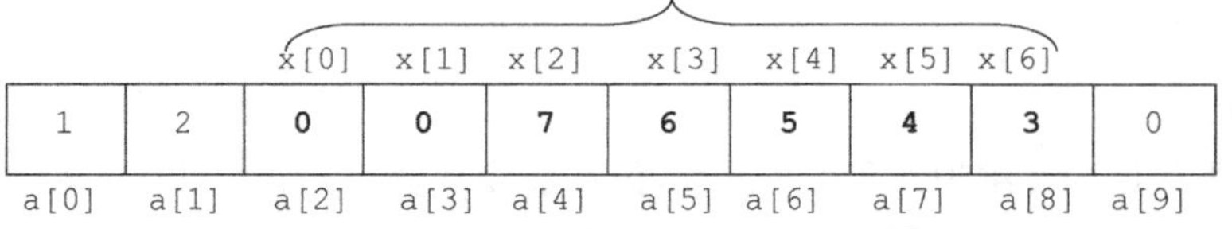

图 7-3 数组 a

（3）函数调用 reverse(a,N-1);实参为 a,即数组 a 首元素地址,表示 x 数组含有从 a[0]开始的 9 个元素(a[0]~a[8]),x 数组与 a 数组的关系如图 7-4 所示。

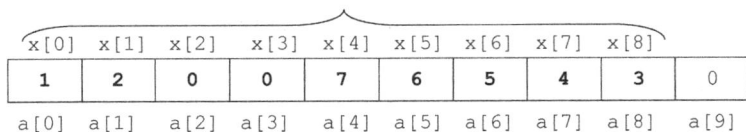

x[0]	x[1]	x[2]	x[3]	x[4]	x[5]	x[6]	x[7]	x[8]	
1	2	0	0	7	6	5	4	3	0
a[0]	a[1]	a[2]	a[3]	a[4]	a[5]	a[6]	a[7]	a[8]	a[9]

图 7-4　x 数组与 a 数组的关系

（4）reverse(a,N-1);调用结束后,数组 a 的内容如图 7-5 所示。

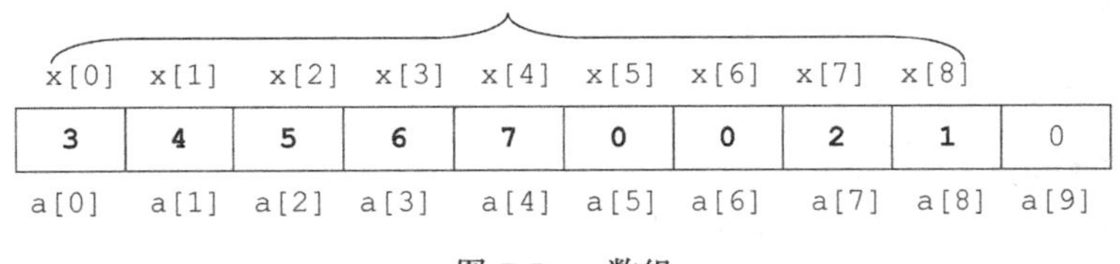

图 7-5　a 数组

【运行结果】

```
3 4 5 6 7 0 0 2 1 0
```

例 10　使用数组类型作函数形参,编程实现字符串逆转的程序。

【分析】

（1）由于处理字符串,一般只传字符数组即可,不需要另外传数组大小,因为程序要处理的是数组中存储的字符串,而数组大小可能远超过字符串长度。可以通过库函数中字符串处理函数准确求得字符串长度。

故可把要设计的函数原型定为：void reverse(char s[]);,形参为字符数组类型,实参为同类型数组名,或首字符地址 &str[0],该函数调用方式为传址调用。

（2）字符串逆序即第一个字符与最后一个字符交换,第二个字符与倒数第二个字符交换,以此类推。i 和 j 初始分别指示第一个字符和最后一个字符,s[i]与 s[j]交换,i++向后遍历,j--向前遍历,只要 i<j,则 s[i]与 s[j]交换。

（3）字符串处理函数头文件,puts 函数所在头文件为 stdio.h,strlen 函数所在头文件为 string.h。且注意最后一个字符位置为 j=strlen(s)-1,不要漏写-1。

【参考代码】

```
#include<stdio.h>
#include<string.h>
void reverse(char s[]);
int main(void)
{
    char str[]="hello,world!";
    reverse(str);
    puts(str);                          //输出串后自动换行,头文件 stdio.h
    return 0;
}
void reverse(char s[])
```

```
{
    int i,j;
    char t;
    for(i=0,j=strlen(s)-1;i<j;i++,j--)      //勿漏写 -1
    {
        t=s[i];
        s[i]=s[j];
        s[j]=t;
    }
}
```

【运行结果】

```
!dlrow,olleh
```

【复习思考题】

1. 总结传值调用和传址调用的区别。

2. 当函数形参为字符数组类型时，需要数组大小的形参吗？能根据该大小处理字符串吗？说出理由。

3. 形参名和实参名可以相同吗？如果相同，对形参的改变，是否会影响同名的实参？说出理由。

7.5 递归函数

C 语言中把一个自调用的函数称为递归函数，即在函数执行过程中直接或间接地调用其自身。

若一个复杂的原问题，能层层分解为若干个相对简单且与原问题相似的子问题，则原问题可采用递归算法求解。数学中的递推关系，采用递归算法则可能变得相对清晰简单。

递归算法一般需要满足以下条件。

(1) 原问题能分解为若干类同的子问题，即：原则上每次调用自身后，使问题更接近求解。

(2) 必须有退出递归的出口，即：原问题分解到某一步后，子问题必须有确定的解，不能无限循环。

计算机执行递归程序时，是通过对栈的调用来实现的(栈是一种后进先出的线性结构，类似于“桶”)。

递归的执行和求解过程是入栈和出栈的过程。

(1) 入栈：把原问题层层分解为若干较简单的子问题的过程，如图 7-6 所示。把原问题先入栈(栈底)，原问题无法直接求解；分解为子问题 1 并入栈，子问题 1 也无法直接求解，继续分解为子问题 2 并入栈，…，分解为子问题 n 并入栈，而子问题 n 有确定的解。这时不再分解，子问题 n 在栈顶。

(2) 出栈：根据后进先出的原则，即子问题 n 先出栈，然后子问题 n-1 出栈，由于子问题 n 有确定的解，用其解可得到子问题 n-1 的解。然后子问题 n-2 出栈，用子问题 n-1 的解可得到子问题 n-2 的解，以此类推，最后原问题出栈，用子问题 1 的解可得到原问题的解。

出栈结束,原问题解决,如图 7-7 所示。

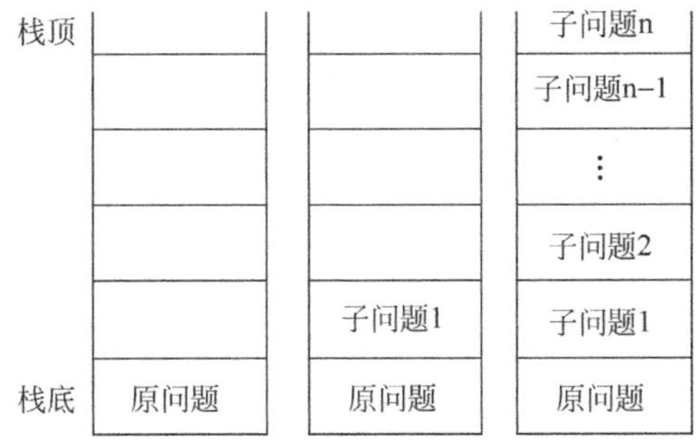

图 7-6 子问题分解过程即入栈过程

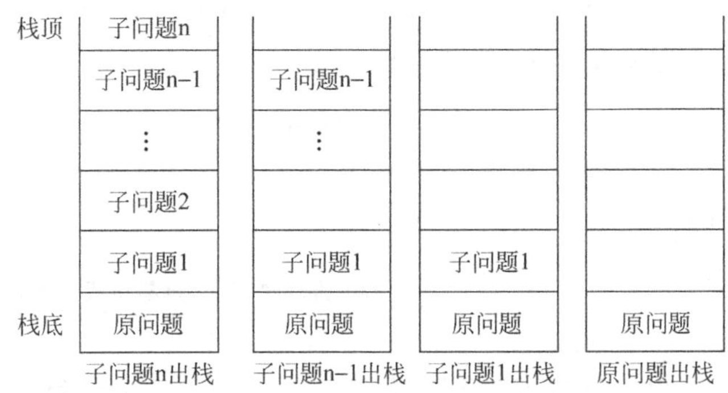

图 7-7 从子问题 n 反推到原问题即出栈

例 11 用递归思想编程实现求 n!的算法 (1≤n≤170)。

【分析】

首先把所求阶乘公式写成递推公式的形式:

$$f(n)=\begin{cases}1 & (n=0,1)\\ f(n-1)\times n & (n>1)\end{cases}$$

由此可见,原问题为求 n!即 f(n)入栈,f(n)无法直接求得,分解为 f(n)=f(n-1)*n,即 f(n-1)入栈,f(n-1)也无法直接求得,分解为 f(n-1)=f(n-2)*(n-1),即 f(n-2)入栈,以此类推 f(2)无法直接求得,分解为 f(2)=f(1)*1,即 f(1)入栈,而 f(1)=1 有确定的解,不再继续分解,入栈结束。故 n=1 时,f(n)有确定的解,即递归程序的出口。然后出栈,即由 f(1)->f(2)->…->f(n)得到原问题的解。

【参考代码】

```
#include<stdio.h>
double f(int);
int main(void)
{
    int n=20;
    double d=f(n);
    printf("%d !=%.0lf\n",n,d);          //double:lf,.0 表示只保留整数
    return 0;
}
```

```
double f(int n)                         //理解把函数类型设为 double 的原因
{
    if(0==n ||1==n)                     //n=0,1 时有确定解,为递归的出口
        return 1;
    else
        return f(n-1)*n;
}
```

【运行结果】

```
20!=2432902008176640000
```

【说明】

判断某变量与常量值是否相等(==)时,为防止漏写成赋值号(=),造成不易排查的逻辑错误,故较规范的编程中,一般把常量放在==的左边,变量放在右边,一旦错写成赋值号(=),编译时会报错,较容易及时发现错误。即:

```
if(0==n ||1==n)                         //安全规范的写法
    return 1;
```

不建议写成如下形式。

```
if(n==1 ||n==1)                         //不推荐该写法,容易造成逻辑错误
    return 1;
```

例 12 用递归思想编程求斐波那契数列(Fibonacci Sequence)的第 n 项算法。Fibonacci 数列为: 0、1、1、2、3、5、8、13、21、34、…

【分析】

首先把所求斐波那契数列的第 n 项,写成递推的数学公式形式:

$$\mathrm{Fib}(n)=\begin{cases}0 & n=1\\ 1 & n=2\\ \mathrm{Fib}(n-1)+\mathrm{Fib}(n-2) & n>2\end{cases}$$

首先原问题 Fib(n)入栈,Fib(n)无法直接求出,分解 Fib(n)=Fib(n-1)+Fib(n-2),其中 Fib(n-1)和 Fib(n-2)均未知,故 Fib(n-1)和 Fib(n-2)分别入栈,Fib(n-1)=Fib(n-2)+Fib(n-3),Fib(n-3)入栈,以此类推,Fib(3)入栈,Fib(3)依然未知,继续分解为 Fib(3)=Fib(2)+Fib(1),Fib(2)和 Fib(1)分别入栈,此时 Fib(2)=1,Fib(1)=0,均为确定的值,不再分解,入栈结束。故 n=1,2 时,Fib(n)有确定的值,为递归程序的出口。

然后从栈顶开始出栈操作,先取出 Fib(1)=0 和 Fib(2)=1,两者相加得到 Fib(3)=Fib(1)+Fib(2)=1,Fib(3)=1 出栈,Fib(3)与 Fib(2)=1 求和得 Fib(4)=Fib(2)+Fib(3)=2,以此类推可求得原问题 Fib(n)的值。

【参考代码】

```
#include<stdio.h>
long Fib(int);
int main(void)
{
    int n=25;
    long d=Fib(n);
```

```
    printf("Fib(%d)=%ld\n",n,d);        //long型格式：%ld
    return 0;
}
long Fib(int n)
{
    if(1==n ||2==n)                      //递归出口
        return (n-1);
    else
        return (Fib(n-1)+Fib(n-2));
}
```

【运行结果】

```
Fib(25)=46368
```

例 13 采用递归思想设计求解模拟汉诺塔问题的算法。汉诺塔(Tower of Hanoi)问题是源于印度古老传说的数学问题,模拟汉诺塔问题的描述是：设有标号为 A、B、C 的三根柱子,A 柱子上放着 n 个大小不等的盘子,且大的在下,小的在上,现要求把 A 柱子上的 n 个盘子全部移动到 C 柱子上。移动的规则如下。

(1) 一次只能移动一个盘子。

(2) 在移动过程中,三根柱子上的盘子均始终保持大盘子在下,小盘子在上。

(3) 在移动过程中,三根柱子上均可以存放盘子。

【分析】

原问题：把 A 柱子上 n 个盘子从 A 柱子移动到 C 柱子(起始柱为 A 柱,目标柱为 C 柱的 n 个盘子的汉诺塔问题)。原问题可抽象为函数 void hanoi(int n,char a,char b,char c);其中,n 为盘子个数,a 为起始柱,b 为辅助柱,c 为目标柱。

总体来分,原问题可分为以下三大步实现。

第 1 步：把 A 柱子上面的 n-1 个盘子从 A 柱子移动到 B 柱子(起始柱为 A 柱,目标柱为 B 柱,辅助柱为 C 柱的 n-1 个盘子的汉诺塔问题)。即：

```
hanoi(n-1,a,c,b);
```

第 2 步：第 1 步任务完成后,把 A 柱子上最下面的一个盘子从 A 柱子移动到 C 柱子(起始柱为 A 柱,目标柱为 C 柱,辅助柱为 B 柱的 1 个盘子的汉诺塔问题)。即：

```
hanoi(1,a,b,c);
```

此步也可以直接打印移动轨迹,即：

```
printf("%c-->%c\n",a,c);
```

第 3 步：把 B 柱子上 n-1 个盘子从 B 柱子移动到 C 柱子上(起始柱为 B 柱,目标柱为 C 柱,辅助柱为 A 柱的 n-1 个盘子的汉诺塔问题)。即：

```
hanoi(n-1,b,a,c);
```

递归出口,有如下两种情况。

(1) 当 A 柱子上初始盘子个数为一个,即原问题为一个盘子的汉诺塔问题。

(2) 当 A 柱子上初始盘子个数多于一个,但通过任务层层分解后,某一步分解后的子问题为一个盘子的汉诺塔问题。

【参考代码】

```
#include<stdio.h>
void hanoi(int,char,char,char);
int main(void)
{
    int n;
    printf("Please input the number of disks:");
    scanf("%d",&n);
    hanoi(n,'A','B','C');
    return 0;
}
void hanoi(int n,char a,char b,char c)
{
    if(1==n)                            //递归出口
    {
        printf("%c-->%c\n",a,c);
        return;
    }
    else
    {
        hanoi(n-1,a,c,b);               //n-1个盘子的汉诺塔问题,A->B
        hanoi(1,a,b,c);                 //1个盘子的汉诺塔问题,A->C
        hanoi(n-1,b,a,c);               //n-1个盘子的汉诺塔问题,B->C
    }
}
```

【运行结果】 如果输出初始盘子数为三个,运行结果如下。

```
Please input the number of disks:3
A-->C
A-->B
C-->B
A-->C
B-->A
B-->C
A-->C
```

【说明】

n 个盘子的汉诺塔问题,需移动盘子的次数为 2^n-1 次,是天文数字。

【复习思考题】

1. 递归的含义是什么?
2. 如何判断一个实际问题是否适合采用递归算法?
3. 如何设计递归算法?
4. 理解简单递归算法的运行时栈的使用。

7.6 变量的作用域和生存期

程序中使用的每个变量都涉及三个方面问题,该变量的作用域(有效作用范围)、生存期(有效存活时间)以及该变量在内存中的存储区域。而一般情况下,存储区域又决定了变量的生存期,或者说变量生存期能反映出其所在的存储区域。

本书将从变量作用的空间(作用域)和时间(生存期)两个维度对变量进行分析。

7.6.1 变量的作用域

(1) 局部变量: 也称内部变量,是在函数内部定义的变量。

其作用域被限制在定义的函数内,如果在该定义函数外部使用局部变量,则属于非法使用。

例如,有如下代码,试分析局部变量的使用。

```
void func(int a);
int main(void)
{
    int a=2,c;                      //main 函数中定义的局部变量 a,c
    c=a+b;                          //错误; 不能使用 func 中的局部变量 b
    func(a);
    return 0;
}
void func(int a)                    //func 函数中的局部变量 a 与 main 中的 a 不同
{
    int b=3;
    c=a+b;                          //错误。不能使用 main 函数内的局部变量 c
}
```

以上代码中,定义了两个函数: main 函数和 func 函数。main 函数中定义了两个局部变量 a 和 c。func 函数中定义了两个局部变量 a 和 b。注意: 函数定义中的形参变量属于该函数中的局部变量。

main 函数和 func 函数中有同名的局部变量 a,它们的作用域局限在各自的定义函数中,互不影响。即形参和实参可以同名,如函数调用 func(a);中的实参 a 与函数定义 void func(int a)中的形参 a 互不影响。

上述代码中,有两处错误地使用了局部变量,一处是在 main 函数中企图使用 func 函数中的局部变量 b,另一处是在 func 函数中企图使用 main 函数中的局部变量 c。

(2) 全局变量: 也称外部变量,是在任何函数外部定义的变量。

全局变量,属于所在的源程序文件,即全局变量的默认作用域是从定义处开始到该源程序文件结束。

关于全局变量的使用,通常有以下三种情况。

① 本文件中直接使用: 从定义处开始,到本源文件结束,均可直接使用该全局变量。即使用全局变量的默认作用域。例如,如下代码段定义在 global.c 源程序中。

【代码 1】

```
//global.c
#include<stdio.h>
void f1(void);
void f2(void);
int g;                              //全局变量定义
int main(void)
```

```
{
    f1();
    f2();
    printf("g=%d\n",g);
    return 0;
}
void f1(void)
{
    g=3;
}
void f2(void)
{
    g=4;
}
```

以上源程序中有三个函数：main 函数，f1 函数和 f2 函数。在所有函数之外定义了一个全局整型变量 g。

说明：

- 数值型全局变量的默认值为 0，字符型全局变量的默认值为空字符。故本程序中 g 的初始值默认为 0。
- 从全局变量定义处开始到本程序文件结束的任何地方均可直接使用该全局变量。如 main 函数、f1 函数和 f2 函数均定义在 g 之后，故这三个函数中均可直接使用全局变量 g。
- 全局变量不安全，应尽量少用。因为其全局性，故所在文件中的所有函数，均可对其操作，埋下隐患。如本程序中，三个函数均可改变其值。

② 本文件中使用 extern：在全局变量定义之前，使用全局变量需在使用处加全局变量说明符 extern。例如：

【代码 2】

```
#include<stdio.h>
void f1(void);
void f2(void);
extern g;                          //去掉该说明语句，则 main、f1 中均不可使用 g
int main(void)
{
    f1();
    f2();
    printf("g=%d\n",g);

    return 0;
}
void f1(void)
{
    g=3;
}
int g;                             //全局变量 g 定义
void f2(void)
```

```
{
    g=4;
}
```

以上程序代码在 main 函数、f1 函数之后、f2 函数之前定义了全局变量 g,故 f2 函数中可直接使用该全局变量 g,而 main 函数及 f1 函数中均不可以直接使用该全局变量。

若想在定义之前使用该全局变量,必须加上说明语句 extern g;,则从该说明语句处开始到文件结束,均可使用该全局变量 g。如上述代码所示。

③ 跨文件中使用 extern:在一个程序文件 f1.c 中定义的全局变量,如想在另一个文件 f2.c 中使用,需在另一个文件 f2.c 使用该变量之前加 extern,表示把 f1.c 中的全局变量作用域扩展到 f2.c 文件。例如:

【代码 3】

```
//f1.c
#include<stdio.h>
int g=2;
int main(void)
{
    printf("fun()=%d\n",fun());
    return 0;
}
//f2.c
extern g;                           //把 f1.c 中定义的全局变量 g 作用域扩展到 f2.c 文件
int fun(void)
{
    return g*g;
}
```

【运行结果】

```
fun()=4
```

【复习思考题】

1. 在如上代码 2 中,如果全局变量说明语句 extern g;移到 main 函数内部开头,分析程序能否编译通过,说明原因。

2. 简述局部变量和全局变量的定义。

3. 不同函数内可以定义同名的变量吗? 说明原因。

4. 全局变量的默认作用域是什么? 如何扩展?

7.6.2 存储区和存储类型

1. 存储区

C 语言程序在内存中大概分为如下 5 个区域。

(1) 代码区:用于存放控制程序执行的二进制代码,一般是只读的。

(2) 文字常量区:用于存放字符串等常量。

(3) 全局/静态区:一般用于存放全局变量及静态变量。包括全局初始化区和全局未初始化区。

(4) 堆区：用于动态内存分配。在 C 语言中，一般由程序设计者使用函数 malloc 申请分配内存空间，使用完成后，一般应由程序设计者使用函数 free 释放。如操作不当，容易产生内存泄漏。在指针及其后续章节，可能将经常用到堆区。

(5) 栈区：一般用于存放函数参数值、局部变量值及函数返回值等，由操作系统自动分配和释放。

例如，在如下代码中，指明常见类型变量对应的存储区。

【代码段】

```
#include<malloc.h>
int func(int);
int a;                                   //全局未初始化区
int b=1;                                 //全局初始化区
int main(void)
{
    char ch;                             //栈区，局部变量
    int *p=(int*)malloc(10*sizeof(int));      //该申请的空间:堆区。p:栈区
    //...
    free(p);                             //显式释放堆空间
    return 0;
}
int func(int c)                          //栈区(函数参数值)
{
    //...
    return (c+1);                        //栈区(函数返回值)
}
```

说明：

(1) 函数形参、函数内定义的变量等局部变量及函数返回值一般存储在栈区。

(2) 动态内存申请函数 malloc 申请的空间在堆区，上式中用指针 p 指向该空间，而 p 本身是局部变量，存储在栈区。且该空间需要调用函数 free(p);显式释放该堆空间，否则容易引起内存泄漏。需要包含头文件 stdlib.h 或 malloc.h。有关这方面知识将在后续章节讲解。

(3) 本书对全局初始化区和全局未初始化区不再做详细区分，笼统地称为全局区。

2. 变量的存储类型

在 C 语言中，变量及函数的类型一般包括数据类型(整型、浮点型等)和存储类型两方面，通常省略不写其存储类型(采用默认存储类)。例如：

```
void func(void)
{
     int a;
     float b;
     char c;
}
```

func 函数中这三个变量的定义，只指明了各个变量的数据类型依次为整型、浮点型、字

符型,而省略了其存储类型,采用了默认存储类型(auto 类型)。

C 语言中的存储类型有 auto、register、static 和 extern4 种。

auto 存储类型：局部变量的默认存储类型,一般可省略不写。

auto 类型变量生存期：函数调用时系统自动为其分配空间,调用结束后,自动释放该存储空间。生存期即为该函数调用期间。例如：

```
void func(void)
{
    auto int a;                        //等价于 int a;
    //...
}
```

register 存储类型：一些频繁使用的局部变量,把其存储类型声明为 register 类型,在由内存调入 CPU 寄存器后,会长期保存在 CPU 寄存器中,将在很大程度上提高访问效率。但由于寄存器的数目有限,不能定义任意多个寄存器类型的变量。

register 类型变量生存期：基本同 auto 存储类型的变量。生存期即为函数调用期间。

例如,计算 1+2+…+100 的程序代码如下。

```
#include<stdio.h>
int main(void)
{
    register int i,s=0;                //可以省略 register
    for(i=1;i<=100;i++)                //i 和 s 频繁使用
        s+=i;
    printf("s=%d\n",s);
    return 0;
}
```

static 存储类型:有时为了延长局部变量的生存期或者把全局变量的作用范围限定为本程序文件,可将其存储类型声明为 static 类型。

static 类型变量的作用域如下。

(1) 静态局部变量：没有任何改变,依然是定义该局部变量的函数。

(2) 静态全局变量：全局变量的作用域被限定在了其所在的定义文件中,即使在其他文件中使用关键字 extern 也无法使用该全局变量。例如：

```
//f1.c
#include<stdio.h>
static int g=2;                        //把全局变量 g 的作用域限定在了 f1.c 文件
int main(void)
{
    printf("fun()=%d\n",fun());
    return 0;
}
//f2.c
extern g;                              //即使加 extern 声明,也无效
int fun(void)
```

```
{
    return g*g;                          //错误: 无法访问 f1.c 中的全局变量 g
}
```


static 类型变量的生存期: 不管是静态局部变量还是静态全局变量,其生存期都是整个程序运行期间。

综上所述: 当 static 修饰局部变量时,仅是延长了其生存期(生命),从第一次被调用时开始,函数调用结束时,不收回其空间,一直到整个程序运行结束才收回其内存空间。但并没有改变其作用域("有效活动范围"),仍然被限定在该定义函数中。

例 14 试分析以下程序,输出其运行结果。

【程序代码】

```
#include<stdio.h>
void f1(void);
void f2(void);
int main(void)
{
    int i;
    for(i=0;i<3;i++)                     //调用三次 f1 函数
        f1();
    printf("\n");
    for(i=0;i<3;i++)                     //调用三次 f2 函数
        f2();
    printf("\n");
    return 0;
}
void f1(void)
{
    int x=0;                             //局部变量
    x+=1;
    printf("%d",x);
}
void f2(void)
{
    static int x=0;                      //静态局部变量
    x+=1;
    printf("%d",x);
}
```

【分析】

(1) f1 函数中 x 为局部变量,每次函数调用结束后,其空间被收回,其值也不存在。故每次在调用时,重新为 x 分配空间,重新赋初值 0。3 次调用,每次调用时 x 均初始化为 0,故每次调用结束时得到的函数值也相同,故输出为 111。

(2) f2 函数中 x 为静态局部变量,虽然其作用域依然限制在 f2 函数内,但其生存期却扩展为整个程序运行期间,即每次调用结束后,其空间不收回,其值为上一次函数调用结束时的值。第一次调用 f2 时,x 初始值为 0,函数结束时,x 为 1; 第二次调用 f2 时,x 值为上一次调用结束时的值 1,本次调用结束时其值为 2; 第三次调用 f2 时,x 值为上一次调用结束时的值 2,本次调用结束时其值为 3,故输出 123。

【运行结果】

```
111
123
```

【复习思考题】

1. 只要使用关键字 extern 就一定可以把全局变量的作用域从一个文件扩展到其他文件吗？如果不一定，请举出特例。

2. 列举所有存储类型及作用。

3. 理解掌握 static 修饰局部变量对该变量的作用域和生存期的影响。

小　　结

1. 本章主要知识点梳理

本章主要介绍了函数的定义及调用格式、函数调用的两种方式：传值调用和传址调用。函数不可以嵌套定义，但可以嵌套调用。还介绍了使用递归函数解决复杂问题的方法，最后简单介绍了变量的作用域和生存期。本章知识点小结如表 7-1 所示。

表 7-1　本章主要知识点梳理

知　识　点	示　　例	说　　明

函数定义	定义求两数之和的函数
	`int add(int a,int b)`
	`{`
	`    return (a+b);`
	`}`
		函数定义包含两部分：函数头和函数体。函数头包括函数名、参数表和返回类型。
		函数定义时的参数称为形参，如 a 和 b

函数调用	`int s=add(2,3);`	函数调用时，直接使用名字，不要加返回类型。函数调用时传递的参数称为实参，如 2 和 3

函数声明	以下两种方式均是正确的函数原型声明格式：
	`int add(int a,int b);`
	`int add(int,int);`
		最简单的函数原型声明是把函数定义时的函数头直接复制过来加个分号即可。
		也可以省略形参名字，但不能省略类型

传值调用	`#include<stdio.h>`
	`void swap(int a,int b);`
	`int main(void)`
	`{`
	`    int a=3,b=5;`
	`    swap(a,b);`
	`    printf("a=%d,b=%d\n",a,b);`
	`    return 0;`
	`}`
	`void swap(int a,int b)`
	`{`
	`    int t;`
	`    t=a;a=b;b=t;`
	`}`
	输出：a=3,b=5
		函数的形参和实参均为基本类型，在函数调用时，是把实参的副本复制一份赋给形参变量。故在函数体内对形参的操作只是对实参副本的操作，不会影响外部实参变量的值

续表

知　识　点	示　　例	说　　明

传址调用	#include<stdio.h>
	void rev(int a[],int n);
	int main(void)
	{
	　　int a[5]={1,2,3,4,5},i;
	　　rev(a,5);
	　　for(i=0;i<5;i++)
	　　　　printf("%d ",a[i]);
	}
	void rev(int a[],int n)
	{
	　　int i,j,t;
	　　for(i=0,j=n-1;i<j;i++,j--)
	　　{
	　　　　t=a[i];a[i]=a[j];a[j]=t;
	　　}
	}
	输出：5 4 3 2 1
		传址调用的函数形参为数组类型或指针类型，实参为某变量的地址。
		把变量的地址传给函数，该函数就可以通过地址操作或修改该变量的值

递归调用	求 n(n<10)的阶乘
	int f(int n)
	{
	　　if(0==n ||1==n)　　　//递归的出口
	　　　　return 1;
	　　else
	　　　　return f(n-1)*n;
	}
		递归算法：直接或间接调用自身的算法称为递归算法。
		若一个复杂的原问题，能层层分解为若干个相对简单且与原问题相似的子问题，则原问题可采用递归算法求解。数学中的递推关系，采用递归算法则可能变得相对清晰简单。
		递归算法必须有一个出口，即分解到某一步必须有确定的解

变量的存储类型	C语言中的存储类型有：auto、register、static和extern 4种	默认为 auto 类型，关键字 auto 可省略。 常见 auto 类型：函数形参、没有显式加 static 的局部变量等
static 变量	当 static 修饰局部变量时，延长了该局部变量的生存期，该局部变量的生存期从第一次执行该变量起到整个程序运行结束。但注意 static 并没有改变该局部变量的作用域，还是被限制在该定义函数中。 使用 static 关键字把全局变量的作用域限定在本文件中。即使使用 extern 也无法把其扩展到其他文件中	
extern 关键字用途	使用关键字 extern 在本文件中扩展全局变量的作用域，即把全局变量的作用域扩展到从此处开始到本文件结束的范围内。 使用关键字 extern 把全局变量的作用域扩展到其他文件内	

2. 本章易错知识点

本章易错知识点见表 7-2。

表 7-2 本章易错知识点

易错知识点	错误示例	说明
函数定义错误 1	int fun(int n); {…}	语法错误。函数定义时，函数头后面不能有分号
函数定义错误 2	int fun(int a,b) {…}	语法错误。函数有多个参数时，每个参数对应的类型均不能省略
函数定义错误 3	int fun(int a;int b) {…}	函数定义时，多个形参用逗号隔开，而不是分号

函数调用错误 1	设有以下函数定义：
	int max(int a,int b)
	{
	    return a>b?a:b;
	}
	则以下函数调用是错误的：
	int max(3,5);
		函数调用不能加返回类型

函数调用错误 2	max(int 3,int 5);	函数调用时，实参不能加类型关键字
函数原型声明错误	int max(int a,int b) int max(int,int)	语法错误。结尾缺少分号

习　题

1. 函数的定义

1) 函数定义格式

(1) 以下程序试图定义两个双精度浮点数求和的函数，该函数返回其和值。指出并修改函数定义中的错误。

```
int 2_add(double x,y);
{
    double sum=x+y;
    return x+y;
}
```

(2) 定义一个把小写字母转换为对应大写字母的函数。要求调用者传入欲转换的字母，函数返回转换后的大写字母。

2) 函数返回值

判断：每个函数中最多只能有一个 return 语句。

2. 函数的调用

1) 函数调用格式

已知有函数声明 int max(int a,int b);及变量定义：int a=2,b=3;，则以下正确的函数调用语句是(　　)。

A. int fun(3,5);　　　　B. fun(a+3,6);

C. int fun(a,b);　　　　D. fun(int a,5);

2) 函数原型声明

以下正确的函数原型声明语句是(　　)。

A. int fun(int x,y);　　　　B. int fun(int x;int y);

C. int fun(int,int)　　　　D. int fun(int,int);

3. 函数的嵌套调用

(1) 计算 1+1/2+1/3+1/4+…+1/20 的值,保留小数点后 4 位。

(2) 计算 1!+2!+3!+4!+…+10!的值。

4. 传值调用和传址调用

(1) 编写实现字符串链接的函数。字符数组作为函数形参。

(2) 编写实现字符串复制的函数。字符数组作为函数形参。

(3) 以下程序试图逆序字符数组中保存的串,分析该程序能否实现预期结果,分析原因,并改正。

【程序代码】

```
#include<stdio.h>
#include<string.h>
#define N 20
void reverse(char s[],int n);
int main(void)
{
    char str[N]="hello,world!";
    reverse(str,N);
    puts(str);
    return 0;
}
void reverse(char s[],int n)
{
    int i;
    char t;
    for(i=0;i<n/2;i++)
    {
        t=s[i];
        s[i]=s[n-1-i];
        s[n-1-i]=t;
    }
}
```

5. 递归函数

分析以下程序,输出其运行结果。

```
#include<stdio.h>
int f(int x);
int main(void)
```

```
{
    printf("%d\n",f(5));
    return 0;
}
int f(int x)
{
    if(x==0 ||x==1)
        return 3;
    return x*x-f(x-2);
}
```

6. 变量的作用域和生存期

1) 变量的作用域

(1) 分析以下程序,输出其运行结果。

【程序代码】

```
#include<stdio.h>
void swap(void);
int a=3,b=5;
int main(void)
{
    swap();
    printf("a=%d,b=%d\n",a,b);
    return 0;
}
void swap(void)
{
    int t;
    t=a;
    a=b;
    b=t;
}
```

(2) 分析以下程序,输出其运行结果。

【程序代码】

```
#include<stdio.h>
void fun(void);
int a=3,b=5;
int main(void)
{
    int a=10,b=20;
    fun();
    printf("a=%d,b=%d\n",a,b);
    return 0;
}
void fun(void)
{
    a+=2;
    b+=2;
}
```

(3) 分析以下程序,输出其运行结果。

【程序代码】

```
#include<stdio.h>
void fun1(int a,int b);
void fun2(void);
int a=3,b=5;
int main(void)
{
    int a=10,b=20;
    fun1(a,b);
    fun2();
    printf("a=%d,b=%d\n",a,b);
    return 0;
}
void fun1(int a,int b)
{
    a+=2;
    b+=2;
    printf("a=%d,b=%d\n",a,b);
}
void fun2(void)
{
    a+=2;
    b+=2;
    printf("a=%d,b=%d\n",a,b);
}
```

2) 存储区和存储类型

(1) 分析以下程序,输出其运行结果。

【程序代码】

```
#include<stdio.h>
int main(void)
{
    void fun();
    fun();
    fun();
    fun();
    return 0;
}
void fun(void)
{
    int x=0;
    x+=1;
    printf("%d",x);
}
```

(2) 分析以下程序,输出其运行结果。

【程序代码】

```
#include<stdio.h>
void fun(void);
int main(void)
{
    int i;
    for(i=0;i<3;i++)
        fun();
    return 0;
}
void fun(void)
{
    static int a=5;
    printf("a=%d\n", a++);
}
```

第8章 指　针

本章学习目标

- 掌握指针的概念及指针变量的定义
- 掌握指针变量的引用
- 熟练掌握通过指针操作数组和字符串的方法
- 掌握使用指向一维数组的指针访问二维数组的每一行的方法
- 熟练掌握指针变量作为函数参数和返回值的方法
- 掌握动态内存分配及释放的方法

与其他高级编程语言相比，C语言可以更高效地对计算机硬件进行操作，而计算机硬件的操作指令，在很大程度上依赖于地址。指针提供了对地址操作的一种方法，因此，使用指针可使得C语言能够更高效地实现对计算机底层硬件的操作。另外，通过指针可以更便捷地操作数组。在一定意义上可以说，指针是C语言的精髓。

本章先向读者介绍指针变量的定义和引用，接着重点介绍指针与数组、字符串及函数的相关操作，最后介绍动态内存分配的方法。

8.1 指针的定义与引用

8.1.1 内存与地址

在计算机中，数据是存放在内存单元中的，一般把内存中的一个字节称为一个内存单元。为了更方便地访问这些内存单元，可预先给内存中的所有内存单元进行地址编号，根据地址编号，可准确找到其对应的内存单元。由于每一个地址编号均对应一个内存单元，因此可以形象地说一个地址编号就指向一个内存单元。C语言中把地址形象地称作指针。

C语言中的每个变量均对应内存中的一块内存空间，而内存中每个内存单元均是有地址编号的。在C语言中，可以使用运算符&求某个变量的地址。

例如，在如下代码中，定义了字符型变量c和整型变量a，并分别赋初值'A'和100。

【程序代码】

```
#include<stdio.h>
int main(void)
{
    char c='A';
```

```
    int a=100;
    printf("a=%d\n",a);                    //输出变量 a 的值
    printf("&a=%x\n",&a);                  //输出变量 a 的地址
    printf("c=%c\n",c);
    printf("&c=%x\n",&c);
    return 0;
}
```

【运行结果】 程序某次运行结果：

```
a=100
&a=12ff40
c=A
&c=12ff44
```

【分析】

在 C 语言中，字符型变量占一个字节的内存空间，而整型变量所占字节数与系统有关。例如，在 32 位系统中，VC++ 6.0 开发环境中，int 型占 4 个字节。假设程序在某次运行时，变量 a 和 c 在内存中的分配情况如图 8-1 所示：内存单元(每个字节)的地址编号分别为十六进制表示的…12ff40、12ff41、12ff42、12ff43、12ff44…，每个地址编号均为对应字节单元的起始地址。

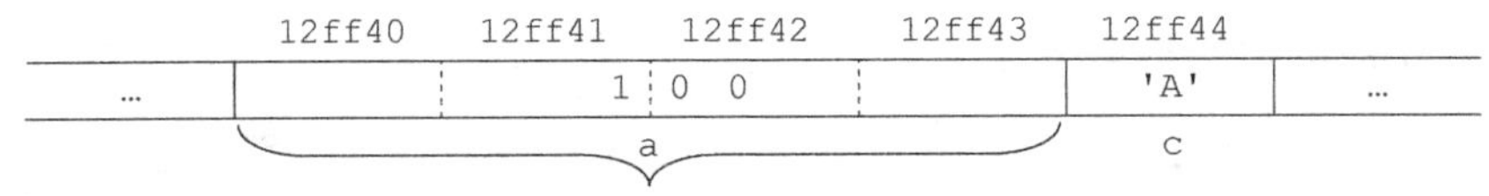

图 8-1　变量的值及内存地址

由图 8-1 可知，变量 a 对应于从地址 12ff40 开始的 4 个字节(12ff40、12ff41、12ff42、12ff43)的内存空间，存储的是整数 100 的 32 位二进制形式(为直观表示，本例并没有转换成二进制形式)。字符型变量 c，对应地址为 12ff44，该地址内存储的是字母'A'对应 ASCII 值的 8 位二进制形式。

语句 printf("a=%d\n",a);输出：a=100。

语句 printf("&a=%x\n",&a);是按十六进制形式输出变量 a 的地址(a 在内存中的起始地址值)为 &a=12ff40。

在上例中，变量 a 和 c 的起始地址 12ff40 和 12ff44 均为指针，分别指向变量 a 和变量 c。

区分变量的地址值和变量的值。如上例中，变量 a 的地址值(指针值)为 12ff40，而变量 a 的值为 100。

【复习思考题】

1. 什么是指针？为什么说指针是 C 语言的精髓所在？

2. 简述变量的值和内存的对应关系。

3. 变量的值和变量的地址一样吗？

4. 编程验证：同一程序中的同一个变量，每次编译、运行，分配的地址一定相同吗？如果改变变量的定义顺序，变量的地址会变吗？

8.1.2 指针变量的定义

可以保存地址值(指针)的变量称为指针变量,因为指针变量中保存的是地址值,故可以把指针变量形象地比喻成地址箱。

指针变量的定义形式如下。

```
类型 *变量名;
```

例如:

```
int * pa;
```

定义了一个整型指针变量 pa,该指针变量只能指向基类型为 int 的整型变量,即只能保存整型变量的地址。

说明:

(1) *号标识该变量为指针类型,当定义多个指针变量时,在每个指针变量名前面均需要加一个*,不能省略,否则为非指针变量。

例如:

```
int * pa,*pb;
```

表示定义了两个指针变量 pa、pb。

而:

```
int * pa,pb;
```

则仅有 pa 是指针变量,而 pb 是整型变量。

语句

```
int *pi,a,b;                    //等价于 int a,b,*pi;
```

表示定义了一个整型指针变量 pi 和两个整型变量 a 和 b。

(2) 在使用已定义好的指针变量时,在变量名前面不能加*。

例如:

```
int *p,a;
*p=&a;                          //错误,指针变量是 p 而不是*p
```

而如下语句是正确的。

```
int a,*p=&a;                    //正确
```

该语句貌似把 &a 赋给了*p,而实际上 p 前的*仅是定义指针变量 p 的标识,仍然是把 &a 赋给了 p,故是正确的赋值语句。

(3) 类型为该指针变量所指向的基类型,可以为 int、char、float 等基本数据类型,也可以为自定义数据类型。

该指针变量中只能保存该基类型变量的地址。

假设有如下变量定义语句:

```
int a,b,*pa,*pb;
char *pc,c;
```

则：

```
pa=&a;                          //正确。pa 基类型为 int,a 为 int 型变量,类型一致
pb=&c;                          //错误。pb 基类型为 int,c 为 char 型变量,类型不一致
pc=&c                           //正确。pc 基类型为 char,c 为 char 型变量,类型一致
*pa=&a;                         //错误。指针变量是 pa 而非*pa
```

(4) 变量名是一合法标识符,为与普通变量相区分,一般指针变量名以字母 p(pointer)开头,如 pa、pb 等。

(5) 由于是变量,故指针变量的值可以改变,也即可以改变指针变量的指向。

```
char c1,*pc,c2;                 //定义了字符变量 c1、c2;字符指针变量 pc
```

则如下对指针变量的赋值语句均是正确的。

```
pc=&c1;                         //pc 指向 c1
pc=&c2;                         //pc 不再指向 c1,而指向 c2
```

(6) 同类型的指针变量可以相互赋值。

```
int a,*p1,*p2,b;                //定义了两个整型变量 a,b;两个整型指针变量为 p1,p2
float *pf;
```

以下赋值语句均是正确的。

```
p1=&a;                          //地址箱 p1 中保存 a 的地址,即 p1 指向 a
p2=p1;                          //p2 也指向 a,即 p1 和 p2 均指向 a
```

上述最后一条赋值语句相当于把地址箱 p1 中的值赋给地址箱 p2,即 p2 中也保存 a 的地址,即和 p1 一样,p2 也指向变量 a。

以下赋值语句均是错误的。

```
pf=p1;                      //错误。p1,pf 虽然都是指针变量,但类型不同,不能赋值
pf=&b;                      //错误。指针变量 pf 的基类型为 float,b 类型为 int,不相同
```

由于指针变量是专门保存地址值(指针)的变量,故本教程把指针变量形象地看成"地址箱"。

设有如下定义语句：

```
int a=3,*pa=&a;                 //pa 保存变量 a 的地址,即指向 a
char c='d',*pc=&c;              //pc 保存变量 c 的地址,即指向 c
```

把整型变量 a 的地址赋给地址箱 pa,即 pa 指向变量 a,同理 pc 指向变量 c,如图 8-2 所示。

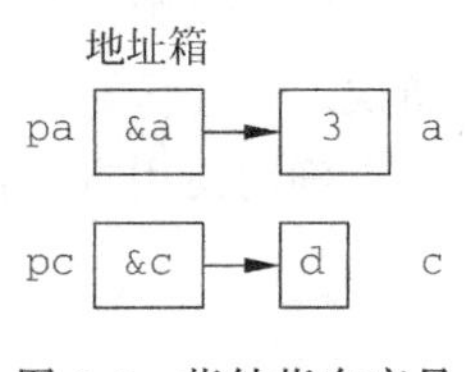

图 8-2　指针指向变量

【复习思考题】

1. 简述指针变量的定义格式。
2. 为什么可把指针变量形象地称为"地址箱"?
3. 定义一指针变量可以保存任意类型变量的地址吗?
4. 如下定义与赋值语句正确吗? 如不正确,请指明错误原因,并改正。

```
int a,b,*pa,pb;
pa=&a;
pb=&b;
*pb=&b;
```

8.1.3 指针变量的引用

1. 访问内存单元

访问内存空间,一般分为直接访问和间接访问。

如果知道内存空间的名字,可通过名字访问该空间,称为直接访问。由于变量即代表有名字的内存单元,故通过变量名操作变量,也就是通过名字直接访问该变量对应的内存单元;如果知道内存空间的地址,也可以通过该地址间接访问该空间。对内存空间的访问操作一般指的是存、取操作,即向内存空间中存入数据和从内存空间中读取数据。

在C语言中,可以使用间接访问符(取内容访问符)*来访问指针所指向的空间。

例如:

```
int *p,a=3;
p=&a;                              //p中保存变量a对应内存单元的地址
```

在该地址p前面加上间接访问符*,即代表该地址对应的内存单元。而变量a也对应该内存单元,故,*p就相当于a。

```
printf("a=%d\n",a);                //通过名字,直接访问变量a空间(读取)
printf("a=%d\n",*p);               //通过地址,间接访问变量a空间(读取)
*p=6;                              //等价于a=6;间接访问a对应空间(存)
```

2. "野"指针

本书把没有合法指向的指针称为"野"指针。因为"野"指针随机指向一块空间,该空间中存储的可能是其他程序的数据甚至是系统数据,故不能对"野"指针所指向的空间进行存取操作,否则轻者会引起本程序崩溃,严重的可能导致整个系统崩溃。

例如:

```
int *pi,a;                         //pi未初始化,无合法指向,为"野"指针
*pi=3;                             //运行时错误!不能对"野"指针指向的空间做存入操作
```

该语句试图把3存入"野"指针pi所指的随机空间中,会产生运行时错误。

```
a=*pi;                             //运行时错误!不能对"野"指针指向的空间取操作
```

该语句试图从"野"指针pi所指的空间中取出数据,然后赋给变量a。同样会产生运行时错误。

正确的使用方法:

```
pi=&a;                             //让pi有合法的指向,pi指向a变量对应的空间
*pi=3;                             //把3间接存入pi所指向的变量a对应的空间
```

【复习思考题】

1. 访问内存空间的两种方式是什么?

2. 简述“野”指针的含义，能通过“野”指针访问其所指向的空间吗？

8.2 指针与数组

数组是一系列相同类型变量的集合，不管是一维数组还是多维数组其存储结构都是顺序存储形式，即数组中的元素是按一定顺序依次存放在内存中的一块连续的内存空间中(地址连续)。

指针变量类似于一个地址箱，让其初始化为某个数组元素的地址，以该地址值为基准，通过向前或向后改变地址箱中的地址值，即可让该指针变量指向不同的数组元素，从而达到通过指针变量便可以方便地访问数组中各元素的目的。

8.2.1 一维数组和指针

在 C 语言中，指针变量加 1 表示跳过该指针变量对应的基类型所占字节数大小的空间。指向数组元素的指针，其基类型为数组元素类型，指针加 1 表示跳过一个数组元素空间，指向下一个数组元素。

例如：

```
int *p,a[10];
p=a;                                  //相当于 p=&a[0];
```

说明：数组名 a 相当于数组首元素 a[0]的地址，即 a 等价于 &a[0]。

上述语句定义了整型指针变量 p 和整型数组 a，并使 p 初始指向数组首元素 a[0]。

当指针变量和数组元素建立联系后，可通过以下三种方式访问数组元素。

(1) 直接访问：数组名[下标];的形式，如 a[3]。

(2) 间接访问：*(数组名+i);的形式，其中，i 为整数，其范围为：0≤i<N，N 为数组大小。

数组名 a 为首元素的地址，是地址常量，a+i 表示跳过 i 个数据元素的存储空间，即(a+i)表示 a[i]元素的地址，从而*(a+i)表示 a[i]。

如果指针变量 p 被初始化为 a 之后，不再改变，那么也可以使用*(p+i)的形式访问 a[i]，不过这样就失去了使用指针变量访问数组元素的意义。

(3) 间接访问：*(指针变量);的形式。当执行语句 p=a;后，可以通过改变 p 自身的值(可通过自增、自减运算)，从而使得 p 中保存不同的数组元素的地址，进而通过*p 访问该数组中不同的元素。这是使用指针访问数组元素较常用的形式。例如，如下代码通过使用指针变量的移动来遍历输出数组中的每个元素。

```
for(p=a;p<a+N;p++)                    //用 p 的移动范围控制循环次数
    printf("%d\t",*p);
```

确定 p 指针移动的起止地址，即循环控制表达式的确定是使用指针访问数组元素的关键。

p 初始指向 a[0]，即 p=&a[0];或 p=a;。

P 终止指向 a[N-1]，即 p=&a[N-1];或 p=a+N-1;。

故可得 p 的移动范围为：p>=a && p<=a+N-1;，而 p<=a+N-1 通常写成 p<a+N;，由此可得循环条件为：for(p=a;p<a+N;p++)。

数组名 a 和指针变量 p 的使用说明如下。

有如下代码：

```
int *p,a[10],i;
p=a;
```

(1) 执行 p=a;后，*(a+i)与*(p+i)等价，均表示 a[i]。

(2) p[i]与 a[i]等价。a 为地址值，可采用 a[i]形式访问数组元素，而 p 也为地址值，故也可采用 p[i]形式访问数组元素。

(3) a 为常量地址，其值不能改变，故 a++;语法错误。而 p 为变量，其自身的值可以改变，故 p++;正确。

例 1 通过指针变量实现对数组元素的输入和输出操作。

【分析】

使用指针遍历数组元素进行输入输出操作时，主要在于如何控制循环的次数，以及通过指针输入数据元素、输出数据元素的格式。

(1) 输入时可采用整型变量 i 控制循环次数，for(i=0;i<N;i++)，输入语句为 scanf("%d",p++);。因为 p 本身为地址，故不能再加取地址符号 &。输入的数据放入当前 p 所指的空间中，然后 p++，指向下一个数组元素，即保存下一个数据元素的地址，为输入下一个数据元素做准备。相当于如下语句。

```
for(i=0;i<N;i++)
{
    scanf("%d",p);
    p++;
}
```

(2) 输出时通过指针变量 p 的移动范围控制循环次数。p 从首元素 a[0]开始(p = a;)到尾元素 a[N-1]结束(p<a+N)。即：

```
for(p=a;p<a+N;p++)
```

*p 表示 p 指针所指向的数组元素。

【参考代码】

```
#include<stdio.h>
#define N 10
int main(void)
{
     int *p,a[N],i;
     p=a;                              //p 初始指向 a[0]
     printf("Input the array:\n");
     for(i=0;i<N;i++)                  //用整型变量 i 控制循环次数
         scanf("%d",p++);              //指针 p 表示地址，不能写成 &p
     printf("the array is:\n");
     for(p=a;p<a+N;p++)                //用 p 的移动范围控制循环次数
         printf("%d\t",*p);
     return 0;
}
```

【补充说明】

输入输出循环控制方法有多种，不管采用哪种，必须准确确定起点和终点的表达式。

(1) 输入若采用 p 的移动范围确定循环次数，则代码如下。

```
for(p=a;p<a+N;p++)
    scanf("%d",p);
```

这时，for 语句之前的 p=a;语句可以去掉。

(2) 输出若采用移动指针变量 p 控制循环的执行，因为执行完输入操作后，p 已不再指向数组首元素，而是越界的 a[N]初始位置，故必须重新给 p 赋值，让其指向数组的首元素，代码如下。

```
p=a;                                //重新赋值,让 p 指向数组首元素
for(i=0;i<N;i++)
    printf("%d\t",*p++);
```

指针值加 1 与地址值加 1 的区别如下。

一般地址单元也称内存单元，是按字节划分的，即地址值加 1，表示跳过一个字节的内存空间。

在 C 语言中，指针变量加 1 表示跳过该指针变量对应基类型所占字节数大小的空间。

在 VC++ 6.0 中，整型占 4 个字节，故对于整型指针变量来说，指针值加 1 对应地址值加 4，即跳过 4 个字节；字符型占 1 个字节，故字符型指针变量加 1，对应地址值也加 1，即跳过 1 个字节。double 型占 8 个字节，故 double 型指针变量加 1，对应地址值加 8，即跳过 8 个字节等。

例 2 分析如下程序的运行结果。理解指针值加 1，与对应地址变化的关系。

【程序代码】

```
#include<stdio.h>
#define N 10
int main(void)
{
     int a[N],*p1,*p2;
     p1=a;
     p2=p1+1;                       //p1 与 p2 指针值差 1
     printf("p1=%p\n",p1);          //p1 对应地址
     printf("p2=%p\n",p2);          //p2 对应地址
     return 0;
}
```

【运行结果】 如下为该程序在 VC++ 6.0 中某次的运行结果。

```
p1=0012FF20
p2=0012FF24
```

【分析】

(1) 指针变量 p1 和 p2 均指向整型数组中的元素，故其基类型为整型，p2 与 p1 的指针值差 1，故其地址值差 4，即 4 个字节。在不同机器上或同一机器的不同时间运行该程序得到的 p1 和 p2 的值可能不同，但在 VC++ 6.0 环境中，其差值相同，均为 4，即 0012FF20(p1)、

0012FF21、0012FF22、0012FF23、0012FF24(p2)。

(2) 输出地址值或指针值时,格式可使用%p 或%x 或%08x,均表示把地址值按十六进制形式输出。

%p：前导 0 不删除,32 位计算机中,输出一般为 8 位,且代码均大写。

%x：前导 0 删除,其具体位数随地址值大小而定,且代码均小写。

%08x：除输出代码均为小写外,其余与%p 相同。

【复习思考题】

1. 列举所有访问数组元素的方式。

2. 简述指针加 1 与地址值加 1 的区别。

3. 在 C 语言中,输出地址值或指针值的格式有几种? 指出其差别。

8.2.2 二维数组和指针

二维数组的逻辑结构为行列形式,但二维数组的存储结构为顺序形式。即二维数组中的数据元素在内存中的存储地址是连续的,故可以使用指针变量保存各个元素的地址值,进而可以间接访问二维数组中的各元素。

例如：

```
#define M 3
#define N 4
int a[M][N],*p,i,j;
```

上述语句定义了一个二维整型数组 a、整型指针变量 p 及整型变量 i 和 j。

访问二维数组中的元素,目前可有如下两种方法(后续将介绍使用指向一维数组的指针访问二维数组中的元素)。

(1) 使用行列下标,直接访问,即 a[i][j]形式。

如 a[2][3]表示 2 行 3 列数组元素。

(2) 通过地址,间接访问,即*(*(a+i)+j)形式。

M 行 N 列的二维数组 a,可以看成是含有 a[0]、a[1]、…、a[M -1]等 M 个元素(M 行)的特殊一维数组,其每个元素 a[i](每行)又是一个含有 N 个元素(N 列)的一维数组。

由于 a[i]可看成是“一维”数组 a 的元素,而 a 可看成该“一维”数组的数组名。根据一维数组元素和一维数组名的关系可得：a[i]等价于*(a + i),均表示 i 行的首地址。

而 i 行又含有 N 个元素(N 列),即 a[i][0]、a[i][1]、a[i][2]、…、a[i][j]、…、a[i][N -1]。故 a[i]表示 i 行对应一维数组的数组名。由于一维数组名 a[i]即首元素 a[i][0]的地址,即 a[i]等价于 &a[i][0],用<-->表示等价,则有以下关系。

```
i 行首元素地址：    a[i] + 0 <--> *(a + i) + 0 <-->&a[i][0]
i 行 1 列元素地址：a[i] + 1 <--> *(a + i) + 1 <-->&a[i][1]
i 行 2 列元素地址：a[i] + 2 <--> *(a + i) + 2 <-->&a[i][2]
…
i 行 j 列元素地址：a[i] + j <--> *(a + i) + j <-->&a[i][j]
```

地址即指针,通过间接访问符*,可以访问指针所指空间。即可得访问二维数组元素 a[i][j]的几种等价形式如下。

```
*(a[i] + j) <--> *(*(a + i) + j)<-->*&a[i][j]<--> a[i][j]
```

例 3 分析如下程序的运行结果，理解二维数组元素 a[i][j]及其对应地址的各种等价表示形式。

【程序代码】

```
#include<stdio.h>
#define M 3
#define N 4
int main(void)
{
    int *p,a[M][N]={{1,2,3,4},{5,6,7,8},{9,10,11,12}};
    p=&a[0][0];
    printf("The address of different rows:\n");
    printf("a + 0 = %p\n",a);
    printf("a + 1 = %p\n",a + 1);
    printf("a + 2 = %p\n\n",a + 2);

    printf("The same address:\n");
    printf("a[2] + 1       = %p\n",a[2] + 1);
    printf("*(a+2) + 1     = %p\n",*(a + 2)+1);
    printf("&a[2][1]       = %p\n\n",&a[2][1]);

    printf("The same element:\n");
    printf("*(a[1] + 3)        = %d\n",*(a[1] + 3));
    printf("*(*(a + 1) + 3)    = %d\n",*(*(a + 1)+3));
    printf("a[1][3]            = %d\n",a[1][3]);
    return 0;
}
```

【运行结果】 涉及地址值时，不同机器，不同时刻，程序的运行结果可能不一样，程序某次运行的结果如下。

```
The address of different rows:
a + 0 = 0012FF14
a + 1 = 0012FF24
a + 2 = 0012FF34

The same address:
a[2] + 1      = 0012FF38
*(a+2) + 1    = 0012FF38
&a[2][1]      = 0012FF38

The same element:
*(a[1] + 3)        = 8
*(*(a + 1) + 3)    = 8
a[1][3]            = 8
```

【分析】

本题主要考察，二维数组 i 行 j 列元素及其地址的各种等价表示形式。

a+0 表示首行的首地址，a+1 表示 1 行的首地址，两者的差值为一行，即 4 列整型元素所占字节数：4×4 字节=16 字节。

0x0012FF24-0x0012FF14=0x10=$1\times16^1+0\times16^0$=16

a[i]+j 与*(a+i)+j 均表示 a[i][j]的地址 &a[i][j]。

(a[i]+j)与(*(a+i)+j)均表示 i 行 j 列元素 a[i][j]。

【复习思考题】

1. 列举二维数组表示元素 a[i][j]的方法。
2. 列举二维数组表示元素 a[i][j]地址的方法。
3. 简述二维数名的含义。如果二维数组名加 1,对应地址值如何变化?

8.2.3 数组指针和指针数组

1. 数组指针

数组指针：a pointer to an array,即指向一维数组的指针。

数组指针的定义格式为：

```
类型(*指针名)[N];                //N元素个数
```

说明：数组指针是指向含 N 个元素的一维数组的指针。由于二维数组每一行均是一维数组,故通常使用指向一维数组的指针指向二维数组的每一行。例如：

```
int(*p)[5];
```

上述语句表示定义了一个指向一维数组的指针 p,或者简称为一维数组指针 p,该指针 p 只能指向含 5 个元素的整型数组。

在定义数组指针时,如果漏写括号(),即误写成如下定义形式：

```
int *p[5];
```

由于下标运算符[]比*运算符的优先级高,p 首先与下标运算符[]相结合,说明 p 为数组,该数组中有 5 个元素,每个为 int *型。即 p 为指针数组,有关指针数组的知识将在后面讲解。

二维数组 a[M][N]分解为一维数组元素 a[0]、a[1]、…、a[M-1]之后,其每一行 a[i]均是一个含 N 个元素的一维数组。如果使用指向一维数组的指针来指向二维数组的每一行,通过该指针可以较方便地访问二维数组中的元素。

使用数组指针访问二维数组中的元素。

例如：

```
#define M 3
#define N 4
int a[M][N],i,j;
int (*p)[N]=a;   // 等价于两条语句 int (*p)[N] ; p=a;
```

以上语句定义了 M 行 N 列的二维整型数组 a 及指向一维数组(大小为 N)的指针变量 p,并初始化为二维数组名 a,即初始指向二维数组的 0 行。

i 行首地址与 i 行首元素地址的区别如下。

i 行首元素的地址,是相对于 i 行首元素 a[i][0]来说的,把这种具体元素的地址,称为一级地址或一级指针,其值加 1 表示跳过一个数组元素,即变为 a[i][1]的地址。

i 行首地址是相对于 i 行这一整行来说的，不是具体某个元素的地址，是二级地址，其值加 1 表示跳过 1 行元素对应的空间。

对二级指针(某行的地址)做取内容操作即变成一级指针(某行首元素的地址)。

两者的变换关系：

```
*(i 行首地址) = i 行首元素地址

0 行首地址：p + 0 <--> a + 0
1 行首地址：p + 1 <--> a + 1
...
i 行首地址：p + i <--> a + i

i 行 0 列元素地址：*(p + i) + 0 <--> *(a + i) +0 <-->&a[i][0]
i 行 1 列元素地址：*(p + i) + 1 <--> *(a + i) +1 <-->&a[i][1]
...
i 行 j 列元素地址：*(p + i) + j    <--> *(a + i) + j    <--> &a[i][j]
i 行 j 列对应元素：*(*(p + i) + j) <--> *(*(a + i) + j) <--> a[i][j]
```

由此可见，当定义一个指向一维数组的指针 p，并初始化为二维数组名 a 时，即 p = a;，用该指针访问元素 a[i][j]的两种形式*(*(p + i) + j)与*(*(a + i) + j)非常相似，仅把 a 替换成了 p 而已。

由于数组指针指向的是一整行，故数组指针每加 1 表示跳过一行，而二维字符数组中每一行均代表一个串，因此在二维字符数组中运用数组指针能较便捷地对各个串进行操作。

例 4 使用数组指针输出二维字符数组中每行对应的字符串。

【分析】

本题主要考察数组指针的应用场景，例如：

```
char s[M][N]={"Jim","Linda","Li Lei","Han Meimei"};
char(*p)[N]=s;
```

以上语句中定义了一个数组指针 p，初始指向二维字符数组 s 的首行。即 p 中保存的是整行的首地址。

在使用 puts 或 printf 函数输出字符串时，参数中均需要该串的首字符的地址，即该串的首元素地址。根据以上知识可知：*(s+0)表示 0 行首元素(首字符)的地址，*(s+i)表示 i 行首元素(首字符)的地址。即：

```
int i;
for(i=0;i<M;i++)
{
    puts(*(p+i));
}
```

【参考代码】

```
#include<stdio.h>
#define M 4
#define N 15
int main(void)
{
```

```
    char s[M][N]={"Jim","Linda","Li Lei","Han Meimei"};
    char (*p)[N]=s;
    int i;
    for(i=0;i<M;i++)
    {
        puts(*(p+i));                //*(p+i):i行首元素(字符)地址
    }
    return 0;
}
```

【运行结果】

```
Jim
Linda
Li Lei
Han Meimei
```

【说明】

puts(*(p+i));等价于 puts(p[i]);或 puts(s[i]);。

2. 指针数组

指针数组(Array of pointers)即存储指针的数组,数组中的每个元素均是同类型的指针。

指针数组的定义格式为:

```
类型 *数组名[数组大小];
```

例如,如下语句定义了一个含有 5 个整型指针变量的一维数组。

```
int * a[5];
```

数组 a 中含有 5 个元素,每个元素均是整型指针类型。

可以分别为数组的各个元素赋值,例如:

```
int a0,a1,a2,a3,a4;
a[0]=&a0;
a[1]=&a1;
...
a[4]=&a4;
```

也可以使用循环语句把另一个数组中每个元素的地址赋给指针数组的每个元素。例如:

```
int i,*a[5],b[]={1,2,3,4,5};
for(i=0;i<5;i++)
    a[i]=&b[i];
```

这样指针数组 a 中每个元素 a[i]中的值,均为 b 数组对应各元素的地址 &b[i],即整型指针。由于 a[i]=&b[i],两边同时加取内容运算符*,即*a[i]=*&b[i]=b[i],即通过指针数组中的每个元素 a[i]可间接访问 b 数组。如下程序可以输出 b 数组中的所有元素。

```
for(i=0;i<5;i++)
    printf("%d\t",*a[i]);           //*a[i]=b[i]
```

指针数组最主要的用途是处理字符串。在C语言中，一个字符串常量代表返回该字符串首字符的地址，即指向该字符串首字符的指针常量，而指针数组的每个元素均是指针变量，故可以把若干字符串常量作为字符指针数组的每个元素。通过操作指针数组的元素间接访问各个元素对应的字符串。例如：

```
char * c[4]={"if","else","for","while"};
int i;
for(i=0;i<4;i++)                        //需确定数组元素个数
    puts(c[i]);                         //输出 c[i]所指字符串
```

上述方法需要知道数组元素个数即该数组中字符串的个数。更通常的做法是，在字符指针数组的最后一个元素(字符串)的后面存一个NULL值。NULL不是C语言的关键字，在C语言中NULL为宏定义：

```
#define NULL ((void*)0)
```

NULL在多个头文件中均有定义，如stdlib.h、stdio.h、string.h、stddef.h等。只要包含上述某个头文件，均可以使用NULL。

上述语句可以修改为：

```
char *c[]={"if","else","for","while",NULL};
int i;
for(i=0;c[i]!=NULL;i++)                 //NULL 代替使用数组大小
    puts(c[i]);
```

例5 编程实现在一个字符串集合中统计某个字符串出现的次数，函数返回该字符串在字符串集合中出现的次数。

【分析】

(1) 字符串集合中每个字符串即字符指针常量可以保存到字符指针数组的每个元素中，例如：

```
char* c[]={"if","else","for","while","for","if","break",NULL};
```

(2) 该函数需要传入两个参数，一是字符串集合，即字符指针数组形式，二是要查找的字符串使用字符指针或字符数组形式。其函数原型为：

```
int count_str(char *str,char *a[]);
```

(3) 比较字符串是否相等使用strcmp函数，所在头文件为string.h。

【参考代码】

```
#include<stdio.h>
#include<string.h>
int count_str(char *str,char *a[]);
int main(void)
{
    char s[]="for",*c[]={"if","else","for","while","for","if","break",NULL};
    int num=count_str(s,c);           //查找数组 s 中的串
    printf("num=%d\n",num);
    return 0;
```

```
}
int count_str(char *str,char *a[])
{
    int i,cnt=0;
    for(i=0;a[i]!=NULL;i++)
        if(0==strcmp(str,a[i]))
            cnt++;
    return cnt;
}
```

【运行结果】

```
num=2
```

【说明】

使用 NULL 作为字符串集合结束的标志，便于判断。此处不建议通过指定数组的大小来判断字符串集合是否结束，一旦指定的大小与字符串集合中字符串个数不匹配将很容易出现运行时错误。

例 6 编程实现对字符串集合中的若干个字符串进行从小到大排序的函数。测试数据如下所示。

初始字符串集合为：

```
{"NanJing","BeiJing","ShangHai","ShanDong"}
```

排序后的字符串集合为：

```
{"BeiJing","NanJing","ShanDong","ShangHai"}
```

【分析】

本题采用冒泡排序，需传入字符串集合即字符指针数组类型及该集合中字符串的个数。函数原型为：void str_sort(char *a[],int n);。

a[j]、a[j+1]分别表示字符串集合中相邻的两个串，如果前者大于后者，即 strcmp(a[j],a[j+1])>0 时，则进行交换。注意，并不是两个串内容交换，仅是把指向两个串的指针交换，即 a[j]与 a[j+1]交换。故定义一个临时指针变量 char *pt;用于交换。

【参考代码】

```
#include<stdio.h>
#include<string.h>
#define N 4
void str_sort(char *a[],int n);
int main(void)
{
    char *c[N]={"NanJing","BeiJing","ShangHai","ShanDong"};
    int i;
    str_sort(c,N);
    for(i=0;i<N;i++)
        puts(c[i]);
    return 0;
}
void str_sort(char *a[],int n)
```

```
{
    int i,j;
    char *pt;
    for(i=0;i<n-1;i++)
    {
        for(j=0;j<n-1-i;j++)
            if(strcmp(a[j],a[j+1])>0)
            {
                pt=a[j];
                a[j]=a[j+1];
                a[j+1]=pt;
            }
    }
}
```

【运行结果】

```
BeiJing
NanJing
ShanDong
ShangHai
```

【说明】

本题也可以用如下字符指针数组的定义形式，即通过 NULL 作为字符串集合结束的标志。

```
char *c[]={"NanJing","BeiJing","ShangHai","ShanDong",NULL};
```

思考相应的排序函数 void str_sort(char *a[]);的实现。

【复习思考题】

1. 在 C 编译器中，NULL 的含义是什么？

2. 在字符指针数组对应的字符串集合中，结束标志一般如何设置？

3. 在上例字符串排序函数中，最常见的错误是试图交换字符串内容的操作。分析以下程序，指出具体错在哪几行，分析该程序错误的原因。

【程序代码】

```
void str_sort(char *a[],int n)
{
    int i,j;
    char t[15];                        //用于交换字符串的临时空间
    for(i=0;i<n-1;i++)
    {
        for(j=0;j<n-1-i;j++)
            if(strcmp(a[j],a[j+1])>0)
            {
                strcpy(t,a[j]);
                strcpy(a[j],a[j+1]);
                strcpy(a[j+1],t);
            }
    }
}
```

提示：strcpy 函数的目标空间必须是数组或动态申请的合法内存空间。

8.3 指针与字符串

8.3.1 常量字符串与指针

1. 字符串与字符指针常量

字符串常量返回的是一个字符指针常量，该字符指针常量中保存的是该字符串首字符的地址，即指向字符串中第一个字符的指针。

例如，字符串常量"abcd"表示一个指针，该指针指向字符'a'，表达式"abcd"+1，是在指针"abcd"值的基础上加 1，故也是一个指针，指向字符串中第二个字符'b'的指针常量。同理，"abcd"+3 表示指向第 4 个字符'd'的指针常量。

由于"abcd"+1 表示指向字符'b'的指针常量，即保存'b'的地址，故如下两条语句均是输出从该指针地址开始直到遇到字符串结束符'\0'为止的字符串"bcd"。

```
puts("abcd"+1);
```

等价于

```
printf("%s\n","abcd"+1);
```

既然字符串返回指针，那么通过间接访问符*，可以访问该指针所指向的字符，例如：*("abcd"+1)表示字符'b'；*("abcd"+3)表示字符'd'；*("abcd"+4)表示空字符'\0'；*("abcd"+5)已越界，表示的字符不确定。

所以，以下两条语句均输出字符'c'。

```
putchar(*("abcd"+2));              //输出字符'c'
printf("%c",*("abcd"+2));          //输出字符'c'
```

以下语句输出空字符（字符串结束符）。

```
putchar(*("abcd"+4));              //输出字符串结束符空字符
```

由于"abcd"+5 表示的指针已超出字符串存储空间，该指针指向的内容*("abcd"+5)不确定。

```
putchar(*("abcd"+5));              //禁止使用。其值不确定
```

当字符数组名用于表达式时也是作为字符指针常量的，例如：

```
char c[]="xyz";
```

数组名 c 为指针常量，即字符'x'的地址，故 c+1 为字符'y'的地址，故如下语句输出 yz。

```
puts(c+1);                         //输出 yz 并换行
```

字符串和字符数组名均表示指针常量，其本身的值不能修改。如下语句均是错误的。

```
c++;                                //错误。字符数组名 c 为常量
"xyz"++;                            //错误。字符串表示指针常量,其值不能修改
*("xyz"+1)='d';                     //运行时错误。试图把'y'变为'd'
```

2. 字符串与字符指针变量

在 C 语言中,经常定义一个字符指针变量指向一个字符串,例如:

```
char *pc="abcd";
```

定义了一个字符指针变量 pc,并初始化为字符串"abcd",即初始指向字符串的首字符,pc=pc+1;表示向后移动一个字符单元,pc 保存字符'b'的地址,即指向字符'b'。通过每次使 pc 增 1,可以遍历字符串中的每个字符。

例如,如下代码段通过指针变量依次遍历输出所指串中每个字符。

【程序代码】

```
#include<stdio.h>
int main(void)
{
    char *pc="hello,world!";        //初始指向首字符
    while(*pc!='\0')
    {
        putchar(*pc);               //间接访问所指字符
        pc++;                       //pc 依次指向后面的字符
    }
    return 0;
}
```

通过字符指针变量可访问所指向的字符串常量,但仅限于"读取"操作,也可以修改字符指针变量的指向,即让其重新指向其他字符串;但不能进行"修改"操作,即不能通过该指针变量,企图改变所指向字符串的内容。有些编译器在编译时可能不报错,但运行时会发生错误。例如:

```
char *pc;                           //正确,未初始化,随机指向
```

该语句定义了一个字符指针变量,并未显式初始化,属于"野"指针,不能对该指针所指内容进行存取操作。由于 pc 为变量,故可以修改指针的指向,即可以让指针变量 pc 重新指向其他字符串。故如下操作是正确的。

```
pc="abcd";                          //正确,让 pc 指向串"abcd"
pc="hello";                         //正确,修改 pc 指向,让其指向串"hello"
```

此时,字符指针变量 pc 已指向字符串常量"hello",不能通过指针修改该字符串常量。如下操作是错误的。

```
*(pc+4)='p';                        //运行时错误。试图把'o'字符改变为'p'
```

更不允许企图通过 pc 指针,覆盖其所指字符串常量。如下企图使用 strcpy 把"xyz"串复制并覆盖 pc 所指串"hello"。

```
strcpy(pc,"xyz");                   //运行时错误。企图把另一个串复制到 pc 空间
```

【复习思考题】

1. 有字符指针变量定义语句 char *pc;,试区别如下两条语句的差别。

```
pc="xyz";
strcpy(pc,"xyz");
```

2. 通过字符指针变量可以修改其指向的字符串常量吗？为什么？

3. 通过指针变量可以改变保存在字符数组中的字符串吗？为什么？

8.3.2 变量字符串

字符数组可以理解为若干个字符变量的集合,如果一个字符串存放在字符数组中,那么字符串中的每个字符都相当于变量,故该字符串中的每个字符均可以改变,故可把存放在字符数组中的字符串称为变量字符串。

1. 字符数组空间分配

例如：

```
char str[10]="like";
```

定义了一个字符数组并显式指定其大小是 10(数组空间应足够大,一般大于等于字符串长度+1),即占 10 个字符空间,前 5 个空间分别存放有效字符'l'、'i'、'k'、'e'及结束符'\0'。多余的空间均用'\0'填充。

定义时也可以不显式指定其大小,让编译器根据初始化字符串长度加 1 来自动分配空间大小。例如：

```
char s[]="like";
```

编译器为该数组分配 5 个字符空间大小,前 4 个为有效字符'l'、'i'、'k'、'e',第 5 个为结束符'\0'。

2. 访问字符数组元素

使用数组下标的形式可以逐个改变数组中的每个元素,如下所示。

```
s[1]='o';                          //正确。'i'->'o'
s[2]='v';                          //正确。'k'->'v'
puts(s);                           //输出 love 并换行
```

可以把字符数组和字符指针联合使用,如下所示。

```
char str[]="I Like C Language!";
char *ps=str;                      //初始指向字符串首字符'I'
*(ps+3)='o';                       //'i'->'o'
*(ps+4)='v';                       //'k'->'v'
ps=str+2;                          //ps 指向'L'字符
puts(ps);                          //输出 Love C Language!并换行
```

3. 字符数组访问越界

不管采用数组名加下标形式还是使用字符指针变量访问字符串,一定不能越界。否则可能会产生意想不到的结果,甚至程序崩溃。如下操作均是错误的。

```
char c[]="Nan Jing",*pc=c+4;         //c 大小：9,pc 指向'J'
c[10]='!';                     //错误。没有 c[10]元素,越界存储,编译器不检查数组是否越界
*(pc+6)='!';                         //错误。越界存,pc+6 等价于 c[10]
putchar(c[9]);                       //错误,越界取,值不确定
```

4. 字符串结束符'\0'

一般把字符串存放于字符数组中时,一定要存储字符串结束符'\0',因为 C 库函数中,对字符串处理的函数,几乎都是把'\0'作为字符串结束标志的。如果字符数组中没有存储结束符'\0',却使用了字符串处理函数,因为这些函数会寻找结束符'\0',可能会产生意想不到的结果,甚至程序崩溃。例如:

```
char s1[5]="hello";                  //s1 不含'\0'
char s2[]={'w','o','r','l','d'};     //s2 大小：5,不含'\0'
char s3[5];                          //未初始化,5 个空间全为不确定值
s3[0]='g';
s3[1]='o';
```

s3 数组的前两个空间被赋值为'g'和'o',未被显式赋值的 s3[2]、s3[3]、s3[4]依然为不确定值。即 s3 数组中依然不含有字符串结束符'\0'。s3 数组各元素如下所示('?'表示不确定值)。

s3[0]	s3[1]	s3[2]	s3[3]	s3[4]
g	o	?	?	?

故以下操作语句严格来说均是错误的,是被禁止的操作。

```
puts(s2);                            //s2 中不含'\0',输出不确定值,甚至程序崩溃
strcpy(s1,s3);                       //运行时错误。s3 中找不到结束符'\0'
```

注意 s3 数组与如下 s4 数组的区别。

```
char s4[5] = {'g','o'};
```

s4 数组中有 5 个元素,初始化列表中显式提供了两个字符'g'和'o',其他元素使用字符的默认值:空字符,即结束符'\0'。s4 数组各元素如下所示。

s4[0]	s4[1]	s4[2]	s4[3]	s4[4]
g	o	\0	\0	\0

故对 s4 数组的如下操作语句均是正确的。

```
puts(s4);                            //输出 go 并换行
strcpy(s1,s4);                       //把 s4 中的串 go 和一个'\o'复制到 s1 中。
```

执行上述语句后,s1 数组中各元素如下所示。

s1[0]	s1[1]	s1[2]	s1[3]	s1[4]
g	o	\0	l	o

此时，s1 数组中也含有字符串结束符。可以调用字符串处理函数(第一次遇到'\0'表示一个串结束)，如下所示。

```
int len=strlen(s1);                    // 正确，len 为 2
puts(s1);                              //正确，输出 go 并换行
```

5. 通过字符指针修改变量字符串

通过字符指针变量可以访问所指字符数组中保存的串，不仅可以读取该数组中保存的字符串，还可以修改该串的内容。原因从数组的本质上理解：数组是一系列相同类型变量的集合，故其中保存的字符串，可以理解为是由若干个字符变量组成的。每个字符变量当然可以改变。

例如：

```
#include<stdio.h>
#include<string.h>
int main(void)
{
    char str[30]="Learn and live.",*p=str;
    *(p+6)='A';
    *(p+10)='L';
    puts(str);
    return 0;
}
```

该程序中，字符指针 p 指向数组 str 中的字符串，由于该字符串是由一系列字符变量组成的，故通过指针变量 p 可以改变该字符串中的字符。故该程序输出：Learn And Live.。

【复习思考题】

1. 简述字符数组中保存的字符串与常量字符串的区别。
2. 为什么变量字符串中通常要加'\0'作为结束标志？
3. 列举常用的字符串处理函数原型及使用方法和注意事项。

8.4 指针与函数

本节将介绍函数中传址调用的另一种形式：指针变量作函数形参，地址(或其他指针变量)作实参的形式；以及返回类型为指针的函数，最后介绍指向函数的指针及其应用。

8.4.1 指针作函数形参——传址调用

在函数章节中，讲述了函数调用的两种形式：传值调用和传址调用，其中，传址调用介绍的是数组类型作函数形参，数组名作实参的形式。

本节将介绍传址调用的另外一种形式，即指针变量作函数形参，地址(或其他指针变量)作实参的形式。函数调用时，在函数体内可以通过实参地址间接地对该实参地址对应的空间进行操作，从而实现可以在函数体内改变外部变量值的功能。

传值调用与传址调用的区别如下。

传值调用：实参为要处理的数据，函数调用时，把要处理数据(实参)的一个副本复制到

对应形参变量中，函数中对形参的所有操作均是对原实参数据副本的操作，无法影响原实参数据。且当要处理的数据量较大时，复制和传输实参的副本可能浪费较多的空间和时间。

传址调用：顾名思义，实参为要处理数据的地址，形参为能够接受地址值的“地址箱”即指针变量。函数调用时，仅是把该地址传递给对应的形参变量，在函数体内，可通过该地址(形参变量的值)间接地访问要处理的数据，由于并没有复制要处理数据的副本，故此种方式可以大大节省程序执行的时间和空间。

例 7 分析如下程序，理解传址调用。

【程序代码】

```
#include<stdio.h>
void func(int *p);
int main(void)
{
    int a=2;
    func(&a);                    //a 的地址作实参赋给形参变量 p,相当于 p=&a;
    printf("a=%d\n",a);
    return 0;
}
void func(int *p)                //指针变量作形参
{
    *p=5;                        //通过 p 间接操作 a 变量空间
}
```

【分析】

上述程序中，函数 func()的形参为整型指针变量 p，函数调用时传入实参变量 a 的地址，相当于 p=&a；即 p 中保存 a 的地址，即 p 指向 a，在 func()函数体内，通过取内容运算符*，可以间接地操作 p 所指向的变量 a 对应空间。

【运行结果】

```
a=5
```

例 8 如下两个函数 swap()和 swap_1()的调用形式均为传址调用，比较两个函数的功能差别，并分析程序的输出结果。

【程序代码】

```
#include<stdio.h>
void swap(int *,int *);
void swap_1(int *,int *);
int main(void)
{
    int a=8,b=9;
    swap_1(&a,&b);
    printf("after swap_1:a=%d,b=%d\n",a,b);
    swap(&a,&b);
    printf("after swap :a=%d,b=%d\n",a,b);
    return 0;
}
void swap(int *p1,int *p2)
{
    int t;                       //临时 int 型变量 t
```

```
        t=*p1;
        *p1=*p2;
        *p2=t;
    }
    void swap_1(int *p1,int *p2)
    {
        int *pt;                        //临时地址箱变量 pt
        pt=p1;
        p1=p2;
        p2=pt;
    }
```

【分析】

函数 swap()与 swap_1()的形参均为指针变量，两函数调用时传入的均为变量 a 和 b 的地址值，即两函数调用均属于传址调用，但功能却不一样。swap()函数可实现交换 a 和 b 的值，而 swap_1()函数不能实现 a 和 b 的交换，且为无意义的函数。

(1) swap()函数中，定义了一个临时整型变量 t，用于交换 a 和 b 的值，p1 和 p2 中分别保存了 a 和 b 的地址，即分别指向 a 和 b，故*p1 相当于 a。

交换过程：先把 a 的值复制一份放入临时变量 t 中，即 t= *p1;，然后再把 b 的值(*p2)赋给变量 a(*p1)，即：*p1=*p2;，最后再把 t 中的值即 a 的原值，赋给 b 变量(*p2)即*p2=t;。故该函数可实现 a 和 b 的交换。

(2) 而 swap_1()函数中，没有定义用于交换的临时整型变量，而是定义了一个临时指针变量 pt，相当于一个临时地址箱 pt。在该函数体内相当于有三个地址箱 p1,p2 和 pt，代码没有涉及 p1 和 p2 所指变量即*p1 和*p2 操作，而仅实现的是 p1 和 p2 两地址箱内容的交换，即交换的结果仅是，地址箱 p1 中保存的是 b 的地址，地址箱 p2 中保存的是 a 的地址。对 a 和 b 没有任何改变，该函数的操作没有任何意义。

【运行结果】

```
after swap_1:a=8,b=9
after swap  :a=9,b=8
```

在编译时，C 编译器会自动把数组类型的函数形参转换成对应的指针类型。数组类型作为函数实参时，形参可以是数组类型或者是同类型的指针类型。

例如，如下 func()函数的形参为两个字符数组类型。

```
void func(char s1[ ],char s2[ ])
{
    //…
}
```

由于 C 编译器会把数组类型的形参自动转换为同类型的指针类型的形参，故该函数形参可等价为两个字符指针类型。即：

```
void func(char * s1,char * s2)
{
    //…
}
```

【复习思考题】

1. 简述传值调用和传址调用的区别。

2. 为什么说传址调用时，数组类型作函数形参等价于对应指针变量作为形参？

8.4.2 指针作函数返回类型——指针函数

有时函数调用结束后，需要函数返回给调用者某个地址即指针类型，以便于后续操作，这种函数返回类型为指针类型的函数，通常称为指针函数。

指针函数的定义格式为：

```
类型 * 函数名(形参列表)
{
    …                                    /*函数体*/
}
```

指针函数，在字符串处理函数中尤为常见。

例 9 编程实现把一个源字符串 src 连接到目标字符串 dest 之后的函数，两串之间用空格隔开，并返回目标串 dest 的地址。

【分析】

要求函数返回目标串的地址，即该函数的返回类型应为指针类型。

(1) 需要向该函数传入两个串，设两个串均存储在字符数组中：

```
char s1[20]="Chinese";                  //目标串
char s2[10]="Dream";                    //原串
```

(2) 设计连接函数，要求返回目标串的地址，地址即指针，故返回类型为字符指针变量。函数原型为：

```
char * str_cat(char * dest,char * src);
```

(3) 连接是把原串连接到目标串的结尾后，故首先定位到目标串的结尾'\0'，方法是：从目标串首字符位置处开始，依次判断每个位置的字符是否为'\0'，如果不是继续向后判断，直到遇到'\0'停止。即：

```
char *p1=dest;
while(*p1!='\0')                        //寻找 dest 串的结尾,循环结束时,p1 指向'\0'字符
    p1++;
```

(4) 循环停止时，p1 指向目标串 dest 的'\0'处，在此处使用空格符覆盖该结束符'\0'。即：

```
*p1=' ';
```

空格后的下一个字符位置才是原串开始复制的起始位置，故需要先把指针 p1 移动到该位置。即：p1++;可以把这两条语句合并为一条语句：

```
*p1++=' ';
```

【参考代码】

```
#include<stdio.h>
```

```
char * str_cat(char * dest,char * src);
int main(void)
{
    char s1[20]="Chinese";          //目标串
    char s2[10]="Dream";
    char *p=str_cat(s1,s2);         //返回地址赋给 p
    puts(p);
    return 0;
}
// str_cat 的参数也可为字符数组形式
char * str_cat(char * dest,char * src)
{
    char *p1=dest,*p2=src;
    while(*p1!='\0')                //寻找 dest 串的结尾,循环结束时,p1 指向'\0'字符
        p1++;
    *p1++=' ';                      //加空格,等价于*p1 = ' ';p1++;
    while(*p2!='\0')
        *p1++=*p2++;
    return dest;
}
```

【运行结果】

```
Chinese Dream
```

8.4.3 指向函数的指针——函数指针

在 C 语言中,整型变量在内存中占一块内存空间,该空间的起始地址称为整型指针,可把整型指针保存到整型指针变量中。函数像其他变量一样,在内存中也占用一块连续的空间,把该空间的起始地址称为函数指针。而函数名就是该空间的首地址,故函数名是常量指针。可把函数指针保存到函数指针变量中。

1. 函数指针的定义

函数指针变量的定义格式为:

```
返回类型 (*指针变量名)(函数参数表);
```

说明:上述定义中,指针变量名定义括号不能省略,否则,则为返回指针类型的函数原型声明,即指针函数的声明。

例如:

int *pf(int,int);该语句声明了一个函数原型,该函数名为 pf,该函数含两个 int 型参数,且该函数返回类型为整型指针类型,即 int*。

int (*pf)(int,int);该语句定义了一个函数指针变量 pf,该指针变量 pf 可以指向任意含有两个整型参数,且返回值为整型的函数。

如下定义了一个 func 函数。

```
int func(int a,int b)
{
    //…
}
```

该函数含有两个整型参数，且返回类型为整型。与 pf 要求指向的函数类型一致，可让 pf 指向该函数，可以采用如下两种方式。

```
pf=&func;                            //正确
pf=func;                             //正确。也可省略 &
```

在给函数指针变量赋值时，函数名前面的取地址操作符 & 可以省略。因为在编译时，C 语言编译器会隐含完成把函数名转换成对应指针形式的操作，故加 & 只是为了显式说明编译器隐含执行该转换操作。

有如下三个函数的原型声明：

```
void f1(int);
int f2(int,float);
char f3(int,int);
```

可能有些编译器对类型检查不严格，但严格意义上来说，如下对函数指针的赋值语句均认为是错误的。

```
pf=f1;                               //错误。参数个数不一致、返回类型不一致
pf=f2;                               //错误。参数 2 的类型不一致
pf=f3;                               //错误。返回类型不一致
```

2. 通过函数指针调用函数

例如，如下 f()函数原型及函数指针变量 pf：

```
int f(int a);
int (*pf)(int)=&f;                   //正确。pf 初始指向 f()函数
```

当函数指针变量 pf 被初始化指向函数 f()后，调用函数 f()有如下三种形式。

```
int result;
result=f(2);                         //正确。编译器会把函数名转换成对应指针
result=pf(2);                        //正确。直接使用函数指针
result=(*pf)(2);                     //正确。先把函数指针转换成对应函数名
```

函数调用时，编译器把函数名转换为对应指针形式，故前两种调用方式含义一样，而第三种调用方式，*pf 转换成对应的函数名 f()，编译时，编译器还会把函数名转换成对应指针形式，从这个角度来理解，第三种调用方式走了些弯路。

例 10 分析以下程序，输出其运行结果。通过本例，掌握函数指针变量的定义格式，通过函数指针调用所指函数的方法。

【程序代码】

```
#include <stdio.h>
int add(int a,int b);
int main(void)
{
    int (*pf)(int,int);
    int s;
    pf=add;                          //或者 pf=&add;
    s=pf(2,3);                       //或者 s=(*pf)(2,3);
```

```
    printf("s=%d\n",s);
    return 0;
}
int add(int a,int b)
{
    return (a+b);
}
```

【分析】

该程序定义了求和函数 add(),在 main()函数中首先定义了一个函数指针变量 pf,专门指向含两个整型参数,且返回值为整型的函数。

而函数 int add(int a,int b)恰好是符合该要求的函数形式,故可把该函数指针变量 pf 指向 add 函数。方法有两种:

```
pf=add;或 pf=&add;
```

通过函数指针变量 pf,可以调用其所指向的函数,调用格式为: pf(2,3);或(*pf)(2,3);就相当于间接调用了 add(2,3)。

【运行结果】

```
s=5
```

函数指针通常主要用于作为函数参数的情形。

假如实现一个简易计算器,函数名为 cal(),假设该计算器有加减乘除等基本操作,每个操作均对应一个函数实现,即有 add()、sub()、mult()、div()等,这 4 个函数具有相同的参数及返回值类型。即:

```
int add(int a,int b);              //加操作
int sub(int a,int b);              //减操作
int mult(int a,int b);             //乘操作
int div(int a,int b);              //除操作
```

定义函数指针变量 int (*pf)(int,int);,该函数指针变量 pf 可分别指向这 4 个函数。

如果用户调用该计算器函数 cal(),希望在不同的时刻调用其不同的功能(加减乘除),较通用的方法,是把该函数指针变量作为计算器函数 cal()的参数。即:

```
//计算器函数
void cal(int(*pf)(int,int),int op1,int op2)
{
     pf(op1,op2);                  //或者(*pf)(op1,op2);
}
```

假如当用户希望调用 cal()函数实现加操作时,只需把加操作函数名 add()及加数和被加数作为实参传给 cal()函数即可;此时 pf 指针指向 add()函数,在 cal()函数内通过该函数指针变量 pf 调用其所执行的函数 add()。可采用如下两种调用方式。

```
pf(op1,op2);或者(*pf)(op1,op2);
```

例 11 使用函数指针，编程实现一个简单计算器程序，可实现两整数相加、相减及相乘的功能。

【分析】

功能函数有三个：相加 add()、相减 sub()及相乘 mult()。这三个功能函数的参数及返回类型均相同，且计算器函数 cal()在不同时刻调用不同的功能函数，故可在计算器函数 cal()中定义一个指向功能函数的指针参数 pf，以及两个操作数参数 op1 和 op2。在 cal()函数体内，通过 pf 调用不同功能函数。函数 cal()定义为：

```
void cal(void (*pf)(int,int),int op1,int op2)
{
     pf(op1,op2);                   //或者(*pf)(op1,op2);
}
```

当想实现 x1 和 x2 相加功能时，把相加功能函数名 add()作为实参赋给 pf，x1 和 x2 分别赋给两操作数 op1 和 op2，即 cal(add,x1,x2);形式。此时，cal()函数中，pf 指向 add，使用(*pf)(op1,op2);或 pf(op1,op2);就相当于 add(x1,x2);。

【参考代码】

```
#include<stdio.h>
void cal(void (*pf)(int,int),int op1,int op2);
void add(int a,int b);              //加操作
void sub(int a,int b);              //减操作
void mult(int a,int b);             //乘操作
int main(void)
{
    int sel,x1,x2;
    printf("Select the operator:");
    scanf("%d",&sel);
    printf("Input two numbers:");
    scanf("%d%d",&x1,&x2);
    switch(sel)
    {
        case 1: cal(add,x1,x2);break;
        case 2: cal(sub,x1,x2);break;
        case 3: cal(mult,x1,x2);break;
        default: printf("Input error!\n");
    }
    return 0;
}
void cal(void (*pf)(int,int),int op1,int op2)
{
    pf(op1,op2);                    //或者(*pf)(op1,op2);
}
void add(int a,int b)
{
    int result=(a + b);
    printf("%d + %d = %d\n",a,b,result);
}
void sub(int a,int b)
{
    int result=(a - b);
```

```
    printf("%d - %d = %d\n",a,b,result);
}
void mult(int a,int b)
{
    int result=(a * b);
    printf("%d * %d = %d\n",a,b,result);
}
```

【运行结果】

当选择 1 相加操作，并且操作数为 2 和 5 时，运行结果如下。

```
Select the operator: 1
Input two numbers: 2 5
2 + 5 = 7
```

当选择 3 相乘操作，并且操作数为 5 和 6 时，运行结果如下。

```
Select the operator: 3
Input two numbers: 5 6
5 * 6 = 30
```

【复习思考题】

1. 简述函数指针的定义格式及通过函数指针调用函数的方式。
2. 函数指针变量通常用在什么场景？
3. 区别 int *pf(int,int);及 int(*pf)(int,int);。

8.5 二级指针

8.5.1 二级指针的定义

C语言中把指针的指针，即指针的地址称为二级指针，其定义格式为：

```
类型  ** 指针名;
```

如果把一级指针理解为"地址箱"，则二级指针可以理解为该"地址箱"所在内存中的起始地址。

变量、一级指针、二级指针的关系与含义，示例如下。

```
char c='a';                     //字符变量 c,占一个字节
char *p1=&c;                    //地址箱 p1:4 字节,保存 c 地址,*p1==c
char **p2=&p1;                  //p2:4 字节,保存 p1 地址,*p2==p1
```

以上语句分别定义了一个字符型变量 c，占 1 个字节，该变量中存储的为字符'a'的 ASCII 值。

接着定义了一个字符指针变量 p1，即地址箱 p1，在 VC++ 6.0 开发环境中，占 4 个字节，该地址箱 p1 中保存 c 的地址，即 p1=&c;。通过间接访问符即取内容访问符*，可得*p1 即 c 变量中的值'a'。

最后定义了一个指向指针的指针变量 p2，即地址箱 p2，该地址箱中保存地址箱 p1 的地址，即 p2=&p1;取 p2 地址箱中内容，*p2 即 p1。

变量 c,指针变量 p1,二级指针变量 p2 在内存中的关系示意图如图 8-3 所示。

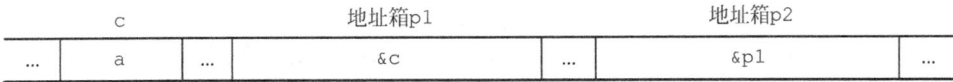

	c		地址箱p1		地址箱p2	
…	a	…	&c	…	&p1	…

图 8-3　变量 c,指针变量 p1,二级指针变量 p2 在内存中的关系

如果知道 p2 指针的值,对其两次取内容操作即可得到变量 c,即*p2 表示 p1,*p1 表示 c,即**p2 相当于 c。

变量、指针、二级指针所占内存空间如下。

变量所占字节数与变量类型、操作系统及编译器有关,如 int 型,在 32 位以上系统、VC++ 6.0 环境中占 4 字节,在 TC 环境中可能占 2 字节。这种依赖于具体编译器的知识,只需要了解即可,需要时可以使用操作符 sizeof,即可求得某种类型在当前系统中所占字节数。但字符型变量一般总是占一个字节,本书的程序结果均以 VC++ 6.0 环境为标准。

在 VC++ 6.0 中,指针类型均占 4 个字节,这里包括各种类型的指针,如整型指针、字符指针、数组指针等;以及各级指针,如一级指针和二级指针等。例如:

```
char c='a',*p1=&c,**p2=&p1;
printf("sizeof(c) = %d\n",sizeof(c));       //字符变量 c
printf("sizeof(p1) = %d\n",sizeof(p1));     //一级指针 p1
printf("sizeof(p2) = %d\n",sizeof(p2));     //二级指针 p2
```

以上语句的运行结果为:

```
sizeof(c)  = 1
sizeof(p1) = 4
sizeof(p2) = 4
```

变量的值和变量的地址:

变量可理解为有名字的内存空间,该空间中存储的值为变量的值,而该空间在内存中的起始地址为该变量的地址。

设有 char c='a',*p1=&c,**p2=&p1;

以上语句定义了三个变量 c、p1 和 p2。

变量 c 的值为字符'a'对应 ASCII 值的二进制表示,也可直观地称变量 c 的值为字符'a'。而变量 c 的地址可以用 &c 求得,地址一般用十六进制数表示。注意:每次运行程序为同一个变量分配的地址可能不同。例如:

```
printf("c = %c\n",c);             //c 的值
printf("&c = %x\n",&c);           //c 的地址,按十六进制输出,也可使用%p 格式符
```

程序某次运行的输出结果为:

```
c  = a
&c = 18ff40
```

指针变量 p1 指向 c,即变量 p1 的值是 &c,或直接从初始化语句 char *p1 = &c;可知,指针 p1 的值为 &c;而指针变量 p1 或地址箱 p1 也占用一定内存空间,该空间的起始地址

可通过 &p1 求得。例如：

```
printf("p1 = %x\n",p1);                 //p1 的值,同 &c
printf("&p1= %x\n",&p1);                //地址箱 p1 在内存中的起始地址
```

程序某次运行结果：

```
p1  = 18ff40
&p1 = 18ff3c
```

由此可知，指针变量的值和指针变量的地址值是不同的，但它们都是地址值。

同理，以下语句是输出二级指针 p2 的值及其地址值。

```
printf("p2 = %x\n",p2);                      //p2 指向 p1,故 p2 的值为 &p1
printf("&p2 = %x\n",&p2);                    //地址箱 p2 在内存中的起始地址
```

程序某次运行结果：

```
p2  = 18ff3c
&p2 = 18ff38
```

使用取内容运算符*可以间接访问指针所指向的变量。例如：

```
char c='a',*p1=&c,**p2=&p1;
```

在上述语句中，p1 指向 c，故*p1 相当于 c。p2 指向 p1，故*p2 相当于 p1。即：

```
printf("c      = %c\n",c);
printf("*p1    = %c\n",*p1);           //*p1<-->c
printf("*p2    = %x\n",*p2);           //*p2<-->p1<-->&c 依然为地址
printf("**p2   = %c\n",**p2);          //**p2=*(*p2)=*p1=c
```

上述程序的运行结果为：

```
c     = a
*p1   = a
*p2   = 18ff40
**p2  = a
```

对二级指针 p2 两次取内容操作，可分步操作，即：

```
**p2=*(*p2)=*p1=c。
```

【复习思考题】

1. 简述二级指针的含义。
2. 在 VC++ 6.0 开发环境中，一级指针、二级指针所占字节数分别是多少？
3. 复习输出地址值的格式控制符除了%x 外还有哪些？区别是什么？

8.5.2 二级指针与二维数组

1. 等价(相同)指针

当两个指针的值及基类型均相同时，才称两个指针相同或等价。

```
int a[3][4];
```

判断 a 与 a[0]是否等价有以下两步。

1）a 与 a[0]的值

上述语句定义了一个二维整型数组 a，分别以十六进制形式输出 a 和 a[0]的值，如下所示。

```
printf("a    = %x\n",a);          //a 的值
printf("a[0] = %x\n",a[0]);       //a[0]的值
```

程序某次运行结果如下。

```
a    = 18ff14
a[0] = 18ff14
```

由此可知，a 与 a[0]的值相同。

2）a 与 a[0]的类型

对指针取内容操作所得数据类型即是该指针的类型。例如：

```
int a,*p=&a;
```

可对 p 取内容，*p=a，而 a 为整型，故指针 p 的基类型为整型。

数组和指针有重要的关系：

```
*(a+i)=a[i];
```

a=(a+0)= a[0]，而 a[0]表示二维数组的首行，即含 4 个元素的一维数组。因此，可以说指针 a 的基类型为含 4 个元素(16 字节)的一维数组。

而*a[0]=*(a[0]+0)= a[0][0]，a[0][0]为 4 个字节的整型元素，因此，指针 a[0]的基类型为 4 字节的整型元素。

故，二维数组名 a 与 a[0]不等价。

2. 指针变量赋值

```
int a[3][4],**p;
```

如上定义了二维数组 a 和二级指针 p。如果把 a 赋给 p 即：

```
p=a;                        //禁止操作。类型不一致
```

由于 C 语言对类型检查不严格，有些 C 编译器可能仅发出警告，C++语法则认为该语句是错误的。本教材也把语法认为是错误的。原因是 p 与 a 的指针类型不一致，故不能赋值。

a 的类型，如上所述，为*a=*(a+0)= a[0]，a[0]为首行，即对应 4 个元素(16 个字节)的一维数组。显然与 p 的基类型不一致。故不能赋值。

既然指针 a 的类型为含 4 个元素的一维数组，所以 a 与数组指针即指向一维数组的指针同类型。如果定义一个数组指针 pa，并把 a 赋给数组指针 pa，语法正确。例如：

```
int a[3][4],(*pa)[4];       //pa 数组指针，基类型:4 个元素的一维数组
pa=a;                       //正确，类型一致。
```

注意：数组指针所指向的一维数组元素个数不能任意，必须与所指二维数组的列数相同。如下赋值是错误的。

```
int (*p2)[6];                    //p2只能指向含6个整型元素的一维数组
p2=a;                            //错误,类型不一致。a每一行为4元素的一维数组
```

【复习思考题】

1. 判断两个指针是否等价,需要判断几个因素?

2. 设有二维数组 int a[4][5],**p1,(*p2)[10],(*p3)[5];

则以下赋值语句正确吗? 请说明原因。

```
p1=a;
p2=a;
p3=a+2;
```

8.5.3 二级指针与指针数组

指针数组作为函数参数时,编译器会自动把其转换为指针的指针,即二级指针。

当指针数组作为函数实参时,形参可以为指针数组类型或者二级指针类型。

比如,函数原型:

```
void str_sort(char *a[],int n);
```

该函数中,指针数组作为函数形参,编译器会把字符指针数组 a 转换为二级字符指针变量 a,即等价于如下形式。

```
void str_sort(char **a,int n);
```

同理,int count_str(char *str,char *a[],int n);等价于:

```
int count_str(char *str,char **a,int n);
```

【复习思考题】

1. void sort(int a[],int n);与 void sort(int *p,int n);等价吗?

2. void search_str(char *a[],char *s);与 void search_str(char **a,char *s);等价吗?

8.6 动态内存分配与指针

有些变量的空间是在程序编译时确定的,该空间的大小在整个程序运行期间不能改变,这种内存分配方式也称为静态内存分配。例如:

```
char c[50];
```

定义了大小为 50 的字符数组,程序在编译时为 c 分配了 50 个字符大小的空间,该空间在整个程序运行期间不改变。如果用该数组存储长度为 5 的字符串,则造成大量空间浪费,而如果存储长度为 60 的字符串,显然空间不够。这种静态分配内存的情况,一旦空间大小确定后,不便于调整,不便于存储数据量变化较大的数据。

动态内存分配提供了根据所存数据的大小,在程序运行时动态申请内存的方式。根据"存储区和存储类型"的知识可知,动态内存分配的空间在堆区。可以通过 malloc、calloc

或 realloc 等内存申请函数动态申请内存空间，程序使用完该空间后，需要使用内存释放函数 free 释放该空间。

本节主要讲解常用的动态内存申请函数及释放函数，在这之前，首先讲解动态内存使用中常用的两种指针：无类型指针（void 指针）和空指针（NULL 指针）。

8.6.1 无类型指针和空指针

1. 无类型指针

void 类型的指针，通常称为无类型指针，一般不把 void 类型指针简称为空指针。

可以把 void 类型指针转换为任意类型的指针。例如：

```
int *pi;
void *pv;
```

以上定义了一个整型指针变量 pi 和无类型指针变量 pv。

对于 void 类型指针的使用，有如下几点说明。

（1）任何类型的指针均可赋值给 void 指针变量。例如：

```
pv=pi;
```

（2）void 类型的指针可以转换成任意类型的指针。void 指针赋值给其他类型的指针变量时，有的编译器会自动把 void 类型的指针转换成其他类型的指针。更安全的方法是显式地通过强制类型转换把 void 类型的指针转换成任意类型的指针，然后再进行赋值操作。例如：

```
pi=(int *)pv;                //先把 pv 强制转换为整型指针后，再赋给 pi
```

（3）不能访问 void 指针所指变量。

```
int a=2,b,*pi;
void *pv=&a;                 //正确，pv 指向整型变量 a
b=*pv;                       //错误。不能进行*pv 操作
```

当前 pv 已指向 a，可以先把 pv 赋给 pi，即让 pi 也指向 a，然后通过*pi 可访问 a。例如：

```
pi=(int *)pv;                //pi 也指向 a
b=*pi;                       //正确，*pi 表示 a
```

（4）不能将 void 指针变量参与算术运算。

通常指针变量加 1 表示跳过一个存储元素空间，而 void 类型指针，没有具体基类型，指针加 1 其跳过的存储空间大小不确定。故 void 类型的指针不允许自增、自减等相关操作。如下语句均是错误的。

```
pv++;                        //错误
pv+=n;                       //错误
```

如果把 void 类型指针转换为具体类型指针后，可以进行相关算术运算，如以下语句均是正确的。

```
((int*)pv)++;                //正确
```

但如果漏写括号，即写成(int*)pv++;是错误的。

2. 空指针

空指针即 NULL 指针，在处理字符串或动态内存分配问题时，较多地使用空指针。

NULL 是一个宏定义，NULL 不是 C 语言的关键字，在 C 编译器中 NULL 为宏定义：

```
#define NULL ((void*)0)
```

而在 C++编译器中，则把 NULL 直接定义成了 0。

NULL 在多个头文件中均有定义，如 stdlib.h、stdio.h、string.h、stddef.h 等。只要包含上述某个头文件，均可以使用 NULL。

NULL 即内存 0 地址，零地址区域是受系统保护的特殊区域，一般不允许对该区域进行访问操作。

如果一个指针变量被赋值为 NULL，意味着该指针变量不指向任何编程者可访问的合法内存空间，故不能访问 NULL 指针所指空间。例如：

```
int * p,a=2,b;                //p 随机指向内存一块空间
p=&a;                         //正确。p 指向 a
b=*p;                         //正确。即 b=a;
p=NULL;                       //正确。或 p=0;
```

此时 p 已被赋值为 NULL，表示 p 指针已不再指向任何可操作的合法空间，故不能再对 p 指向的空间进行存取操作。

```
b=*p;                         //错误。不能再对 p 空间取操作
*p=5;                         //错误。不能再对 p 空间存操作
```

虽然 NULL 与 0 等价，但使用 NULL 更能体现是对指针的操作。

【复习思考题】

1. void*的含义什么？void 类型的指针能否与其他类型的指针相互转化？如果能，写出转化格式。

2. 在 C 编译器中，NULL 的含义是什么？指针变量被赋值为 NULL 后，意味着什么？还能否通过该指针访问其指向的内存空间？

8.6.2 常见动态内存申请和释放函数

ANSI C 提供了 4 个动态内存处理函数，三个动态内存申请函数为 malloc、calloc 和 realloc，一个动态内存的释放函数为 free。

调用这 4 个库函数时，如果使用支持 ANSI C 标准的编译器，则要求包含头文件 stdlib.h。而少数编译器则要求包含头文件 malloc.h。

内存申请函数：malloc、calloc、realloc。

1. malloc 函数——所申请内存块未初始化

函数原型：void * malloc(unsigned int size);

说明：

(1) 函数参数为无符号整型，即所需申请空间的字节数。例如：malloc(20);表示申请 20 个字节大小的空间。如果想申请存储 10 个整型变量的空间，由于不同系统中，整型变

量所占字节可能有差别。为了使程序具有可移植性，可以使用 sizeof 运算符计算存储数据类型所占的字节数。故申请 10 个整型变量空间可用如下表示形式。

```
malloc(10*sizeof(int));
```

(2) 函数返回类型。

如果内存申请成功，则返回该空间的起始地址，故返回指针类型，该空间可理解为"空白空间"，系统并不关心申请者使用该空间存储哪一种类型的数据，故为通用的 void 类型指针。因此，函数返回为 void*类型。

如果该空间用于存储某种类型的数据，只需要把 void 型指针转换为该类型指针即可。

例如，向内存动态申请 100 个字节的空间，用来存储字符型变量的数据，则使用如下语句实现。

```
char *p=(char*)malloc(100);
```

表示申请 100 个字节大小的空间，然后把返回的 void 型指针强制转换为要存储的 char 类型的指针，并保存到字符指针变量 p 中，便可以使用 p 对该空间进行操作。

(3) 如果申请空间失败，则返回 NULL 指针。所以一般调用完内存申请函数后，首先对返回值进行非空判断。例如：

```
if(NULL==p)                    //或者 if(!p)
{
     //提示申请失败，退出程序或进行其他处理
}
if(p)                          //或者 if(p!=NULL)
{
    //申请成功，后续操作
}
```

2. calloc 函数——所申请内存块初始化清零

函数原型：void* calloc(unsigned int n,unsigned int elem_size);

说明：

(1) 函数功能：申请能容纳下 n 个元素的连续内存空间，每个元素占 elem_size 个字节数。共申请空间大小为 n×elem_size 个字节。分配成功，返回该空间的起始地址；分配失败，返回空指针 NULL。

如果申请 10 个 int 型元素的空间，可以用如下语句。

```
int *p=(int*)calloc(10,sizeof(int));
```

(2) 与 malloc 不同的是该函数把申请到的内存块内容初始化为 0 值。即：

```
int i;
for(i=0;i<10;i++)
    printf("%d\t",*p++);
```

以上程序将输出 10 个 0。

(3) 申请失败返回 NULL。

3. realloc()函数——可修改原内存块大小,新增部分未初始化

函数原型:

```
void* realloc(void* p,unsigned int new_size);
```

说明:

(1) 函数功能:重新修改原来申请的动态空间的大小,可以扩大或者缩小原空间。

若缩小原空间,则原空间的后半部分截断;若扩大原空间,新增加的空间加在原空间的后面。如果无法在原空间基础上增加,则在其他内存空间分配需要的空间,并把原空间数据复制到新空间中,即成功修改后的内存空间的起始地址可能与原内存空间的起始地址不同。为了更加安全起见,调用该函数后,一定要使用 realloc()函数返回的指针对该申请后的空间操作。例如:

```
char *p1=(char *)malloc(10);
strcpy(p1,"hello,");
```

以上语句使用 malloc 申请了 10 个字节的空间,用 p1 指向该空间,并把字符串"hello"复制到该空间中。

如果想把字符串"world!"连接到字符串"hello"的后面,原空间大小无法满足要求,需要在原空间的基础上修改其大小,假设共需要 15 个字节,则可使用 realloc()函数。例如:

```
char *p2=(char*)realloc(p1,15);
```

表示把 p1 所指原空间大小修改为 15 个字节,修改后空间的起始地址保存在 p2 指针中。此时,p1 所指空间中的字符串"hello,"已复制到 p2 所指新空间中。为程序更加安全,切记不再使用原 p1 指针,而使用新返回的指针 p2。

```
puts(p2);                    //输出字符串 hello,
strcat(p2,"world!");         //把 world!连接在 hello,后
puts(p2);                    //输出 hello,world!
```

(2) 如果 realloc()函数的第一个参数为 NULL,则该函数的功能与 malloc()函数相同。即:

```
realloc(NULL,20);      等价于      malloc(20);
```

(3) 如果 new_size 为 0,而 p 不为 NULL,则相当于对 p 所指空间调用内存释放函数 free(p);即:

```
realloc(p,0);      等价于      free(p);
```

(4) 申请失败返回 NULL,不改变原内存空间的内容。

当动态分配的内存不再使用时,应及时释放掉,如果在使用完后没有释放,则会造成堆区内存池中可供动态分配的内存逐步减少,这种现象称为内存泄漏或内存渗漏,当内存池中内存耗尽时,将导致程序崩溃,系统重启。

内存释放函数:

```
free
```

在 C 语言中，动态申请的内存在使用完后，应使用内存释放函数 free 把该内存释放掉。

函数原型：

```
void free(void *p);
```

例如：

```
char *p=(char*)malloc(10*sizeof(char));
…
free(p);                          //释放该动态申请的空间
```

注意：调用 free(p)后，p 指向的空间的访问权限已被收回，不能再被访问，但 p 指针的值并没发生变化，故容易造成一种错觉，以为该指针还可以继续使用。为了避免错误使用该指针，建议在释放 p 所指空间后，把该指针赋值为 NULL，提示编程者不能再访问该指针所指空间。即：

```
free(p);
p=NULL;                           //起警示作用
```

【复习思考题】

1. 简述常见的三种动态内存申请函数的原型及使用方法。
2. 为什么总是先把 malloc()等相关内存分配函数的返回值强制类型转换后使用?
3. 判断：使用 realloc()修改内存空间后，新空间的起始地址和原空间的起始地址相同。
4. 简述内存泄漏的原因，应该如何避免?
5. 某指针所指空间被释放后，为什么通常把该指针赋值为 NULL?

小　　结

本章主要讲解了指针的相关知识，指针是 C 语言的重点和难点，也是 C 语言的精髓所在。本章先介绍了指针及其变量的定义，接着介绍了指针与数组、字符串、函数的关系，最后介绍了动态内存分配。

1. 本章主要知识点梳理

本章主要围绕各种指针类型展开讲解，如表 8-1 所示为本章涉及的各种常见指针类型及其对比分析。

表 8-1　常见指针类型对比

组别	概念	定　　义	含　　义
第一组	普通变量	int p;	定义 p 为普通整型变量
	指针变量	int *p;	定义 p 为整型指针变量，即“地址箱”，保存其他整型变量或常量的地址
第二组	普通数组	int p[10];	定义含 10 个整型元素的一维数组。p 为数组名
	指针数组	int *p[10];	由于下标运算符[]的优先级高于运算符*的优先级，故 p 为数组类型。本例定义能容纳 10 个整型地址(指针)的整型指针数组。p 为数组名
	数组指针	int (*p)[10];	定义指向一维数组的指针变量 p，p 指向的数组必须是含 10 个元素的整型数组。通常使用指向一维数组的指针，指向二维数组的某一行

续表

组别	概念	定　　义	含　　义
第三组	普通函数	int p(int,int);	函数原型声明,该函数含两个整型参数,且返回类型为int,p为函数名
	指针函数	int * p(int,int);	由于运算符()的优先级高于运算符*的优先级,故p为函数类型,该函数含两个整型参数,返回值为整型地址,即整型指针 int *,p为函数名
	函数指针	int (*p)(int,int);	由于使用()把p与*结合在一起,标志着p为指针类型,是指向函数的指针,所指向的函数必须是含有两个整型参数,且返回值为整型的函数
第四组	二级指针	int **p;	定义一个指向指针的指针变量p,即保持一级指针变量地址的变量。例如: int a=5; int *p1=&a;　　　//保存普通变量a的地址 int **p2=&p1;　　//保存指针变量p1的地址

2. 本章重点、难点

本章的重点是指针及指针变量的含义。内存访问有两种方式:直接访问(通过标识符,如变量名等)和间接访问(通过地址,如指针)。熟练使用指针访问数组元素,指针作为函数参数,即传地址调用。熟练掌握动态内存分配和释放操作。本章重点、难点如表8-2所示。

本章的难点是数组指针,即指向一维数组的指针,通常使用数组指针遍历二维数组的每一行。字符指针数组中存储的是各个字符指针,即可以存储若干字符串的首地址。

表 8-2　本章重点、难点知识

知　识　点	示　　例	说　　明
直接和间接访问内存	int a,*p=&a; a=3;等价于*p=3;	访问内存的方式可分为直接访问和间接访问。通过变量名字可直接访问该变量名对应空间;或通过变量的地址间接访问该空间
访问二维数组元素的各种等价形式	int a[5][10],(*p)[10]=a,i,j;则以下4种访问数组i行j列元素的方式是等价的: *(*(p+i)+j)与*(*(a+i)+j)与*(a[i]+j)与a[i][j]均等价	二维数组元素有多种表示形式,需要灵活掌握。可以采用数组下标形式、指针形式及混合形式

使用数组指针访问二维数组中的行	int a[3][4]={{1,2,3,4},{5,6,7,8},
	　　　　　　{9,10,11,12}},i,j;
	int (*p)[4]=a;　//初始指向首行
	for(i=0;i<3;i++)
	{
	　　for(j=0;j<4;j++)
	　　{
	　　　　printf("%d\t",*(*(p+i)+j));
	　　}
	　　printf("\n");
	}
		使用数组指针,即指向一维数组的指针可以访问二维数组的每一行。
		注意:该数组指针所指向的一维数组的大小必须与二维数组的列数相等

续表

知　识　点	示　　例	说　　明

使用字符指针数组存储若干字符串	char *c[]={"how","are","you",
	　　　　"going","today",NULL};
	int i;
	for(i=0;c[i]!=NULL;i++)
	　　puts(c[i]);
		字符指针数组中相当于含有若干个字符串的集合，通常使用 NULL 作为字符串集合的结束标志

传址调用	int a=3,b=5; void swap(int *pa,int *pb){…}　//定义 swap(&a,&b);　　　　//调用，实参为地址	传址调用，顾名思义，实参为地址，形参为接受地址值的“地址箱”即指针变量

三个动态内存分配函数	void * malloc(unsigned int size);
	void* calloc(unsigned int n,unsigned int elem_size);
	void* realloc(void * p,unsigned int new_size);
		参照附录中库函数

动态内存释放函数	free(p);	p 为指向动态分配的内存

3. 本章易错知识点

本章易错知识点见表 8-3。

表 8-3　本章常见易错点

易错知识点	示　　例	说　　明
多个指针变量的定义	定义三个整型指针变量 p1、p2、p3。 常见错误写法： int *p1,p2,p3; 正确写法： int *p1,*p2,*p3;	当定义多个指针变量时，每个指针变量名前面均需要加*标志
为指针变量赋值时，基类型不匹配	float *p1,f; int i,*p2; p2=&f;　　　//错误，基类型不一致 p1=p2;　　　//错误，基类型不一致	在为指针变量赋值时，必须与指针变量的基类型一致
使用指针变量时，不能带定义时的标识*	int *p,a; *p=&a;　　　//错误	p 为指针变量，而*仅是定义指针时的标识，在后续使用指针变量时，不能在其前加*

误将指针变量当成普通变量使用	例 1　使用指针为数组输入元素。
	int a[10],*p;
	for(p=a;p<a+10;p++)
	　　scanf("%d",&p);　　//错误
	正确写法：
	scanf("%d",p);　　　//正确
	例 2　输出数组中各元素。
	int a[5]={1,2,3,4,5},*p;
	for(p=a;p<a+5;p++)
	　　printf("%d\t",p);　//错误
	正确写法：
	printf("%d\t",*p);　　//正确
		指针变量中的值本来就是地址

续表

易错知识点	示　　例	说　　明

访问“野指针”或“NULL 指针”	常见错误：
	`int *p1; //无合法指向的"野指针"`
	`*p1=5;   //试图对"野指针"所指空间赋值`
	`int *p2=NULL;          //p2 为 NULL 指针`
	`*p2=5;   //试图对"空指针"所指空间赋值`
		(1) 程序中访问的指针变量必须有合法指向。
		(2) 如果定义指针变量后没有为其赋值,则此时的指针称为“野指针”,不能试图访问该指针所指空间。
		(3) 不能访问 NULL 指针所指空间

习　　题

1. 指针的定义与引用

1) 内存与地址

(1) 简述指针和内存地址的关系。

(2) 简述变量的值和变量的地址值的区别。

2) 指针变量的定义

如下定义与赋值语句正确吗？如不正确,请指明错误原因,并改正。

```
int a,b,*pa=&a,pb=&b;
char *pc=&c,c;
*pb=pa;
```

3) 指针变量的引用

(1) 分析以下程序,输出其运行结果。

【程序代码】

```
#include<stdio.h>
int main(void)
{
    int a=3,b=5,*pa=&a,*pb=&b;
    int c=*pa + *pb;
    printf("*pa+*pb=%d\n",c);
    return 0;
}
```

(2) 以下程序有无错误？如有错误,请指出并改正。

【程序代码】

```
#include<stdio.h>
int main(void)
{
    int a=3,b=5,*p;
    *p=a+b;
    printf("*p=%d\n",*p);
```

```
    return 0;
}
```

2. 指针与数组

1）一维数组和指针

（1）设计程序输出验证：指向不同类型数组元素的指针加 1 与地址加 1 的差别。

（2）以下程序试图实现从键盘输入 10 个整数到数组 a 中，然后输出数组中的数据。指出该程序中的错误，并修改。

【程序代码】

```
#include<stdio.h>
#define N=10
int main(void)
{
     int *p,a[N],i;
     p=a;
     printf("Input the array:\n");
     for(i=0;i<N;i++)
         scanf("%d",&p++);
     printf("The array is:\n");
     for(i=0;i<N;i++)
         printf("%d\t",*p++);
     return 0;
}
```

（3）分析以下程序，输出其运行结果。

【程序代码】

```
#include<stdio.h>
int main(void)
{
    int a[]={9,8,7,6,5,4,3,2,1,0},*p=a+4;
    printf("%d\n",*p++);
    return 0;
}
```

2）二维数组和指针

（1）分析以下程序，输出其运行结果。

【程序代码】

```
#include<stdio.h>
int main(void)
{
    int a[3][4],*p,i;
    p=&a[0][0];
    for(i=0;i<12;i++)
        p[i]=i+1;
    printf("%d\n",*(p+4));
    return 0;
}
```

(2) 若有定义：int a[3][4];，则对 a 数组 i 行 j 列元素的地址引用正确的是(　　)。

A. *(a[i]+j)　　B. *(a+j)　　C. (a+i)　　D. a[i]+j

(3) 若有定义：int a[3][4];，则对 a 数组 i 行 j 列元素引用正确的是(　　)。

A. (a[i]+j)　　B. (*(a+i)+j)

C. *(*(a+i)+j)　　D. (a+i)[j]

3) 数组指针和指针数组

(1) 如下程序试图在字符串集合中查找某指定字符串出现的次数。该程序中函数 count_str()的定义存在什么隐患？该程序能正常运行吗？如不能，请指正。并总结该函数如何定义才更安全、更规范。

【程序代码】

```
#include<stdio.h>
#include<string.h>
#define N 10
int count_str(char *str,char *a[],int n);
int main(void)
{
    char s[]="for",*c[N]={"if","else","for","while","for","if","break"};
    int num=count_str(s,c,N);              //查找数组 s 中的串
    printf("num=%d\n",num);
    return 0;
}
int count_str(char *str,char *a[],int n)
{
    int i,cnt=0;
    for(i=0;i<n;i++)
        if(0==strcmp(str,a[i]))
            cnt++;
    return cnt;
}
```

(2) 编程实现在一个字符串集合中查找输出最长的字符串，并输出其长度。要求使用字符指针数组实现。

(3) 分析以下程序的输出结果。

```
#include <stdio.h>
int main(void)
{
    char*s[]={"Apple","Banana","Pear","Grape",NULL},*p;
    int i,j,n = 0;
    while(s[n] != NULL)
    n++;
    j=n-1;
    for(i=0;i<j;i++,j--)
        p=s[i],s[i]=s[j],s[j]=p;
    for(i=0;i<n;i++)
        puts(s[i]);
    return 0;
}
```

3. 指针与字符串

1）常量字符串与指针

（1）写出如下语句的输出结果。

① puts(("Hello,world!"+6));

② putchar(*("Hello,world!"+6));

（2）写出以下程序的输出结果。

```
char *s="abcdefg";
s+=3;
printf("%s",s);
```

（3）设有定义语句：char a[20],*p=a;，下面的赋值语句中，正确的是（　　）。

A. a[20]="Visual C++";　　B. a="Visual C++";

C. *p="Visual C++";　　D. p="Visual C++";

2）变量字符串

设有定义语句：

```
char str[20]="Action speak\0 louder than\0 words.",*p=str;
```

写出如下两条语句的输出结果。

```
printf("%s\n",p+2);
printf("%d\n",strlen(p));
```

4. 指针与函数

1）指针作函数形参——传址调用

（1）分析以下程序，输出其运行结果。该程序属于传址调用吗？

【程序代码】

```
#include<stdio.h>
void add(int x,int y,int *p);
int main(void)
{
    int a=3,b=5,s;
    add(a,b,&s);
    printf("s=%d\n",s);
    return 0;
}
void add(int x,int y,int *p)
{
    *p=x+y;
}
```

（2）已知 main()函数中有声明 int a=3,b=5;，若在 main()函数中通过执行函数调用语句 swap(&a,&b);实现交换 a、b 值的功能，则下列 swap 函数的定义中正确的是（　　）。

A. void swap(int x, int y)　　{ int t;　t=x;　x=y;　y=t;}

B. void swap(int *x, int *y) { int t;　t=*x;　*x=*y;　*y=t;}

C. void swap(int *x, int *y) { int *p;　*p=*x;　*x=*y;　*y=*p;}

D. void swap(int *x, int *y) { int *p; p=x; x=y; y=p;}

(3) 编程实现删除字符串中所有的数字字符的功能。

函数原型:

```
void del_num(char *s);
```

2) 指针作函数返回类型——指针函数

(1) 实现把一个源字符串 src 复制到目标空间 dest 中,返回目标串 dest 的地址。

函数原型:

```
char * str_cpy(char *dest,char *src);
```

(2) 分析以下程序,输出其运行结果。

【程序代码】

```
#include<stdio.h>
char* ToUpper(char *s);
int main(void)
{
    char str[20]="Come on 2017!";
    char *p=ToUpper(str);
    puts(str);
    return 0;
}
char* ToUpper(char *s)
{
    int i=0;
    char ch;
    while((ch=*(s+i))!='\0')
    {
        if(ch>='a' && ch<='z')
            *(s+i)=ch-('a'-'A');
        i++;
    }
    return s;
}
```

3) 指向函数的指针——函数指针

简述函数指针和指针函数的区别。

5. 二级指针

1) 二级指针的定义

(1) 分析以下程序,输出其运行结果。

【程序代码】

```
#include<stdio.h>
int main(void)
{
    int a=5,b,*p1=&a,**p2=&p1;
    b=**p2;
```

```
    printf("b=%d\n",b);
    return 0;
}
```

(2) 分析以下程序,输出其运行结果。

【程序代码】

```
#include<stdio.h>
int main(void)
{
    int a[5]={1,2,3,4,5},*p1=a+2,**p2=&p1;
    printf("*p1++=%d\n",*p1++);
    printf("**p2++=%d\n",**p2++);
    return 0;
}
```

2) 二级指针与二维数组

设有定义语句：int a[3][4],**p;,则 a 与 p 的含义相同吗？说出差别。

6. 动态内存分配与指针

(1) 简述静态内存分配和动态内存分配的区别。

(2) 简述无类型指针即 void*和空指针 NULL 的区别。

(3) 简述常见的动态内存申请函数及区别。

第9章 自定义类型

本章学习目标

- 能够根据实际问题的需要,抽象并定义出合适的自定义类型
- 掌握结构体及结构体数组的定义和使用
- 掌握结构体指针及结构体类型作为函数参数
- 掌握单链表的创建和使用
- 了解共用体类型、枚举类型的基本概念

程序设计,并不是仅对整型、字符型、浮点型等简单的基本数据类型进行操作,恰恰相反,在实际应用中,更多的是对较复杂的事物或逻辑进行描述和处理。一个复杂的事物往往包括多个组成部分,这些组成部分称为成员。孤立的各个成员无法把事物描述清楚,C语言支持自定义类型的语法,即把有内在联系的各个成员组合在一起,定义成一种新的类型。把该类型称为"自定义类型",如结构体类型、共用体类型、枚举类型等均属于自定义类型。使用这些自定义类型可以更好地描述复杂的事物。

本章首先介绍结构体类型的定义及其基本使用,接着介绍结构体数组及结构体指针,以及结构体作为函数参数的使用,最后简单介绍了共用体类型及枚举类型。

9.1 结构体类型及其变量

9.1.1 结构体类型的引入

在处理一些较复杂的实际问题时,如果需要多个数据项才能更好地把该问题描述清楚,那么这些数据项之间就已经隐含某种内在的联系,这些数据项或称为成员的类型可能是不同的。很显然,使用孤立的基本内置数据类型来定义各个数据项(成员)已不能很好地描述该问题,这时可以定义一个新的用户自定义数据类型,把隐含内在联系的各个成员作为该新类型的成员。该类型称为结构体类型。

结构体类型定义后,就像其他内置类型如整型、浮点型一样使用,可以定义该结构体类型的变量,可以定义该结构体类型的数组,可以定义该结构体类型的指针,也可以把该结构体类型作为函数参数类型等。

例如,若要求平面中的两点的距离,首先抽象出描述事物的个体,即平面中的每个点,每个点均有横坐标和纵坐标两个属性,如果采用原来的方法,即用基本的内置类型来表示每个点的横坐标和纵坐标,如 float x1,y1,x2,y2;则每个变量看上去均是孤立的,

变量之间的内在联系无法反映，且当定义多个点时，需要定义的变量数会增多，显得杂乱无章。

由于每个个体(每个点)均含有横坐标和纵坐标两个成员，故可以定义一个专门用于描述平面中点的新类型，即点的结构体类型，该点结构体类型中含有描述该点属性的两个成员：横坐标和纵坐标。该新类型的一个变量即表示平面中的一个点。

再比如，若要统计一个班级学生的C语言课程的成绩，假设本程序只关注学生的姓名、学号、成绩这三个数据项(成员)，这三个数据项的类型分别为字符数组类型、整型和浮点型。也就是说只有把姓名、学号、成绩这三项组合成一个整体才能更好地描述每个学生个体。因此，可以定义一个新类型即学生成绩结构体类型，该类型包含三个成员：姓名、学号和成绩。该新类型的一个变量即表示一个学生个体。

【复习思考题】

1. C语言为什么提供用户自定义类型的语法?

2. 常见的用户自定义类型有哪几种?

3. 在解决实际复杂问题时，如何抽象并定义结构体类型? 选择其成员及成员个数的原则是什么?

4. 结构体类型中各个成员的类型必须相同吗?

9.1.2 结构体类型定义

结构体类型定义格式如下。

```
struct 类型名
{
    成员 1;
    …
    成员 n;
};
```

关于结构体类型定义的说明如下。

(1) struct为定义结构体类型的关键字，"struct类型名"即关键字和类型名这个整体为结构体类型。例如：

```
struct Point
{
    float x;
    float y;
};
```

称struct Point为结构体类型，而不能称Point为结构体类型。

(2) 类型名为定义新类型即结构体类型的名字，应符合标识符的命名规则。一般应见名知意，如用Stu_Score作为学生成绩结构体名，Point作为平面中点的结构体名。

(3) 该结构体类型的各个成员的类型，可以是基本数据类型，也可以是其他结构体类型的变量或指针，或是指向本结构体类型的指针。但不能是本结构体类型的变量。

结构体类型的成员可以是指向该结构体自身类型的指针，例如：

```
struct A
{
    int a;
    char c[10];                          //可含数组类型的成员
    int *p;                              //可含指针类型的成员
    struct A *pA;                        //可含 struct A 自身类型的指针成员
};
```

以上定义了一个结构体类型即 struct A,该类型有 4 个成员,这些成员的类型分别为:整型、字符数组类型、整型指针类型和指向该结构体 struct A 自身的指针类型。

结构体类型的成员可以是其他结构体类型的变量,例如:

```
struct B
{
    struct A a;                          //struct A结构体类型的变量 a
    float f[10];
};
```

结构体类型的成员不能含有自身结构体类型的变量,例如:

```
struct C                                 //错误的结构体定义
{
    int a;                               //正确
    struct C b [10];                     //错误。不可含该类型的数组成员
    struct C c;                          //错误。不可含该类型的变量成员
    struct C *pC;                        //正确。可含指向该结构体自身类型的指针成员
};
```

结构体类型 struct C 的成员中不能含有该结构体自身类型的变量 c,也不能含有该结构体自身类型的数组 b,在一定意义上,数组也是一系列相同类型变量的集合,故上述结构体类型 struct C 的定义是错误的。

(4) 结构体类型定义结束时一定要加分号。

如不做特殊说明,本书把结构体类型简称为结构体。

【复习思考题】

1. 简述结构体类型定义的格式及注意事项。

2. 如下结构体类型的定义是否正确?如有错误请指出。

```
struct Stu
{
    char name[10];
    int age;
    int score;
    struct Stu a [10];
}
```

9.1.3 结构体类型的变量

定义了结构体类型之后,该结构体类型就像其他内置类型一样使用,可以定义该结构体类型的变量,或称结构体变量。定义结构体变量一般有三种形式:使用已定义的结构体定

义其变量、在定义结构体的同时定义其变量、定义无名结构体的同时定义其变量。

1. 使用已定义的结构体类型定义变量

定义格式为：

```
struct 类型名 变量名;
```

例如：

```
struct Point
{
     float x;
     float y;
};
struct Point p1,p2;                          //定义结构体类型的变量:p1、p2
```

上述语句中，struct Point 为结构体类型，p1 和 p2 为该类型的两个变量。

结构体 struct Point 的每个变量 p1 和 p2 均可表示一个点，包含两个成员：横坐标 x 和纵坐标 y。变量 p1 和 p2 的结构如图 9-1 所示。

p1 和 p2 每个变量包含两个 float 型成员，float 在 VC++ 6.0 环境中占 4 个字节，故可使用 sizeof(p1)或者 sizeof(struct Point)求得该结构体类型在 VC++ 6.0 环境中占 8 个字节。

2. 在定义结构体的同时定义结构体变量

定义格式为：

```
struct 类型名
{
    成员 1;
    …
    成员 n;
}变量名 1,变量名 2,…,变量名 n;
```

例如：

```
struct Point
{
     float x;
     float y;
}p1,*p = &p1;
```

在定义结构体 struct Point 的同时，定义了一个结构体的变量 p1 和一个结构体指针变量 p，并让 p 指向 p1。p1 和 p 的关系如图 9-2 所示。

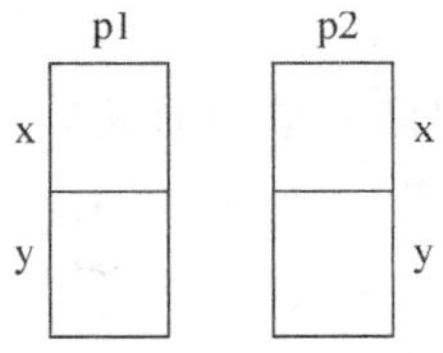

图 9-1　变量 p1 和 p2 的结构

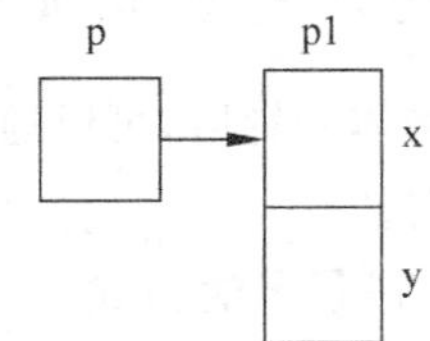

图 9-2　p1 和 p 的关系

使用 sizeof(p);或 sizeof(struct Point*)可求得 struct Point 结构体指针和其他类型指针一样,占 4 字节。

3. 定义无名结构体的同时定义结构体变量

定义格式:

```
struct
{
    成员 1;
    …
    成员 n;
}变量名 1,变量名 2,…,变量名 n;
```

例如,假设下面无名结构体是为表示平面中点的结构体:

```
struct
{
    float x;
    float y;
}a[6],*p = a;
```

上述代码在定义该无名结构体的同时,定义了该结构体类型的数组 a,该数组中含有 6 个结构体类型的变量,即可容纳下平面中的 6 个点。还定义了一个结构体指针变量 p,并初始指向数组 a 的首元素。结构体数组 a 和结构体指针 p 的关系如图 9-3 所示。

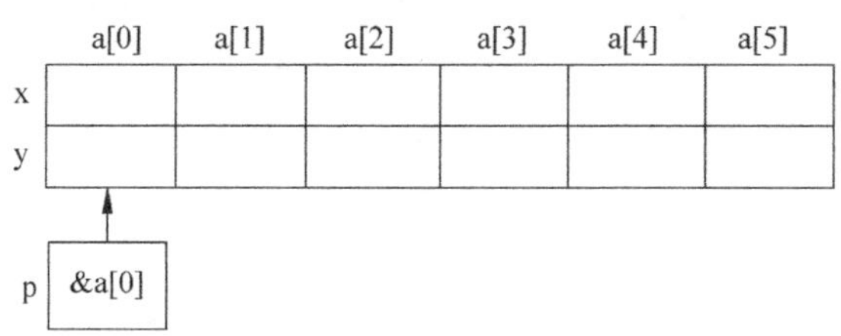

图 9-3　结构体数组 a 和结构体指针 p 的关系

由于没有名字,后续无法引用该结构体,即无名结构体只能使用一次。因此,在定义无名结构体的同时需要把所有相关的变量定义好。

【复习思考题】

1. 列举定义结构体变量的三种常用格式及注意事项。

2. 定义学生类型(姓名、学号、成绩)结构体及能容纳下 50 个学生的该结构体数组。要求采用三种方式定义。

9.1.4　结构体变量成员的引用

定义了结构体变量后,可以通过两种方式访问结构体变量中的成员:变量名.成员名,指针名->成员名。

1. 变量名.成员名的方式

例如:

```
struct S
```

```
{
    int a;
    int b;
};
struct S s1,s2;
```

上述定义了一个结构体 struct S,以及两个该结构体类型的变量 s1 和 s2。

如下赋值语句：

```
s1.a = 2;
s1.b = 5;
```

表示分别把 2 和 5 赋值给结构体变量 s1 中的成员 a 和成员 b。

同类型的结构体变量可以相互赋值,例如：

```
s2 = s1;
```

此时,s2 变量中的两成员 a 和 b 也是 2 和 5。上述语句相当于：

```
s2.a = s1.a;
s2.b = s1.b;
```

例 1 分析以下程序,并输出其运行结果。

【程序代码】

```
#include <stdio.h>
#include<string.h>
struct Stu_Score
{
    long num;
    char name[10];
    int score;
};
int main(void)
{
    struct Stu_Score s1;
    s1.num = 21;                    // 或者 s1.num = 21L;
    strcpy(s1.name,"张三");
    s1.score = 96;
    printf("num\tname\tscore\n");
    printf("%ld\t%s\t%d\n",s1.num,s1.name,s1.score);
    return 0;
}
```

【分析】

本题主要考察访问结构体变量中各成员的方式。

为结构体变量 s1 的三个成员分别赋值：学号 num 和成绩 score 为数值成员,分别赋值 21 和 96,姓名是字符串,需要使用字符串复制函数 strcpy。长整型的格式控制符为%ld。

【运行结果】

```
num     name    score
21      张三    96
```

【说明】

建议像学号、身份证号等位数较多的大数字采用字符串形式存储和表示，不再受整型、长整型等类型表示范围的限制。

2. 指针名->成员名的方式

例如：

```
struct S
{
    int a;
    int b;
};
struct S s1,*p1 = &s1;
```

定义了结构体 struct S 的变量 s1 和指针变量 p1,p1 初始指向 s1。

```
p1->a = 2;
p1->b = 5;
```

表示通过指针变量 p1 间接为其所指向的变量 s1 的两成员 a 和 b 赋值。

例 2 编程实现求平面中两点的距离。

【分析】

平面中每个点均含有两个属性：横坐标、纵坐标。定义新的结构体类型 struct Point 表示点类型。定义该结构体的两个变量 a 和 b 分别表示两个点，并定义指向两个点的结构体指针 p1 和 p2,通过指针访问每个点的纵横坐标。然后根据两点间距离公式算出距离。求平方根的函数 sqrt()所在头文件为 math.h。

【参考代码】

```
#include <stdio.h>
#include<math.h>
struct Point
{
    double x;
    double y;
};
int main(void)
{
    struct Point a,b,*p1=&a,*p2=&b;
    double d,t1,t2;
    printf("输入点 a 的横、纵坐标：");
    scanf("%lf,%lf",&p1->x,&p1->y);
    printf("输入点 b 的横、纵坐标：");
    scanf("%lf,%lf",&p2->x,&p2->y);
    t1=p1->x - p2->x;
    t2=p1->y - p2->y;
    d=sqrt(t1*t1 + t2*t2);
    printf("d=%.3lf\n",d);
    return 0;
}
```

【运行结果】 若输入(1,2)、(2,3)两点,则运行结果如下。

```
输入点 a 的横、纵坐标: 1,2
输入点 b 的横、纵坐标: 2,3
d=1.414
```

【说明】

由于对指针取内容运算*即可得到该指针指向的变量,故: p1->x 等价于(*p1).x。

【复习思考题】

列举访问结构体变量中成员的两种常见方法及访问格式。

9.1.5 结构体变量的存储

结构体类型定义在内存中所占字节数不仅与系统有关,还与内存字节对齐方式及结构体中成员的定义顺序有关,涉及内存空间的优化,是一个复杂的过程。本节简要介绍内存字节对齐方式及成员的定义顺序对结构体类型所占字节数的影响。

1. 系统默认的内存对齐字节数

为了较少 CPU 访问内存的次数,当 CPU 从内存中读取数据时,至少一次能读取结构体中所占字节数最多的成员。故在一个结构体中,一般从最大的成员所占字节的整数倍的内存地址处读取数据。该最大成员所占字节就是所谓的内存对齐字节数,内存对齐字节数是由 CPU 位数及 C 编译开发环境等因素决定的。

例如,设在 32 位系统,VC++ 6.0 开发环境中定义如下结构体。

```
struct A
{
    char c;
    int d;
};
```

该结构体中 char 型和 int 型两成员分别占 1 字节和 4 字节。按最大成员所占 4 字节数作为字节对齐单位。即使字符型变量 c 仅占 1 个字节,也为其分配 4 个字节的存储空间,故该类型占 8 个字节。

例如,设在 32 位系统,VC++ 6.0 开发环境中定义如下结构体。

```
struct B
{
    char c1;
    int d;
    char c2;
};
```

该结构体中所占字节最多的成员是 int 型 d,占 4 字节,故内存对齐字节数是 4 字节。根据定义顺序,成员 d 把 c1 和 c2 隔开,所以 c1 和 c2 各自占 4 个字节,故该类型占 12 字节。

把上述结构体中成员变量的定义顺序改变一下,得到如下结构体定义。

```
struct C
{
    char c1;
```

```
    char c2;
    int d;
};
```

该结构体内存对齐字节数依然是4字节，即每次读取4个字节。但由于每个字符仅占一个字节，且两个字符变量的定义顺序挨着，所以c1和c2共同占用4个字节的空间，d占4个字节的空间。因此，结构体类型struct C占8个字节。

读取时，第一次读取的4个字节中，相当于一次读取了两个字符变量。第二次读取的4个字节中，读取了d。

由于数组的本质是一系列相同类型变量的集合，故在结构体中出现的数组类型，可看成定义了若干个该类型的变量。

例 3 设在32位CPU，VC++ 6.0开发环境中，分析以下程序，输出其运行结果。

【程序代码】

```
#include<stdio.h>
struct Stu
{
    char name[10];
    int age;
    int score;
};
int main(void)
{
    struct Stu s;
    int a;
    a=sizeof(s);                        //或 sizeof(struct Stu)
    printf("该类型所占字节数为:%d\n",a);
    return 0;
}
```

【分析】

(1) 含10个元素的字符数组，可看成10个char型变量name[0]、name[1]、…、name[9]。故该结构体类型中相当于含有12个成员变量：10个字符变量，1个整型变量age及1个整型变量score。

(2) 该结构体类型中，所占字节数最多的成员为int型变量，为4个字节，故内存对齐字节数为4。

(3) name[0]~name[3]这4个变量占一个内存对齐字节数，即4个字节。name[4]~name[7]占一个内存对齐字节数4字节，name[8]、name[9]占一个内存对齐字节数4字节。即字符数组name共占了三倍的内存对齐字节数12个字节。

再加上两个整型变量age及score各占4个字节，故该结构体类型变量共占用20个字节。

【运行结果】

```
该类型所占字节数为:20
```

2. 可指定内存对齐字节数

在C语言中可以使用预处理指令重新设定系统的内存对齐字节数。

格式如下所示：

```
#pragma pack(n)
```

其中，n 取值为 1、2、4、8、16 等整数。

更多有关预处理指令相关知识将在第 11 章中介绍。

例如，当设定系统内存对齐字节数后，分析以下结构体在 VC++ 6.0 开发环境中所占字节数。

```
#pragma pack(2)                                    //注意预处理指令不能加分号
struct A
{
    char c1;
    short a;
    char c2;
};
```

由于通过预处理指令重新设置了内存对齐字节数为 2，而短整型 a 在字符型 c1 和 c2 中间，则 c1 占两个字节，a 占两个字节，c2 占两个字节，故该结构体类型共占 6 个字节。

调整上述结构体各成员的定义顺序后：

```
#pragma pack(2)
struct A
{
    char c1;
    char c2;
    short a;
};
```

由于字符型变量 c1 和 c2 定义顺序挨着，故 c1 和 c2 共用 2 字节的存储空间，短整型变量 a 占用 2 字节。故该结构体类型共占 4 个字节。

此时，仅需读取两次内存空间，就可以读取三个成员。第一次读取内存空间，实际上从该地址空间一次性读取了 c1 和 c2。第二次读取内存空间，读取了 a。

结构体类型的大小，即所占字节数受诸如 CPU 位数、C 编译器、结构体中各成员变量的定义顺序及有无通过预处理指令重新设定等多个因素的影响，并不是简单的各个成员变量所占字节数之和。

【复习思考题】

1. 判断题：结构体类型的变量所占字节数为其各个成员所占字节数之和。　（　　）

2. 在 32 位 CPU，VC++ 6.0 开发环境中，如下结构体类型的变量所占字节数是多少？

```
struct Stu
{
    int no;
    char name[10];
    int score;
};
```

9.2 结构体数组

9.2.1 结构体数组定义与使用

由 9.1 节可知，可以定义结构体类型的变量，若干同类型结构体变量的集合就组成了结构体数组。结构体数组的定义格式通常有两种：一是使用已定义结构体类型定义结构体数组，二是在定义结构体类型的同时定义结构体数组。

1. 使用已定义结构体类型定义数组

定义格式为：

```
struct 类型名 数组名[数组大小];
```

例如：

```
struct Stu
{
    char name[10];
    int score;
};
struct Stu s[5] = {{"张三",91},{"李四",93}};
```

定义了结构体 struct Stu 类型的数组 s，该数组中含 5 个元素（变量），每个元素可表示一个学生个体。每个元素（变量）均含两个成员 name 和 score。数组的初始化列表仅对数组的前两个元素进行了显式初始化，其他元素的各成员采用对应类型的默认值，name 为字符串默认为空串，score 为整型默认为 0。该数组的结构示意图如图 9-4 所示（空串不再标出）。

	s[0]	s[1]	s[2]	s[3]	s[4]
name	张三	李四			
score	91	93	0	0	0

图 9-4　数组 s 示意图

定义数组时，数组大小可以不显式指定，而是根据初始化列表中的初始化数据个数确定，例如：

```
struct Stu s[] = {{"张三",91},{"李四",93}};      //建议格式
```

与如下定义格式等价：

```
struct Stu s[] = {"张三",91,"李四",93};          //不建议格式
```

以上两种定义均表示结构体数组 s 中有两个元素。

```
struct Stu s[] = {"张三",91,"李四",93,"王五"};
```

表示数组 s 有三个元素，s[2].score 默认为 0。

初始化数组元素时，建议每个元素用一对大括号显式标出，不建议采用如下定义格式。

```
struct Stu s[5] = {"张三",91,"李四",93};          //不建议
```

2. 定义结构体类型的同时定义数组

定义格式为：

```
struct 类型名
{
    成员 1;
    …
    成员 n;
}数组名[数组大小];
```

或者采用无名结构体形式，定义格式为：

```
struct
{
    成员 1;
    …
    成员 n;
}数组名[数组大小];
```

例如：

```
struct Point
{
     float x;
     float y;
}p[3];
```

在定义了平面中点的结构体类型 struct Point 的同时，又定义了该结构体类型的数组 p。该数组含三个元素，每个元素可表示平面中的一个点。

由于该数组在定义时未初始化，故只能在后续代码中对数组元素的成员分别赋值。例如：

```
p[0].x = 3.1; p[0].y = 4.5;
p[1].x = 3.5; p[1].y = 2.7;
p[2].x = 5.1; p[2].y = 2.0;
```

不能对数组的每个元素整体赋值，故如下赋值语句是错误的。

```
p[0]={3,4};                              //错误，企图对 p[0]元素整体赋值
```

更不能对数组多个元素整体赋值，故如下赋值方式是错误的。

```
p={{3.1,4.5},{3.5,2.7},{5.1,2.0}};      //错误，数组名是数组首地址
```

由于相同类型的结构体变量可以相互赋值，而结构体数组中每个元素均是一个结构体变量，故结构体数组的元素间可以相互赋值。以下赋值语句是正确的。

```
p[2]=p[1];                               //正确。p[1]和 p[2]均是 struct Point 类型的变量
```

上述赋值语句相当于对各成员分别赋值的如下两条语句。

```
p[2].x=p[1].x;
p[2].y=p[1].y;
```


【复习思考题】

1. 简述结构体数组常用的几种定义方式及注意事项。

2. 如下定义了平面中点类型对应的结构体数组,对结构体数组及元素的操作是否正确? 如有错误,请指出,并改正。

```
struct Point;
{
    float x;
    float y;
}p[3];
p[0].x = 3.1;
p[0].y = 4.5;
{p[1],p[2]}=(3.5,2.7);
p[2]=p[0];
```

9.2.2 结构体数组的应用

结构数组广泛应用于查找、统计、排序、求解多项式等实际问题中。

例 4 某公司每月都为本月生日的员工集体庆祝生日,编程实现查询每月需过生日的员工,并输出其信息。(仅关心员工姓名、生日和性别。)

【分析】

根据题意,可定义员工结构体类型 struct Worker,该类型包含三个成员:姓名、生日和性别。而生日又可定义为包含两个成员(月、日)的结构体类型 struct Birthday。定义员工结构体数组 struct Worker w[N];。

【参考代码】

```
#include <stdio.h>
#define N 6
struct Birthday
{
    int m;
    int d;
};
struct Worker
{
    char name[10];
    struct Birthday b;                  //出生日期
    char sex;                           //'M':男,'F':女
};
int main(void)
{
    struct Worker w[N]={{"王强",{4,15},'M'},{"李梅",{4,26},'F'},
                  {"张亮",{2,19},'M'},{"韩文",{7,10},'M'},
                  {"李涛",{5,12},'M'},{"刘明",{4,20},'M'}};
    int cur_month=4;                    //例如,查询 4 月份
```

```
    int i,cnt=0;
    puts("姓名\t生日\t性别");
    for(i=0;i<N;i++)
        if(cur_month==w[i].b.m)
        {
            printf("%s\t%d-%d\t%c\n",w[i].name,w[i].b.m,w[i].b.d,w[i].sex);
            cnt++;
        }
    if(0==cnt)
        puts("no one!");
    return 0;
}
```

【运行结果】

```
姓名    生日    性别
王强    4-15    M
李梅    4-26    F
刘明    4-20    M
```

例 5 5 个评委为三个选手分别打分(每个评委最高打 10 分),统计每个选手的总得分。编程实现该功能。

【分析】

(1) 定义选手类型及选手数组。每个选手均包括姓名和总得分,故定义选手结构体类型 struct Player,含两个成员:姓名、总得分。如下所示。

```
struct Player
{
    char name[10];
    int sc_total;
};
```

定义 N 个选手的结构体数组,每个选手初始成绩均为 0,即:

```
struct Player a[N] = {{"李明",0},{"张强",0},{"刘红",0}};
```

(2) 定义评委类型及评委数组。每个评委需要给出三个成绩,即含有三个元素的成绩数组,故可以定义评委结构体类型 struct Judge,该类型含一个成绩数组。如下所示。

```
struct Judge
{
    int sc[3];                          //为每个选手打分
};
```

定义 M 个评委的结构体数组,假设每个评委给出的分数按顺序分别对应 1 号选手李明、2 号张强、3 号刘红的成绩。即:

```
struct Judge b[M] = {{7,8,9},{6,6,8},{8,6,7},{8,7,6},{7,7,9}};
```

(3) 使用循环语句计算每个选手的得分,每个选手的得分是所有评委对其打分的总和。故使用外层循环遍历每个选手,内层循环遍历所有评委对该选手的打分,并求和。

【参考代码】

```
#include <stdio.h>
#define N 3                                 //选手人数
#define M 5                                 //评委人数
struct Judge
{
    int sc[3];                              //为每个选手打分
};
struct Player
{
    char name[10];
    int sc_total;
};
int main(void)
{
    int i,j;
    struct Player a[N] = {{"李明",0},{"张强",0},{"刘红",0}};
    struct Judge b[M] = {{7,8,9},{6,6,8},{8,6,7},{8,7,6},{7,7,9}};
    for(i=0;i<N;i++)
    {
        for(j=0;j<M;j++)
            a[i].sc_total+=b[j].sc[i];
    }
    puts("姓名\t总分\t");
    for(i=0;i<N;i++)
        printf("%s\t%d\t\n",a[i].name,a[i].sc_total);
    return 0;
}
```

【运行结果】

```
姓名    总分
李明    36
张强    34
刘红    39
```

例 6 对一个班级中 N 个学生的平均成绩进行排序，每个学生含有语文、数学、外语三门课程的成绩，计算每个学生三门课的平均成绩，并按平均成绩从高到低进行排序。并输出排序后的学生信息。

【分析】

分析可知，每个学生包含：姓名、成绩数组（三门课）、平均成绩。故定义含三个成员的学生结构体类型 struct Stu。并定义 N 个学生的结构体数组，即：

```
struct Stu s[N] = {{"王强",{89,92,87},0},{"李梅",{88,89,86},0},
                   {"张亮",{95,97,93},0}};
```

示例给出了前三个元素的初始化数据，每个元素对应一个学生，三门课成绩数组、平均值。由于平均值是计算所得，故初始化为 0，也可以不显式给出。为便于理解，此例中，每个学生的整体信息使用了下画线标出。

计算平均值 aver 时，由于三门成绩是整数，课程门数也是整数，相除后所得也是整数，故丢失精度。建议采用显式强制类型转换为 float 类型，如果写成/3.0 的形式，虽然看似简洁且正确，但从某种意义上来说，却改变了课程门数为整数的含义，故不建议这种写法。

本题采用冒泡排序法，有关知识在前述章节已介绍。

【参考代码】

```
#include <stdio.h>
#define N 6
struct Stu
{
    char name[10];
    int sc[3];
    float aver;
};
int main(void)
{
    struct Stu s[N]={{"王强",{89,92,87},0},
            {"李梅",{88,89,86},0},{"张亮",{95,97,93},0},
            {"韩文",{98,95,91},0},{"李涛",{90,89,98},0},
            {"刘明",{98,89,88},0}};
    int i,j;
    struct Stu t;                           //用于排序交换
    for(i=0;i<N;i++)
        s[i].aver=(float)(s[i].sc[0]+s[i].sc[1]+s[i].sc[2])/3;
    for(i=0;i<N-1;i++)
    {
        for(j=0;j<N-1-i;j++)
            if(s[j].aver<s[j+1].aver)
            {
                t=s[j];
                s[j]=s[j+1];
                s[j+1]=t;
            }
    }
    puts("姓名\t语文\t数学\t外语\t平均分\t");
    for(i=0;i<N;i++)
        printf("%s\t%d\t%d\t%d\t%.1f\t\n",s[i].name,
               s[i].sc[0],s[i].sc[1],s[i].sc[2],s[i].aver);
    return 0;
}
```

【运行结果】

```
姓名    语文    数学    外语    平均分
张亮    95      97      93      95.0
韩文    98      95      91      94.7
李涛    90      89      98      92.3
刘明    98      89      88      91.7
王强    89      92      87      89.3
李梅    88      89      86      87.7
```

例 7 编程计算当 x=2 时，求多项式 $5x^4+4x^3+6x+1$ 的值。

【分析】

(1) 多项式由若干项求和组成，而每一项，除了 x 外均含有系数(a 表示)和指数(n 表示)，故可为多项式的每项定义结构体类型 struct Item，含两个成员：系数 a 和指数 n。定义格式如下所示。

```
struct Item
{
    int a;                          //每一项系数
    int n;                          //每一项指数
};
```

(2) 本例所求多项式含 4 项，故定义 4 元素的结构体数组，每个元素表示一项，即：

```
struct Item a[N] = {{5,4},{4,3},{6,1},{1,0}};
```

(3) $x^n=x\times x\times x\cdots\times x$ 即 n 个 x 相乘。可用循环实现。

```
p = 1;
for(j=1;j<=n;j++)
     p*=x;                          //p = x^n
```

【参考代码】

```
#include <stdio.h>
#define N 4                         //该多项式共 4 项
struct Item
{
     int a;                         //每一项系数
     int n;                         //每一项指数
};
int main(void)
{
     struct Item a[N]={{5,4},{4,3},{6,1},{1,0}};
     int i,j,p,s=0,x;
     x=2;                           //本例求当 x=2 时多项式的值
     for(i=0;i<N;i++)
     {
         p=1;
         for(j=1;j<=a[i].n;j++)
             p*=x;                  //p = x^n
         s+=a[i].a*p;               //ax^n 累加到多项式的和 s 上
     }
     printf("s=%d\n",s);
     return 0;
}
```

【运行结果】

```
s=125
```

9.2.3 类型同义词

到目前为止，使用结构体类型时，均需要写关键字 struct 及类型名，如：struct Worker w1;，与内置类型如 int、char 等相比，比较烦琐，当频繁使用该类型时，书写效率较低，且容易出错。C 语言提供了为自定义类型指定类型同义词或类型别名的语法。该语法使用关键字 typedef 为已知类型（包括内置类型和自定义类型）声明一个类型同义词。该同义词就等同于该类型一样使用。

类型同义词一般原则：简洁、见名知类型。为与原类型区分，类型同义词通常采用大写字母形式。

本节主要介绍使用 typedef 声明类型同义词的常见格式和用途，以及与预处理指令 #define 声明符号常量的区别。

使用 typedef 声明类型同义词的常见用途如下。

1. 为自定义类型声明类型同义词

例如：

```
struct Date
{
    int y;
    int m;
    int d;
};
typedef struct Date DATE;
```

以上定义了一个结构体类型 struct Date，然后，使用关键字 typedef 为该类型定义了一个同义词 DATE。DATE 就表示类型 struct Date，任何使用类型 struct Date 的地方均可以用同义词 DATE 替代。

比较如下两条语句的区别：

```
        struct Date d;              //语句 1: d 变量名
typedef struct Date DATE;           //语句 2: DATE 类型同义词
```

由此可见，在一个变量或对象定义语句中，把变量名或对象名去掉，剩下的便是该变量或对象对应的类型，本例中类型为 struct Date，在该类型前面加上关键词 typedef，同时在去掉的变量名或对象名处替换成指定的同义词名称，这样就声明了一个已知类型如 struct Date 的类型同义词 DATE。为其他类型指定类型同义词有同样的规律。

使用类型同义词 DATE 定义了该类型的两个变量 d1, d2，格式如下。

```
DATE d1,d2;
```

上述定义语句等同于：

```
struct Date d1,d2;
```

通常是在定义结构体类型的同时为其指定类型同义词。例如：

```
typedef struct Date
{
```

```
    int y;
    int m;
    int d;
}DATE;
```

更多情况下是为无名结构体类型指定类型同义词。例如：

```
typedef struct
{
    int y;
    int m;
    int d;
}DATE;
```

2. 为复合类型指定类型同义词(类型别名)

可以为指针、数组、函数指针、数组指针等复合类型指定类型同义词。

(1) 在较频繁使用某类型指针的程序中，可以声明指针类型的同义词，例如：

```
typedef int * PINT;
typedef char * PCHAR;
```

使用指针类型同义词，可以直接定义指针变量，例如：

```
PINT pa,pb;
PCHAR p1,p2;
```

上述两条语句定义了两个整型指针变量 pa 和 pb，以及两个字符指针变量 p1 和 p2。由于 PINT 和 PCHAR 本身就是 int*和 char*类型的同义词，且见名即可知类型，故使用 PINT 和 PCHAR 定义指针变量更直观，含义更清晰。

如下语句 1 中 PCHAR 表示指针变量名，语句 2 中 PCHAR 表示字符指针类型同义词。

```
        char * PCHAR;              //语句 1：指针变量名
typedef char * PCHAR;              //语句 2：字符指针类型同义词
```

(2) 为数组类型声明类型同义词。

```
typedef int Arr_10 [10];           //注意该类型同义词的位置
```

指定 Arr_10 是大小为 10 的整型数组类型的同义词，用该类型同义词可以定义含 10 个元素的整型数组。例如：

```
Arr_10 a,b;
```

则 a 和 b 均是含 10 个元素的数组，即等价于如下定义语句。

```
int a[10],b[10];
```

如下语句 1 中 a 表示数组名，语句 2 中 Arr_10 是类型同义词，表示大小为 10 的整型数组类型。

```
        int     a  [10];           //语句 1：a 数组名
typedef int Arr_10 [10];           //语句 2：Arr_10 同义词
```

同理,在语句 1 中,把数组名 a 去掉,即得含 10 元素的整型数组类型,在该类型名前加关键词 typedef,去掉的数组名处替换成类型同义词 Arr_10,即声明了该数组类型的同义词为 Arr_10。

(3) 为函数指针类型声明类型同义词。

```
        int (*pf)(int,int);              //语句 1: 函数指针变量名
typedef int (*PFun)(int,int);            //语句 2: 函数指针类型
PFun pf1,pf2;                            //语句 3: 定义了两个函数指针 pf1、pf2
```

语句 1 定义了函数指针变量 pf; 语句 2 声明了函数指针类型的同义词 PFun; 语句 3 使用类型同义词,定义了两个函数指针变量 pf1 和 pf2。

(4) 为数组指针声明类型同义词。

```
        int (*parr)[10];                 //语句 1: 数组指针名,即指向数组的指针名
typedef int (*PArr_10)[10];              //语句 2: 数组指针类型的同义词
PArr_10 pa,pb;                           //语句 3: 定义两个数组指针变量 pa 和 pb
```

语句 1 中定义了数组指针变量 parr,语句 2 声明了数组指针类型的同义词 PArr_10,语句 3 用该类型同义词定义了两个数组指针变量 pa 和 pb。

3. 增强代码的可移植性或平台无关性

几乎任何一个程序中都会涉及寻址操作,而不同系统(受计算机系统和编译系统)中可寻址的范围是不同的,即依赖具体系统或平台。

如可用 size_t 表示用于计数的类型,可用该类型定义数组大小、数组下标类型、申请内存字节数的类型等。由于计数范围都是非负的,故使用无符号整数表示。其声明格式可为:

```
typedef unsigned int size_t;
```

size_t 就是 unsigned int 的类型同义词,size_t 的范围根据具体该平台上 unsigned int 的范围而改变,故增强了代码的可移植性。

可能在某些情况下,使用宏定义与使用 typedef 效果一样,但两者有很大差别。

(1) 处理阶段不同。

宏定义是预处理指令,是在编译之前由预处理器进行替换,并不做任何类型检查。而使用 typedef 声明的类型同义词在编译阶段会做相应的类型检查。

(2) 类型检查。

宏定义是在预处理阶段进行替换,并不做类型检查,在一定意义上,可以说宏定义是类型不安全的。而使用 typedef 声明的类型同义词在编译阶段进行类型检查。故凡是涉及类型相关的,均不建议使用宏定义形式。

(3) 定义多个变量时含义不同。

```
typedef char* PCHAR;
PCHAR pc1,pc2;
```

以上语句定义了两个字符指针变量 pc1 和 pc2。

```
#define PCHAR char *
```

宏定义 PCHAR 在预编译阶段进行替换,即把所有出现 PCHAR 的地方换成 char *,

例如：

```
PCHAR p1,p2;
```

上述语句定义了一个字符指针变量 p1 和一个字符变量 p2，并非两个指针变量，原因是根据宏定义的替换原则，有：

```
char * p1,p2;
```

(4) 定义类型同义词结尾有分号。而宏定义结尾没有分号。

【复习思考题】

1. 为较复杂类型指定类型同义词的语法格式是什么？

2. 列举指定类型同义词的用途。

3. 理解并掌握类型同义词在增强代码的可移植性及平台无关性的重要意义及使用方法。

4. 简述使用 typedef 声明类型同义词与#define 宏定义符号常量的区别。

9.3 结构体指针与结构体数组

可以定义一个整型指针初始指向一个整型数组，使用该指针可以访问数组中的元素。例如：

```
#include <stdio.h>
int main(void)
{
     int i,a[10],*p=a;
     for(i=0;i<10;i++)
         scanf("%d",p+i);               //p+i 为地址，不能再加 &
     for(i=0;i<10;i++)
         printf("%d\t",*(p+i));         //*(p+i)为 a[i]表示元素
     return 0;
}
```

上述程序中，p 指针变量的值始终为数组首元素 a[0]的地址，没有发生改变。

也可以采用如下形式访问数组元素。

```
#include <stdio.h>
int main(void)
{
     int a[10],*p=a;
     for(p=a;p<a+10;p++)
         scanf("%d",p);
     for(p=a;p<a+10;p++)
         printf("%d\t",*p);
     return 0;
}
```

该例子中 p 指针变量中的值依次保存 a[0]的地址、a[1]的地址、…、a[9]的地址。则

*p 依次表示 a[0]、a[1]、…、a[9]。

同样，可以通过结构体指针变量访问结构体数组中各元素及数组元素中的各成员。

例 8 某班级有 N 个学生，从键盘输入所有学生的 C 语言成绩，输出所有学生信息（包括姓名、学号、成绩），并计算输出 C 语言成绩的平均值。

【分析】

(1) 定义含姓名、学号、成绩等三个成员的学生结构体类型，并声明该类型同义词 STU，即：

```
typedef struct
{
    char name[10];
    int num;
    int sc;
}STU;
```

(2) 定义结构体数组，并初始化姓名、学号等成员，成绩初始化为 0，通过输入数据修改该成员的值。即：

```
STU *p,s[N] = {{"王强",201601,0},{"李梅",201602,0},
              {"张亮",201603,0},{"韩文",201604,0},
              {"李涛",201605,0},{"刘明",201606,0}};
```

(3) 让 p 指向数组 s，通过 p 为数组元素的成绩成员 sc 输入数据，勿忘取地址操作 &，即：

```
for(p=s;p<s+N;p++)
   scanf("%d",&(p->sc));          //或者 &p->sc
```

【参考代码】

```
#include <stdio.h>
typedef struct
{
    char name[10];
    int num;
    int sc;
}STU;
#define N 6
int main(void)
{
    STU *p,s[N]={{"王强",201601,0},{"李梅",201602,0},
                {"张亮",201603,0},{"韩文",201604,0},
                {"李涛",201605,0},{"刘明",201606,0}};
    float aver,sum=0.0;
    int i;
    printf("顺序输入%d个学生的成绩：\n",N);
    for(p=s;p<s+N;p++)
        scanf("%d",&(p->sc));        //或者 &p->sc
    for(p=s,i=0;i<N;i++)
        sum+=(p+i)->sc;
```

```
    aver=sum/N;
    printf("姓名\t学号\t成绩\n");
    for(p=s;p<s+N;p++)
        printf("%s\t%d\t%d\n",p->name,p->num,p->sc);
    printf("平均成绩:%.2f\n",aver);
    return 0;
}
```

【运行结果】

如果输出的6个学生成绩分别为：88 81 79 93 65 95,则程序的运行结果如下。

```
顺序输入6个学生的成绩:
8  81  79  93  65  95
姓名    学号    成绩
王强    201601  88
李梅    201602  81
张亮    201603  79
韩文    201604  93
李涛    201605  65
刘明    201606  95
平均成绩:83.50
```

【复习思考题】

1. 简述使用指针变量访问数组中各元素的方法及注意事项。
2. 简述访问结构体数组的元素中各成员的方法及注意事项。

9.4 结构体与函数

结构体类型及结构体指针类型与其他基本类型一样,既可以作为函数参数类型,又可以作为函数返回值类型。

例9 在简易通信录中根据姓名查找并输出某联系人的信息。假设联系人信息包括姓名、性别、电话号码等,编写函数实现该功能。

【分析】

本例题主要考察结构体数组类型作为函数参数类型。

定义一个联系人结构体类型,包含姓名、性别、电话等三个成员,并声明该类型的同义词Contact,定义结构体数组a,存储若干个联系人信息。

查找函数find,如果查找成功,则返回该联系人在数组中对应的下标值,如查找失败,返回-1。

【参考代码】

```
#include <stdio.h>
#include<string.h>
typedef struct
{
    char name[10];
```

```
    char sex;
    char tel[15];
}Contact;
#define N 5
int find(Contact a[],int n,char *name);
int main(void)
{
    Contact a[N] = {{"王强",'M',"823879"},
                    {"李梅",'F',"857833"},{"张亮",'M',"888553"},
                    {"韩文",'M',"865721"},{"李涛",'M',"897532"}};
    char name[10];
    int i;
    printf("输入要查找的姓名：");
    gets(name);
    i=find(a,N,name);
    if(i!=-1)
    {
        printf("\n姓名\t性别\t电话\n");
        printf("%s\t%c\t%s\n",a[i].name,a[i].sex,a[i].tel);
    }
    else
        printf("can't find!\n");
    return 0;
}
int find(Contact a[],int n,char *name)
{
    int i;
    for(i=0;i<n;i++)
        if(0==strcmp(name,a[i].name))
            return i;
    return -1;
}
```

【运行结果】

```
输入要查找的姓名：李梅

姓名    性别    电话
李梅    F       857833
```

例 10 查找并统计某些字符串在字符串集合中现的次数，编写函数实现该功能。

测试数据：待统计字符串{"it","is","are"}

字符串集合：{"it","are","good","it","is","are","it",NULL}

输出结果：

```
word    times
it      3
is      1
are     2
```

【分析】

(1) 字符串集合的表示方法。

可使用字符指针数组表示，即字符指针数组中每个元素均是一个字符指针，指向字符串集合中的一个串。使用 NULL 或 0 作为该字符串集合结束标志，如下所示。

```
char * c[10]={"it","are","good","it","is","are","it",NULL};
```

(2) 可定义待统计字符串的结构体类型，包括存放字符串的字符数组 w 和该字符串出现的次数 cnt 两个成员，并声明其类型同义词 Word。

```
typedef struct
{
    char w[10];
    int cnt;
}Word;
```

并定义待查找的字符串集合，即结构体类型的数组。

```
Word a[N]={{"it",0},{"is",0},{"are",0}};
```

(3) 对字符串集合中的每一个字符串，均与待统计集合中的每一个单词进行比较，如果相等，则对应单词的个数加 1。即：c[i]依次与 a[0]、a[1]、…、a[7]比较，如果 c[i]与 a[j].w(j 取值 0、1、2、…、7)相等，则对应的 a[j].cnt++;。

【参考代码】

```
#include <stdio.h>
#include<string.h>
typedef struct
{
    char w[10];
    int cnt;
}Word;
#define N 3
void statistic(char * c[],Word a[]);
int main(void)
{
    Word a[N]={{"it",0},{"is",0},{"are",0}};    //待查单词的结构体数组
    char * c[10]={"it","are","good","it","is","are","it",NULL};
    int i;
    statistic(c,a);
    printf("word\ttimes\n");
    for(i=0;i<N;i++)
        printf("%s\t%d\n",a[i].w,a[i].cnt);
    return 0;
}
void statistic(char * c[],Word a[])
{
    int i,j=0;
    for(i=0;c[i]!=NULL;i++)
    {
```

```
            for(j=0;j<N;j++)
            {
                if(0==strcmp(c[i],a[j].w))
                    a[j].cnt++;
            }
        }
}
```

【运行结果】

```
word    times
it      3
is      1
are     2
```

例 11 对一个班级 C 语言成绩从高到低进行排序，并输出按成绩从高到低排序后的姓名、学号、成绩。

【分析】

本例采用结构化编程，在 main 函数中分别调用输入函数、排序函数、打印输出函数。各个函数的参数均是学生结构体数组类型。

排序函数中比较的关键字是成员成绩，且采用优化的冒泡排序算法，即如果本趟排序过程没有数据进行交换，意味着数组已经有序。可以使用 break 语句退出循环过程，提前结束排序过程。

【参考代码】

```
#include <stdio.h>
#define N 5
typedef struct
{
    char name[10];
    char no[15];
    int sc;
}STU;
void Input(STU a[],int n);
void Sort(STU a[],int n);
void Print(STU a[],int n);
int main(void)
{
    STU a[N];
    Input(a,N);
    Sort(a,N);
    printf("\n 按成绩从高到低排序后:\n");
    Print(a,N);
    return 0;
}
void Input(STU a[],int n)
{
    int i;
    printf("输入%d 个学生信息(姓名、学号、成绩):\n",n);
```

```
    for(i=0;i<n;i++)
    {
        printf("%dth stu:",i+1);
        scanf("%s%s%d",a[i].name,a[i].no,&a[i].sc);
    }
}
void Sort(STU a[],int n)
{
    int i,j,flag;
    STU t;                              //t为学生结构体类型,不再是普通类型
    for(i=0;i<n-1;i++)
    {
        flag=0;
        for(j=0;j<n-1-i;j++)
        {
            if(a[j].sc<a[j+1].sc)       //注意关系运算符的选择
            {
                t=a[j];
                a[j]=a[j+1];
                a[j+1]=t;
                flag=1;
            }
        }
        if(0==flag)
            break;
    }
}
void Print(STU a[],int n)
{
    int i;
    printf("姓名\t学号\t\t成绩\n");
    for(i=0;i<n;i++)
        printf("%s\t%s\t%d\n",a[i].name,a[i].no,a[i].sc);
}
```

【运行结果】

```
输入5个学生信息(姓名、学号、成绩)
th stu:王强 20170301 89
th stu:李梅 20170302 91
th stu:张亮 20170303 85
th stu:韩文 20170304 93
th stu:李涛 20170305 87

按成绩从高到低排序后:
姓名    学号         成绩
韩文    20170304     93
李梅    20170302     91
王强    20170301     89
李涛    20170305     87
张亮    20170303     85
```

例 12 合并两个整系数且按幂指数降序排列的多项式,并输出该多项式,编写函数实

现该功能。

测试数据,如两个多项式分别为 $3x^5+4x^3-2x+4$ 与 $-5x^5-3x^4+3x^3+2x+1$,合并后的多项式为 $-2x^5-3x^4+7x^3+5$,输出形式: -2x ^ 5-3x ^ 4+7x ^ 3+5。

【分析】

(1) 定义多项式每一项(含系数和指数)的结构体类型,并声明其类型同义词为 Poly,定义三个多项式的结构体数组,其中,a 和 b 分别表示作加法运算的两个多项式,c 中保存合并后的多项式,且数组 c 初始化为 0。即:

```
Poly a[10] = {{3,5},{4,3},{-2,1},{4,0}},
     b[10] = {{-5,5},{-3,4},{3,3},{2,1},{1,0}},
     c[10] = {{0,0}};
```

以上定义的三个数组大小均为 10,可以使用系数 0 作为各个数组多项式的结束标志。

合并函数,需传入两个多项式数组 a 和 b,合并后的多项式结果保存在第三个多项式数组 c 中,函数返回 c 中元素的个数,也就是合并后多项式的项数。

(2) 合并算法框架:定义整型变量 i、j 分别初始化指向数组 a 和 b 的首元素,如果其中一个数组遍历完后,另一个数组还有剩余元素,则把剩余的元素依次存入 c 数组的后面;只有当两个数组都没有结束,寻找幂次相同的项合并。程序框架如下所示。

```
while(a[i].a!=0 && b[j].a!=0)           //循环 1
{
    //a、b 均未结束,寻找幂次相同的项合并到 c
}
while(a[i].a!=0)                        //循环 2:如果 a 数组还未遍历完
     c[k++]=a[i++];

while(b[j].a!=0)                        //循环 3:如果 b 数组还未遍历完
     c[k++]=b[j++];
```

程序执行到循环 2 处,说明循环 1 已结束,即循环 1 中的条件不再满足,至少有一个数组遍历结束。这时并不需要判断哪个数组已遍历完,而是哪个还没遍历完接着遍历,连接到 c 数组的后面。而循环 2 中 a[i].a!=0,表示如果 a 还没有遍历完,则把 a 数组剩余元素存入 c 数组中。同样,执行到循环 3 时,如果 b 数组未遍历完,把 b 数组剩余元素存入 c 中。

(3) a、b 数组均未遍历完时的合并算法,即循环 1 函数体。

① 从前往后遍历 a、b 两数组,如果 i 和 j 所指 a、b 两数组元素的幂次不相同,则幂次大的说明没有找到同幂次项,直接存入 c 数组,变量 i 或 j 后移一位,用于判断下一个多项式项,如语句 2、3。语句 1 表示找到相同幂次项。

```
if(a[i].n==b[j].n)                      //语句 1
{
    //
}
else if(a[i].n>b[j].n)                  //语句 2
    c[k++]=a[i++];
else
    c[k++]=b[j++];                      //语句 3
```

② 对相同幂次项的处理,即语句 1 的处理。

```
if(a[i].n==b[j].n)
{
    if(a[i].a+b[j].a==0)                //语句 4: 系数求和为 0
    {
        i++; j++;
    }
    else                                //语句 5:系数之和及幂次存入 c,a、b、c 均后移
    {
        c[k].a=a[i].a+b[j].a;
        c[k].n=a[i].n;
        i++; j++; k++;
    }
}
```

如果相同幂次对应系数之和为 0,不存储系数为 0 的项到数组 c 中,故仅 i 和 j 均增 1,而 k 不变,如语句 4。如果相同幂次对应系数之和不为 0,则系数之和及幂次存入 c 数组中,如语句 5 所示。

(4) 打印多项式。

① 凡是系数为正的项的,额外输出打印正号+。

② 常数项仅输出系数。

③ 非常数项,输出系数、x、^、次幂等。

【参考代码】

```
#include <stdio.h>
typedef struct
{
    int a;
    int n;
}Poly;
int merge_poly(Poly a[],Poly b[],Poly c[]);
void print_poly(Poly a[],int n);
int main(void)
{
    Poly a[10]={{3,5},{4,3},{-2,1},{4,0}},
         b[10]={{-5,5},{-3,4},{3,3},{2,1},{1,0}},
         c[10]={{0,0}};
    int k=merge_poly(a,b,c);
    print_poly(c,k);
    return 0;
}
int merge_poly(Poly a[],Poly b[],Poly c[])
{
    int i=0,j=0,k=0;
    while(a[i].a!=0 && b[j].a!=0)
    {
        if(a[i].n==b[j].n)              //找到相同次幂项
        {
```

```
                if(a[i].a+b[j].a==0)
                {
                    i++; j++;
                }
                else
                {
                    c[k].a=a[i].a+b[j].a;
                    c[k].n=a[i].n;
                    i++; j++; k++;
                }
            }
            else if(a[i].n>b[j].n)
                c[k++]=a[i++];
            else
                c[k++]=b[j++];
        }
        while(a[i].a!=0)                    //如果 a 数组有剩余,则把剩余部分复制到 c 数组
            c[k++]=a[i++];
        while(b[j].a!=0)                    //如果 b 数组有剩余,则把剩余部分复制到 c 数组
            c[k++]=b[j++];
        return k;
}
void print_poly(Poly a[],int n)
{
    int i;
    for(i=0;i<n;i++)
    {
        if(a[i].a>0)                        //若系数为正,则应多输出一个加号+
            printf("+");
        if(a[i].n!=0)
            printf("%dx^%d",a[i].a,a[i].n);
        else
            printf("%d\n",a[i].a);      //常数项,仅输出系数
    }
}
```

【运行结果】

```
-2x^5-3x^4+7x^3+5
```

【说明】

编译时把数组形参转换为对应指针形式,故本例中两个函数也可以为如下形式。

```
int merge_poly(Poly *pa,Poly *pb,Poly *pc);
void print_poly(Poly *pa,int n);
```

9.5 单 链 表

本节首先简要介绍链式存储和顺序存储,然后介绍单链表的创建和使用,最后介绍使用单向循环链表解决约瑟夫环等较复杂的问题。

9.5.1 数据的存储结构

数据的存储结构一般分为顺序存储和链式存储。

顺序存储就是把数据元素存放在一块连续的内存空间中，逻辑相邻的数据元素在物理位置上也是相邻的。例如，数组就属于顺序存储，可以使用下标访问各个数据元素。

链式存储：为数据元素分配一个个不连续的节点空间，每个节点中除了包含存储数据元素本身的数据域外，还有存放下一个节点所在地址的指针域。即节点由数据域和指针域两部分组成。相当于使用指针把一个个节点链接起来。逻辑上相邻的数据元素在物理位置上不一定相邻。

例如，a_0、a_1、a_2、a_3 等 4 个元素的链式存储结构如图 9-5 所示。

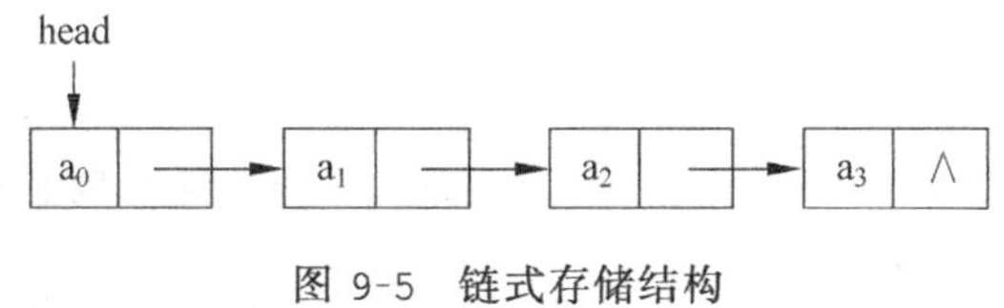

图 9-5 链式存储结构

由图 9-5 可知，为 4 个元素分配了 4 个不连续的节点空间，每个节点除了包含存放数据元素本身的数据域外，还包含存放下一个节点地址的指针域。元素 a_3 所在节点是最后一个节点，故把该节点的指针域设为结束标志 NULL。在链式存储中从前一个节点可以找到下一个节点，就好像一个个的指针域把相邻的节点连接起来形成了一个链，故称为链表。

第一个节点的地址，通常称为头指针，通过头指针 head 可以访问头节点中元素 a_0，根据头节点指针域的值可以访问到第二个节点，进而访问第二个节点中的数据元素 a_1，以此类推，从而可以遍历链表中的所有节点。

9.5.2 单链表

如无特殊说明，本书所讲的单链表均是动态单链表，即每增加一个数据元素，为该数据元素动态申请一个节点空间，然后再把该节点链接到原链表的后面。即链表中每个节点空间均是动态创建的。有关静态单链表的知识将在后续课程“数据结构”中学习。本节主要讲解单链表的创建、遍历输出和撤销。

在创建单链表之前先讲解以下几个概念。

节点：由数据元素域和指针域两个成员组成的结构体。在单链表中通常称之为 data 域和 next 域(下一个节点的指针域)，如图 9-6 所示。

节点结构体定义为：

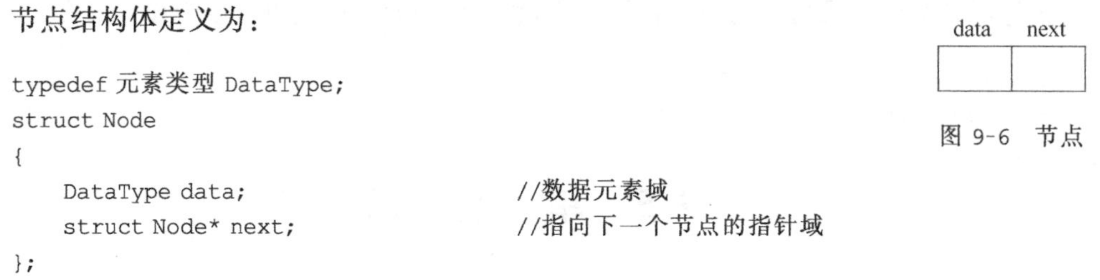

```
typedef 元素类型 DataType;
struct Node
{
    DataType data;                        //数据元素域
    struct Node* next;                    //指向下一个节点的指针域
};
```


图 9-6 节点

其中，DataType 为数据元素类型指定的类型同义词，可以是基本类型，也可以是自定义结构体类型等。

当数据元素类型为基本类型时，例如，创建一个数据元素为 int 型的节点结构体格式如下。

```
struct Node
{
    int data;                       //数据元素域
    struct Node* next;              //指向下一个节点的指针域
};
```

更多情况下使用如下通用格式。

```
typedef int DataType;
struct Node
{
    DataType data;                  //数据元素域
    struct Node* next;              //指向下一个节点的指针域
};
```

当数据元素类型为自定义类型时，例如，定义一个学生结构体节点如下。

```
typedef struct                      //DataType 表示学生结构体类型
{
    char name[10];
    long num;
    int sc;
}DataType;
struct Node                         //推荐这种规范的写法
{
    DataType data;                  //数据域
    struct Node* next;              //指针域
};
```

当数据元素类型为自定义类型时，建议采用这种写法。

如下写法也是正确的。

```
struct Node                         //不建议采用这种写法
{
    char name[10];
    long num;
    int sc;
    struct Node *next;
};
```

虽然该写法看上去较简洁，且是正确的，但节点中数据域和指针域的概念不清晰，因此不建议采用这种写法。

首元节点：存放第一个数据元素的节点。

头节点：为了更方便地操作链表，通常在首元节点之前设置一个附加节点，该节点内一般不存放数据元素，仅起标志作用。也可以不设置头节点，本教材中的链表默认均设置头节点。

头指针：指向链表中第一个节点的指针，在不含头节点的单链表中，第一个节点为首元节点,故头指针为指向首元节点的指针。在含有头节点的单链表中,第一个节点为头节点,故头指针为指向头节点的指针。

1. 创建单链表

创建含 a_0、a_1、a_2、…、a_{n-1} 等 N 个数据元素节点的单链表的流程大致如下。

(1) 确定数据元素类型 DataType,并定义数据元素节点结构体类型 struct Node。

(2) 定义头指针,创建只含头节点的空链表,并用该头指针指向。

(3) 为数据元素 a_i 申请一个节点空间,把数据元素放入数据域,指针域置 NULL。

(4) 把该节点链接在原链表的尾部。

(5) 重复(3)、(4),直到所有元素节点都插入到该链表中。创建成功,程序结束。

例 13 用链式存储结构,存放 N 个学生的姓名、学号、成绩等数据项。编程实现创建该单链表的函数。

【分析】

本例题主要考察创建单链表的方法和步骤。

(1) 定义数据元素类型 DataType 为学生结构体类型,例如:

```
typedef struct
{
    char name[10];
    int num;
    int sc;
}DataType;
```

定义链表节点结构体类型 struct Node,并声明该类型的同义词 SLNode-single linked list Node。例如:

```
typedef struct Node
{
    DataType data;
    struct Node *next;
}SLNode;                                  //SLNode:单链表节点
```

(2) 定义只含头节点的单链表(空链表)

定义头指针,使用 malloc 函数动态申请头节点空间,并让头指针 head 指向该头节点。

```
SLNode *head=(SLNode*)malloc(sizeof(SLNode));
```

该链表中仅含头节点的空链表,即把头节点的指针域(next 域)置空。

```
head->next=NULL;
```

(3) 定义 p 指针,并让其始终指向该链表中最后一个节点,p 初始指向 head。每个新增节点均插入到 p 指针所指节点的后面。

```
p=head;                                   //初始指向头节点
```

(4) 插入 n 个数据元素节点,每个节点的插入算法均一样,故可用 for 循环实现。

```
for(i=0;i<n;i++)                          //n个节点
```

```
{
        //每一个节点插入过程
}
```

每个节点插入过程如下。

① 申请一个节点空间，并用指针 q 指向，即：

```
q=(SLNode*)malloc(sizeof(SLNode));
```

② 为该节点数据域及指针域赋值，例如：

```
scanf("%s%ld%d",q->data.name,&(q->data.num),&(q->data.sc));
```

始终把新插入的节点作为该链表中的最后一个节点，故把其指针域置空，即：

```
q->next=NULL;
```

③ 把 q 所指的新申请节点插入到 p 所指节点的后面，即：

```
p->next=q;
```

此时，q 所指节点已为链表中的最后一个节点。

④ p 后移一个节点，指向新增的节点，即 p 指向链表中最后一个节点。

```
p=p->next;
```

(5) 返回头指针。由于头指针指向整个链表，故一般涉及链表操作时通常传入头指针，操作完成后通常返回头指针。

【参考代码】

```
#include <stdio.h>
#include<string.h>
#include<stdlib.h>
typedef struct
{
    char name[10];
    int num;
    int sc;
}DataType;
typedef struct Node
{
    DataType data;
    struct Node *next;
}SLNode;                                    //SLNode:单链表节点
SLNode* create_list(int n);
#define N 3
int main(void)
{
     SLNode* head=create_list(N);
    //处理操作
    //撤销操作
     return 0;
}
```

```
SLNode* create_list(int n)
{
    SLNode *head=NULL,*p,*q;
    int i;
    head=(SLNode*)malloc(sizeof(SLNode));
    head->next=NULL;                        //定义只含头节点的单链表
    p=head;                                 //用 p 指向链表中最后一个节点
    for(i=0;i<n;i++)                        //n 个节点
    {
        q=(SLNode*)malloc(sizeof(SLNode));
        printf("输入第 %d 个学生的:姓名、学号、成绩:\n",i+1);
        scanf("%s%ld%d",q->data.name,&(q->data.num),&(q->data.sc));
        q->next=NULL;                       //指针域置空
        p->next=q;                          //新节点链接在 p 所指节点后面
        p=p->next;                          //p 后移,指向新链表中最后一个节点
    }
    return head;
}
```

【运行结果】

如下输入格式是创建了一个含三个数据元素节点的单链表。

```
输入第 1 个学生的:姓名、学号、成绩:
王强 201601 88
输入第 2 个学生的:姓名、学号、成绩:
李梅 201602 81
输入第 3 个学生的:姓名、学号、成绩:
张亮 201603 79
```

【复习思考题】

① 简述单链表中头节点的概念,必须添加头节点吗?

② 区分头节点和首元节点的概念。

③ 头指针一定指向头节点吗?

2. 操作单链表

创建单链表后,可以对链表进行操作,如对链表中数据元素排序、查找某数据元素节点、合并两个单链表、输出单链表中每个数据元素节点的数据域等。

在操作单链表的过程中,经常需要判断当前链表是否空链表及是否遍历到单链表的尾节点。

单向链表为空链表时,意味着该链表中仅有一个头节点,头节点的 next 域的值为 NULL,或称下一个节点不存在,即 NULL==head->next;。

单向链表中判断当前指针 p 所指节点是否最后一个节点的依据为:当前节点的 next 域中的值是否为 NULL,如果是,则表示当前节点为最后一个节点,即:

```
NULL==p->next;                              //表示 p 所指节点为最后一个节点
```

在单链表中删除当前指针 curr 所指的节点时,是把 curr 的下一个节点链接到 curr 前一个节点的后面,由于该链表是单向,从当前位置已无法访问到前一个节点。

由此可见，在单链表删除操作时，需要定义两个指针变量，即当前指针 curr 和其前一个节点指针 pre，这样删除 curr 所指节点，只需如下操作语句。

```
pre->next=curr->next;
```

例 14 在上例创建的单链表中，按姓名查找某学生，并输出该学生的信息(姓名、学号、成绩)，假设该链表中不含同名的学生。编程实现该单链表查找函数。

【分析】

(1) 查找函数是在整个单链表中查找某名字是否存在，只要传入单链表的头指针即相当于把整个链表信息传入了函数，函数原型可设计为如下形式。

```
void search(SLNode * head,char *pname);
```

(2) 从首元节点开始，从前往后依次判断每个数据元素节点中数据域的值是否与待查找的字符串相同，若相同，则查找成功，程序返回。若不相等，则在下一个数据元素节点中继续查找。

(3) 判断字符串是否相等，根据 strcmp 函数调用的返回值来判断。

【参考代码】

```
#include <stdio.h>
#include<string.h>
#include<stdlib.h>
//DataType、SLNode 定义语句同上，此处省略
SLNode* create_list(int n);
void search(SLNode * head,char *pname);
#define N 3
int main(void)
{
    SLNode* head=create_list(N);       //创建单链表
    char name[10];
    printf("Input the name:");
    scanf("%s",name);
    search(head,name);                 //查找单链表
    return 0;
}
SLNode* create_list(int n)
{
    //…同上例
    return head;
}
void search(SLNode * head,char *pname)
{
    SLNode * p=NULL;                   //用 p 遍历数据元素节点
    if(NULL==head)                     //通常防止对撤销的链表操作
    {
        printf("The list is illegal.\n");
        return;
    }
    p=head->next;                      //p 初始指向首元节点
```

```
    if(NULL==p)                        //空链表：不含数据元素节点
    {
        printf("The list is null.\n");
        return;
    }
    while(p!=NULL)
    {
        if(0==strcmp(pname,p->data.name))
        {
            printf("姓名\t 学号\t 成绩\n");
            printf("%s\t%d\t%d\n",p->data.name,p->data.num,p->data.sc);
            return;
        }
        p=p->next;
    }
    printf("there is no %s.\n ",pname);
    return;                            //可省略
}
```

【运行结果】 如在使用上例中数据创建的单链表中，查找姓名“李梅”的运行情况如下(省略创建单链表的输入过程)。

```
Input the name:李梅
姓名    学号    成绩
李梅    201602  81
```

3. 撤销单链表

由于单链表中每个节点均是使用内存分配函数 malloc 动态申请分配的，该空间一般不会自动收回，故使用完单链表后，应显式使用 free 函数释放该链表中所有节点的空间，包括头节点空间。

当链表中所有节点空间均被释放后，该链表已是无效链表，为了防止其他程序误使用该无效链表，通常把该链表的头指针置空，即赋值为 NULL。故通常把头指针的值是否为 NULL，作为判断该链表是否有效的标志。

```
void Destroy(SLNode *head)
{
    SLNode *p=head,*t;
    while(p!=NULL)                     //释放所有节点空间
    {
        t=p;
        p=p->next;
        free(t);
    }
}
int main(void)
{
    SLNode *head;
    //create list
    //operate the list
```

```
    Destroy(head);                              //销毁该链表
    head=NULL;                                  //头指针置空,防止误使用
    return 0;
}
```

【复习思考题】

1. 单链表判空条件是什么?

2. 在单链表中如何判断当前指针所指节点是否尾节点?

3. 调用完单链表的撤销函数后,通常把头指针置为 NULL,简述其作用。

9.5.3 单向循环链表

单向循环链表就是把单链表的首尾节点相连形成环状,即最后一个节点或称尾节点的指针域不再设置为 NULL,而是设置为 head 指针,即 ptail->next=head;,其中,ptail 为尾节点指针。

单向循环链表为空链表时,意味着该链表中仅有一个头节点,头节点的下一个节点依然是其头节点本身,即 head==head->next;。

单向循环链表中判断当前指针 p 所指节点是否最后一个节点的依据为:当前节点的 next 域中的值是否为 head,即当前节点的下一个节点是否为头节点,如果是,则表示当前节点为最后一个节点,即:

```
head==p->next;                                  //表示 p 所指节点为最后一个节点
```

链表中依次存放数据元素{a_0, a_1, a_2, …, a_{n-1}},最后一个数据元素 a_{n-1} 所在节点的下一个节点是头节点。

循环链表的优点是从最后一个数据元素 a_{n-1} 所在节点可以较方便地访问首元节点。

例 15 约瑟夫环问题:有 N 个人围成一圈,他们的编号为 1~N,从第一个人开始顺序报数,凡报数为 M 的人出圈。其后面的人再从 1 开始顺序报数,直到所有的人出圈为止。输出所有人出圈的顺序。

【分析】

(1) 该链表节点的数据域中存放的为编号,即整型变量,即 DataType 是 int 的类型同义词。或者说把 DataType 具体化为 int 类型。

```
typedef int DataType;
```

(2) 创建循环单链表的过程与非循环的单链表基本一样,唯一差别是在单链表基础上加一条首尾节点相连的语句:

```
ptail->next=head;
```

(3) 设约瑟夫出圈规则函数原型为:void Joseph(SLNode *head,int m);。

由于出圈后对应节点需删除,故定义两个指针变量:当前指针变量 curr 和前一个节点指针变量 pre 来实现删除节点操作。pre 初始指向头节点,curr 初始指向首元节点即:

```
pre=head;curr=head->next;
```

由于首元节点报数为 1,故当前报数 count 变量初值为 1。

程序框架如下所示。

```
void Joseph(SLNode *head,int m)
{
    SLNode *p,*pre=head,*curr=head->next;
    int count=1;
    printf("出圈的顺序为:");
    while(head->next!=head) //当链表非空时,即还有待出圈的
    {
        //代码段 1: 当前为头节点时,不参与报数,pre 和 curr 后移一个节点
        //代码段 2: 还未报到 m 时,则 count++,pre 和 curr 后移一个节点
        /*代码段 3: 报数 m 时,输出 curr 所指节点的 data 域,并删除该节点。然后 curr 后移一
        个节点,pre 保持不变,curr 后移所指的新节点应该报 1,故 count 重新置 1。*/
    }
    printf("\n");
}
```

【参考代码】

```
#include <stdio.h>
#include<stdlib.h>
typedef int DataType;                       //数据域为每人的整型编号 1,2,3,…
typedef struct Node
{
    DataType data;
    struct Node *next;
}SLNode;
SLNode* create_list(int n);
void Joseph(SLNode *head,int m);
#define N 10                                //共 10 人
#define M 3                                 //报数为 M 的人出列
int main(void)
{
    SLNode* head=create_list(N);
    Joseph(head,M);
    return 0;
}
SLNode* create_list(int n)
{
    SLNode *head,*ptail,*q;
    int i;
    head=(SLNode*)malloc(sizeof(SLNode));
    if(NULL==head)
    {
        printf("Failed to allocate the memory.\n");
        return NULL;
    }
    head->next=NULL;
    ptail=head;
    for(i=0;i<n;i++)
    {
```

```
        q=(SLNode*)malloc(sizeof(SLNode));
        if(NULL==q)
        {
            printf("Failed to allocate the memory.\n");
            return NULL;
        }
        q->data=i+1;
        q->next=NULL;
        ptail->next=q;                  //新增节点链接到原尾节点的后面
        ptail=q;                   //新增节点作为当前新的尾节点。或 ptail=ptail->next;
    }
    ptail->next=head;                   //首位节点相连
    return head;
}
void Joseph(SLNode *head,int m)
{
    SLNode *p,*pre=head,*curr=head->next;
    int count=1;
    printf("出圈的顺序为:");
    while(head->next!=head)
    {
        if(curr==head)                  //当前为头节点时,不参与报数,pre 和 curr 均后移
        {
            pre=curr;
            curr=curr->next;
        }
        else if(count<m)                //报数 count 还未到 m
        {
            count++;
            pre=curr;
            curr=curr->next;
        }
        else                            //报数 count 为 m 时
        {
            p=curr;
            printf("%-3d",p->data);
            pre->next=p->next;          //删除出列编号所在节点
            curr=p->next;
            free(p);
            count=1;
        }
    }
    printf("\n");
}
```

【运行结果】

出圈的顺序为:3 6 9 2 7 1 8 5 10 4

【复习思考题】

1. 简述单向循环链表创建时与单向非循环链表的差别。

2. 单向循环链表判空条件是什么?

3. 在单向循环链表中如何判断当前指针所指节点是否尾节点?

9.6 共 用 体

本节将简要介绍另一种自定义类型——共用体的定义格式、内存共享及覆盖机制,内存字节存储的两种模式:大端模式、小端模式。

使用内存共享及覆盖机制,可使得所有成员共享一块内存空间,该自定义类型称为共用体。

9.6.1 共用体类型及其变量的定义

共用体的定义格式为:

```
union 共用体类型名
{
    成员列表
};
```

说明:

(1) union 为类型关键字,共用体类型名为一合法的标识符。

(2) 成员列表可以包含各种类型的成员变量。

(3) 与结构体类似,可以使用已定义的共用体类型,定义其变量;也可以在定义该共用体类型的同时,定义变量。也可以定义无名的共用体类型。这些与结构体类似的特性本节不再重复描述。

(4) 共用体所占空间大小为其所有成员中所需空间的最大值。

(5) 该共享空间中同一时刻仅能保存一个成员的值。

例如,设在 VC++ 6.0 开发环境中,有如下共用体的定义。

```
union A
{
    char c;
    int i;
    double d;
}u1;
```

以上定义了共用体类型 union A,在定义该类型的同时,定义了该类型的一个变量 u1。该类型中包含三个成员,c 占 1 个字节,i 占 4 个字节,d 占 8 个字节,故该共用体类型所占空间大小为成员 d 所占空间大小,为 8 个字节,且同一时刻该共享空间中仅能保存一个成员的值。

例 16 分析以下程序,写出其输出结果。

设在 VC++ 6.0 开发环境中,且当数据多于一个字节时,存储及输出时,低地址字节在低位,高地址字节在高位。

【程序代码】

```
#include<stdio.h>
union Test
{
    int a;
    short b;
    char c;
};
int main(void)
{
    union Test u;
    u.a=0x78563412;
    printf("u.b=%x\n",u.b);
    printf("u.c=%x\n",u.c);
    return 0;
}
```

【分析】

(1) 由于联合体中变量共享同一块内存,故 union Test 类型占 4 个字节。

(2) 语句 u.a=0x78563412;即把 4 字节的十六进制数 0x78563412 通过成员 a 写入到该共享空间中。

由于存储数据多于一个字节,且题目规定了低字节存放低地址端,故内存存放格式如下。

```
低地址端 -------->高地址端
0x12     0x34     0x56     0x78
```

(3) 成员 b 为 short 类型,占 2 字节,故通过成员 b 仅能访问到共享空间的低位的两个字节。故使用 printf("u.b=%x\n",u.b);输出时,由于低地址字节在低位,高地址字节在高位,所以,输出结果为 u.b=3412。

(4) 同理,通过成员 c 仅能访问到共享空间中最低位的一个字节,故输出结果为 u.c=12。

【运行结果】

```
u.b=3412
u.c=12
```

【复习思考题】

1. 联合体类型是自定义类型吗? 与结构体类型有什么区别?

2. 如何判断联合体类型的大小?

9.6.2 字节存储机制

在计算机或网络中,当需要存储的数据多余一个字节时,该数据的各个字节是按怎样的顺序在内存中存放的? 根据字节的存放顺序分为: Big-Endian(大端模式)和 Little-Endian(小端模式)。

Big-Endian(大端模式): 数据的高字节保存在内存的低地址中,而数据的低字节却保存在内存的高地址中。一般情况下，网络中的数据多采用大端模式。

Little-Endian（小端模式）：数据的低字节保存在内存的低地址中，数据的高字节保存在内存的高地址中。CPU 生产厂商众多，不同厂家可能采用不同的数据存储模式，较多厂商采用的是小端模式。小端模式可能更符合人们的正常思维。

当不同字节存储模式的主机进行交互，或主机与网络进行数据交互时，可能需要字节存储机制的转换。

例如，假设内存地址编号左端为低端地址，右端为高端地址，若存放两字节数据 0x0201，即 01 是低位字节，02 是高位字节。

则两种模式的存储示意如下所示。

```
          低地址端 -------->高地址端
小端模式：  01                02
大端模式：  02                01
```

例 17 设计程序判断 PC 对应 CPU 的字节处理模式是大端模式还是小端模式。

【分析】

判断 PC 是大端模式还是小端模式，关键是看高低内存地址处，存放的是高字节还是低字节。如果低地址端存放低字节，高地址端存放高字节，则说明为小端模式。反之，若低地址端存放高字节，高地址端存放低字节，则说明为大端模式。

故设计判断程序时，需要输出地址及该地址空间中的字节。

【参考代码】

```
#include<stdio.h>
union Test
{
    char c[4];
    int i;
};
int main(void)
{
    union Test t;
    int i;
    t.i=0x78563412;
    for(i=0;i<4;i++)
        printf("地址:%x\t 字节:%x\n",&t.c[i],t.c[i]);
    return 0;
}
```

【运行结果】

```
地址:12ff44    字节:12
地址:12ff45    字节:34
地址:12ff46    字节:56
地址:12ff47    字节:78
```

【结论】

t. i=0x78563412;可以看成，0x12 为数据低字节，0x78 为数据高字节。

通过输出结果可以看出，某次程序运行结果中，低地址端 0x12ff44 处存放低字节 0x12，而高地址端 0x12ff47 处存放高字节 0x78。符合小端模式规则，故该 PC 的 CPU 字节存储采用的是小端模式。

【说明】

程序每次运行时，变量存放的具体内存地址值可能不同，但地址递增或递减的变化趋势是一致的，故不影响模式的判断。

【复习思考题】

1. 字节存储和处理的模式有哪两种？两种模式是怎么定义的？

2. 判断：PC 之间或 PC 与网络间交互的数据不需要模式的转换。

9.7 枚举类型

在一定意义上类型是一系列值的集合，如果某种类型的取值仅限于列举出来的有限值的范围内，则该类型被称为枚举类型。

枚举类型的定义格式为：

```
enum 类型名
{
    //枚举成员，用逗号隔开
};
```

例如，定义表示颜色的枚举类型：

```
enum Color{Red,Orange,Yellow,Green,Bule}c1,c2;
```

说明：

(1) 各枚举成员使用符号表示，每个符号本质上是一个整型常量，故不能再为其成员赋值。以下语句均是错误的。

```
Red=3;                              //错误，Red 为常量，不能赋值
```

(2) 在编译阶段，C 编译器把各个成员，按定义的先后顺序，依次替换成数值常量 0,1,2,3,…即首成员默认取值为 0，之后成员的值是前一个成员的值加 1。

故该例中各成员的取值分别为：

```
Red:0 Orange:1 Yellow:2 Green:3 Bule:4
```

(3) 可以任意指定某个成员的值，之后成员的值是前一个成员的值加 1，直到结束或再次遇到被指定值的成员为止。

例如：enum DAY{MON=1,TUE,WEN,THU,FRI,SAT,SUN=0}；从指定值的首成员 MON 开始，到再次出现指定值的成员 SUN，取值依次加 1。

则 MON=1,TUE=2,WEN=3,THU=4,FRI=5,SAT=6,SUN=0。

(4) 直接写成员名字访问各个成员，不能通过变量访问成员。

```
c1=Yellow;                          //正确，可直接使用成员名 Yellow 给 c1 变量赋值
printf("%d\n",c2.Green);            //错误。不能通过变量名访问成员
```

(5) 各枚举成员之间使用逗号隔开，而不是分号。最后一个成员后不加任何符号。

(6) 与结构体、共用体类型一样，可以使用已定义的枚举类型定义变量，也可以在定义枚举类型的同时定义该类型的变量；可以为枚举类型指定类型同义词；可以定义无名的枚举类型。这些和其他类型相似的性质，本节不再专门讲解。

例如，若使用数字 1、2、3、…、12 等表示一年中的 12 个月份，虽然可以区分，但在程序设计中，如果出现 3，不能确定是数值 3 还是月份 3，即程序可读性较差。如果使用枚举类型，即用一系列见名知意的符号的集合表示月份，如 Mar 表示 3 月，则程序的可读性将大大增强。

```
enum MONTH{Jan=1,Feb,Mar,Apr,May,Jun,Jul,Aug,Sept,Oct,Nov,Dec};
```

由于人为指定了第一个枚举成员 Jan 的值为 1，则 Feb、Mar、…、Dec 等依次取值为 2、3、4、5、…、12，与月份数值对应。

```
enum MONTH m;                              //定义枚举类型的变量 m
```

可以为该变量赋值为 Jan、Feb、…、Dec 中的任何一个。

例如，交通灯的颜色有红、绿、黄三种颜色，定义交通灯的枚举类型如下。

```
enum Trafic_Light{Red,Green,Yellow};
```

上述枚举类型 Trafic_Light 有三个成员，取值依次为：0,1,2。

例 18 分析以下程序，输出运行结果。

【程序代码】

```
#include<stdio.h>
typedef enum {Jan=1,Feb,Mar,Apr,May,Jun,Jul,Aug,Sept,Oct,Nov,Dec}MONTH;
int main(void)
{
    MONTH m;
    for(m=Jan;m<=Dec;m++)
        printf("%4d月",m);
    return 0;
}
```

【分析】

定义了一个月份的枚举类型，并指定首个成员的值为 1，则后续其他成员的值依次为 2、3、…、12。

为该枚举类型指定了类型同义词 MONTH，在 main 中定义了 MONTH 的变量 m，for 循环中，循环控制变量的初值为 Jan 即 1，终值为 Dec 即 12。

【运行结果】

```
1月 2月 3月 4月 5月 6月 7月 8月 9月 10月 11月 12月
```

【复习思考题】

简述枚举类型的定义及意义。

小　　结

本章主要讲解了常见的几种自定义类型，如结构体、共用体、枚举类型等。在此基础上重点讲解了单链表的创建和基本操作。结构体和单链表是本章学习的重点。本章知识点小结如表 9-1 所示。

表 9-1　本章主要知识点梳理

<table>
<tr><th>知　识　点</th><th>示　　例</th><th>说　　明</th></tr>
<tr><td>结构体定义格式</td><td>定义包含姓名、学号、成绩的学生结构体类型，并定义该类型的两个变量 a 和 b，即两个学生个体：
struct Stu
{
    char name[10];
    char no[15];
    int sc;
}a,b;</td><td>把描述事物的一组数据组织在一起，可以构建该事物的类型，称为结构体类型。
结构体中各数据一般称为成员，结构体可以包含不同类型的数据成员。
注意：该自定义结构体类型为 struct Stu 而不是 Stu</td></tr>
<tr><td>访问结构体类型变量的成员</td><td>strcpy(a.name,"Li Lei");
strcpy(a.no,"2016030401");
a.sc=97;
b=a;</td><td>可以通过"变量名.成员名"的形式可以访问结构体变量中的成员。
且同类型的结构体类型的变量可以相互赋值</td></tr>
<tr><td>类型同义词</td><td>typedef struct Node
{
   int data;
   struct Node* next;
}SLNode;
SLNode *head;</td><td>为结构体类型 struct Node 指定类型同义词或称类型别名 SLNode。
在后续就可以直接使用该类型同义词 SLNode 定义变量，方便操作</td></tr>
<tr><td>结构体数组</td><td>自定义类型——结构体一旦定义完成，就可以像其他内置类型一样使用，可以定义该结构体类型的数组，例如：
struct Stu a[10];
定义了含 10 个学生的结构体数组</td><td>此处 Stu 不是类型同义词，故不能省略 struct 关键字</td></tr>
<tr><td>共用体类型</td><td>使用内存共享及覆盖机制，使得所有成员共享一块内存空间，把该自定义类型称为共用体。例如：
union Test
{
    int a;
    short b;
    char c;
};</td><td>共用体类型的内存存储方式比较复杂，要综合考虑内存字节对齐方式(大端、小端模式)等因素进行分析。</td></tr>
</table>

续表

知 识 点	示 例	说 明
枚举类型	如果某种类型的取值仅限于列举出来的有限值的范围内，则该类型被称为枚举类型。 例如：定义表示交通灯颜色的枚举类型。 enum Trafic _ Light {Red, Green, Yellow};	掌握最基本的概念即可，会定义如一年中的月份、一周中的天、所需颜色集合等常用的枚举类型即可。 枚举中最常见的错误是通过枚举类型的变量访问枚举成员
单链表	单向循环链表是首尾相连的单链表，即把尾节点与首节点链接在一起的链表。 掌握顺序存储和链式存储的区别，重点是会创建单链表，插入节点、删除节点、循环遍历单链表中的节点、撤销单链表等基本操作	区分头节点、首元节点、头指针等易混淆的概念。 重点掌握单链表和单向循环链表判空条件、是否遍历到尾节点等临界情况

习　　题

1. 结构体类型及其变量

1) 结构体类型的引入

(1) 简答：既然 C 语言中类型已经较丰富了，含有如整型、字符型、浮点型等基本类型及数组、指针等复合类型，还有必要引入自定义类型吗？为什么？

(2) 简述结构体类型中成员变量选取的原则。

2) 结构体类型定义

(1) 设有以下结构体类型的定义：

```
struct S
{
    int a;
    char c;
}Stype;
```

则下列说法正确的是(　　)。

A. struct 是结构体类型的关键字，可省略

B. S 是新定义的结构体类型

C. struct S 是新定义的结构体类型

D. 类型 Stype 有两个成员分别为 a 和 c

(2) 如下结构体的定义是否正确？如有错误，请指出错误原因。

```
struct A
{
    char s[10];
    int *p;
    struct A *pA;
    A a[10];
}
```

(3) 使用结构体定义空间(三维)中点的类型。

3) 结构体类型的变量

(1) 列举定义结构体类型变量的方法,并采用各种方法定义学生结构体类型 STU,包括:姓名、学号、成绩等三个成员。

(2) 如下结构体变量的定义是否正确? 如有错误,请指出并改正。

```
struct Point
{
    float x;
    float y;
}a[6];
Point *p=a;
```

(3) 采用无名结构体类型定义变量时,需注意哪些事项?

4) 结构体变量成员的引用

(1) 分析以下程序,输出其运行结果。

```
#include<stdio.h>
struct A
{
    int i;
    int j;
}a[3]={{2,4},{3,5}};
int main(void)
{
    int x=a[0].i*a[1].i+a[0].j*a[1].j+a[2].j*a[2].j;
    printf("x=%d\n",x);
    return 0;
}
```

(2) 分析以下程序,输出其运行结果。

```
#include<stdio.h>
struct
{
    int i;
    int j;
}a[3]={{2,4},{3,5}},*p=a;
int main(void)
{
    int x=a[0].i*(p+1)->i+(*p).j*a[1].j;
    printf("x=%d\n",x);
    return 0;
}
```

(3) 从键盘输入 5 个学生信息(姓名、学号、成绩),计算 5 人的平均成绩并输出。

5) 结构体变量的存储

(1) 简述结构体类型的变量所占字节数受哪些因素影响。

(2) 在 32 位 CPU,VC++ 6.0 开发环境中,如下结构体类型的变量所占字节数是多少?

```
struct Stu
{
    char name[10];
    int age;
    double height;
};
```

(3) 在 32 位 CPU,VC++ 6.0 开发环境中,如下结构体类型的变量所占字节数是多少?

```
#pragma pack(8)
struct Stu
{
    char name[15];
    int age;
    int score;
};
```

2. 结构体数组

1) 结构体数组定义与使用

分析以下程序,输出其运行结果。

```
#include<stdio.h>
struct Stu
{
    char name[10];
    char no[15];
    int score;
}a[3]={{"张三","2017010201",88},{"李四","2017010202",92}};
int main(void)
{
    int i;
    a[2]=a[1];                          //该赋值语句的含义?
    printf("姓名\t学号\t\t成绩\n");
    for(i=0;i<3;i++)
        printf("%s\t%-15s\t%d\n",a[i].name,a[i].no,a[i].score);
    return 0;
}
```

通过该题目,熟练灵活掌握各种数据对齐的方式。

2) 结构体数组的应用

输入 5 个学生的信息(姓名、学号、三门课成绩),计算每个学生的平均分,并输出学生的姓名、学号、三门课成绩及平均分。

3) 类型同义词

(1) 设有如下类型同义词定义语句:

```
typedef int* PINT;
PINT pi1,pi2,a[5];
```

则 pi1、pi2 及 a 的含义是什么?

(2) 设有如下类型宏替换定义：

```
#define PINT int*
PINT pi1,pi2,a[5];
```

则 pi1、pi2 及 a 的含义是什么？

3. 结构体指针与结构体数组

(1) 从键盘输入若干名职工的信息(姓名、工号、性别)，统计并输出男职工的信息。

(2) 从键盘输入若干名职工的信息(姓名、工号、性别、生日)，统计并输出每月中过生日的员工信息。

4. 结构体与函数

(1) N 个学生对三个班长候选人进行投票表决，统计三个班长候选人的得票数。编写函数实现该功能。

(2) 在一段英文句子中，查找并统计某些单词出现的次数，编写函数实现该功能。

5. 单链表

1) 数据的存储结构

简述顺序存储和链式存储的区别。

2) 单链表

(1) 创建一个简易通信录(姓名、性别、电话号码)，采用链式存储，按姓名查找某学生的相关信息并显示。

(2) 在上题的通信录中，实现添加联系人的功能，添加后，输出通信录中所有联系人信息。

(3) 在上题的通信录中，实现删除某联系人的功能，删除后，输出通信录中所有联系人信息。

(4) 如果把单链表的撤销函数写成如下形式：

```
void Destroy(SLNode *head)
{
    SLNode *p=head,*t;
    while(p!=NULL)              //释放所有节点空间
    {
        t=p;
        p=p->next;
        free(t);
    }
    head=NULL;
}
```

该程序中的语句 head=NULL;意图是什么？在该函数中有起作用吗？并说明原因。

3) 单向循环链表

(1) 简述总结单链表和单向循环链表在判空上的区别。

(2) 总结单链表和单向循环链表判断是否遍历到尾结点的区别。

6. 共用体

1) 共用体类型及其变量的定义

简述结构体类型与共用体的定义及两者的区别。

2）字节存储机制

（1）分析以下程序的运行结果。设字节存储采用小端模式。

【程序代码】

```
#include<stdio.h>
union Test
{
    short a;
    short b;
    char c;
};
int main(void)
{
    union Test u;
    u.a=258;
    printf("u.b=%d\n",u.b);
    printf("u.c=%d\n",u.c);
    return 0;
}
```

（2）根据对大小端的理解，设计程序判断所使用 PC 对应 CPU 的字节处理模式是大端模式还是小端模式。要求区别于例题程序。

7. 枚举类型

（1）下列对枚举类型的定义正确的是(　　)。

A. enum a{A;B;C};　　　　B. enum a={A,B=4,C};

C. enum a{"A","B"=4,"C"};　　　　D. enum a{A,B=4,C};

（2）分析以下程序，输出其运行结果。

【程序代码】

```
#include<stdio.h>
enum Color{RED,ORANGE,YELLOW=4,GREEN,BLUE};
int main(void)
{
    char *s[]={"Black","Yellow","Blue","Green","White"};
    enum Color c1=ORANGE,c2=GREEN;
    printf("%s\n",s[c2-c1]);
    return 0;
}
```

第10章 输入和输出

本章学习目标

- 理解文件及流的概念
- 理解 DOS/Windows 系统下文本文件和二进制文件的差异
- 掌握按字符读写函数 fgetc、fputc
- 熟练掌握按字符串(行)读写函数 fgets、fputs
- 熟练掌握二进制文件按数据块读写函数 fread、fwrite
- 掌握文件读写位置修改函数 fseek,rewind 及获取当前位置函数 ftell
- 掌握判断文件结尾函数 feof 的使用及注意事项

数据的输入和输出几乎伴随着每个C语言程序,所谓输入就是从“源端”获取数据,所谓输出可以理解为向“终端”写入数据。这里的源端可以是键盘、鼠标、硬盘、光盘、扫描仪等输入设备,终端可以是显示器、硬盘、打印机等输出设备。在C语言中,把这些输入和输出设备也看作“文件”。

本章首先介绍流、输入输出和文件的基本概念,进而介绍 DOS/Windows 操作系统下文本文件与二进制文件的差别,接着重点介绍文本文件中常用的读写函数及二进制文件中常用的读写函数,最后介绍顺序读取和随机读取的概念及随机读取中涉及的读写位置修改函数。

10.1 文件及其分类

计算机上的各种资源都是由操作系统管理和控制的,操作系统中的文件系统,是专门负责将外部存储设备中的信息组织方式进行统一管理规划,以便为程序访问数据提供统一的方式。

1. 文件的概念及分类

文件是操作系统管理数据的基本单位,文件一般是指存储在外部存储介质上的有名字的一系列相关数据的有序集合。它是程序对数据进行读写操作的基本对象。在C语言中,把输入和输出设备都看作文件。

文件一般包括三要素:文件路径、文件名、后缀。

由于在C语言中'\'一般是转义字符的起始标志,故在路径中需要用两个'\'表示路径中目录层次的间隔,也可以使用'/'作为路径中的分隔符。

例如,"E:\\ch10.doc",或者"E:/ch10.doc",表示文件 ch10.doc 保存在E盘根目录下。"f1.txt"表示当前目录下的文件 f1.txt。

文件路径:可以显式指出其绝对路径,如上面的"E:\\"或者"E:/"等;如果没有显式指出其路径,默认为当前路径。

C语言不仅支持对当前目录和根目录文件的操作,也支持对多级目录文件的操作,例如:

```
D:\\C_WorkSpace\\Chapter_10\\file_1.txt
```

或者

```
D:/C_WorkSpace/Chapter_10/file_1.txt
```

中的 file_1.txt 均是C语言可操作的多级目录文件。

文件名:标识文件名字的合法标识符,如 ch10、file_1 等都是合法的文件名。

后缀:一般用于标明文件的类型,使用方式为:文件名.后缀,即文件名与后缀之间用'.'隔开。常见的后缀类型有:doc、txt、dat、c、cpp、obj、exe、bmp、jpg 等。

C语言中的输入和输出都是和文件相关的,即程序从文件中输入(读取)数据,程序向文件中输出(写入)数据。

文件按其逻辑结构可分为:记录文件和流式文件。

记录文件又可分为:顺序文件、索引文件、索引顺序文件及散列文件等。

流式文件是以字节为单位,对流式文件的访问一般采用穷举搜索的方式,效率不高,故一般需频繁访问的较大数据不适宜采用流式文件逻辑结构。但由于流式文件管理简单,用户可以较方便地对文件进行相关操作。

本教程仅对流式文件做简单介绍,有关记录文件的内容,可参阅“数据结构”教材的相关书籍。

2. 流的概念及分类

I/O设备的多样性及复杂性,给程序设计者访问这些设备带来了很大的难度和不便。为此,ANSI C的I/O系统即标准I/O系统,把任意输入的源端或任意输出的终端,都抽象转换成了概念上的“标准I/O设备”或称“标准逻辑设备”。程序绕过具体设备,直接与该“标准逻辑设备”进行交互,这样就为程序设计者提供了一个不依赖于任何具体I/O设备的统一操作接口,通常把抽象出来的“标准逻辑设备”或“标准文件”称作“流”。

把任意I/O设备,转换成逻辑意义上的“标准I/O设备”或“标准文件”的过程,并不需要程序设计者感知和处理,是由标准I/O系统自动转换完成的。故从这个意义上,可以认为任意输入的源端和任意输出的终端均对应一个“流”。

流按方向分为:输入流和输出流。

从文件获取数据的流称为输入流,向文件输出数据称为输出流。例如,从键盘输入数据然后把该数据输出到屏幕上的过程,相当于从一个文件输入流(与键盘相关)中输入(读取)数据,然后通过另外一个文件输出流(与显示器相关)把获取的数据输出(写入)到文件(显示器)上。

流按数据形式分为:文本流和二进制流。

文本流是ASCII码字符序列,而二进制流是字节序列。

【复习思考题】

1. 简述文件的定义及其按逻辑结构的分类。
2. 简述文件的三要素,列举常见的文件后缀类型。
3. 简述流式文件的特点。

4. 理解 C 语言中流的概念及分类。

10.2 文本文件与二进制文件

10.2.1 文本文件与二进制文件

根据文件中数据的组织形式的不同，可以把文件分为：文本文件和二进制文件。

文本文件：把要存储的数据当成一系列字符组成，把每个字符的 ASCII 码值存入文件中。每个 ASCII 码值占一个字节，每个字节表示一个字符。故文本文件也称作字符文件或 ASCII 文件，是字符序列文件。

二进制文件：把数据对应的二进制形式存储到文件中，是字节序列文件。

例如数据 123，如果按文本文件形式存储，把数据看成三个字符：'1'、'2'、'3'的集合，文件中依次存储各个字符的 ASCII 码值，格式如表 10-1 所示。

表 10-1 数据 123 的文本存储形式

字　　符	'1'	'2'	'3'
ASCII(十进制)	49	50	51
ASCII(二进制)	0011 0001	0011 0010	0011 0011

如果按照二进制文件形式存储，则把数据 123 看成整型数，如果该系统中整型数占 4 个字节，则数据 123 二进制存储形式的 4 个字节如下。

```
0000 0000   0000 0000   0000 0000   0111 1011
```

10.2.2 C 语言与文件读写

C 程序与文件的访问中，经常涉及换行操作。二进制文件与文本文件在换行规则上略有差别。

在 UNIX 和 Linux 系统中，无论是二进制文件还是文本文件，均是以单字节 LF(0x0A) 即'\n'作为文件中的换行符。

由于 C 语言是在 UNIX 系统上提出并发展起来的，故 C 语言中的换行规则与 UNIX 系统文件中的换行规则是一致的，使用 LF 即'\n'表示换行。因此 C 语言程序访问 UNIX/Linux 系统中的文件时，可直接访问，不需要转换。

在 DOS/Windows 系统中，二进制文件中的换行符与 C 语言程序中的换行符也一致，无须转换。

而在 DOS/Windows 系统中，文本文件使用 ASCII 值为 13(0x0D)的回车符 CR (Carriage-Return)以及 ASCII 值为 10(0x0A)的换行符 LF(Line-Feed)这两个符号，即双字节 CR-LF(0x0D 0x0A)的'\r'、'\n'作为文本文件的换行符。与 C 语言程序中的换行符不一致。

因此，若使用 C 语言程序访问 DOS/Windows 系统中的文本文件，针对换行符的差异，就必须多一层转换。如果把 C 程序中数据以文本的方式写入文件时，需要把 C 程序中的

'\n'转换为'\r'和'\n'这两个字符后，再写入文本文件；当C程序以文本方式读取文本文件中的数据时，需要把文本文件中连续出现的两个字符'\r'、'\n'转换为一个字符'\n'后，送给C程序。

说明：DOS/Windows系统的文本文件中，回车'\r'和换行'\n'的含义如下。

回车'\r'：表示光标回到该行的行首处。

换行'\n'：表示光标从当前行该列位置移动到下一行对应的该列位置。

10.2.3 缓冲和非缓冲文件系统

C语言中文件系统可分为两大类，一种是缓冲文件系统也称为标准文件系统，另一种是非缓冲文件系统。ANSI C标准中只采用缓冲文件系统。

缓冲文件系统：系统自动为每个打开的文件在内存开辟一块缓冲区，缓冲区的大小一般由系统决定。当程序向文件中输出(写入)数据时，程序先把数据输出到缓冲区，待缓冲区满或数据输出完成后，再把数据从缓冲区输出到文件；当程序从文件输入(读取)数据时，先把数据输入到缓冲区，待缓冲区满或数据输入完成后，再把数据从缓冲区逐个输入到程序。

非缓冲文件系统：系统不自动为打开的文件开辟内存缓冲区，由程序设计者自行设置缓冲区及大小。

程序每一次访问磁盘等外存文件都需要移动磁头来定位磁头扇区，如果程序频繁地访问磁盘文件，会缩短磁盘的寿命，况且速度较慢，与快速的计算机内存处理速度不匹配。带缓冲区文件系统的好处是减少对磁盘等外存文件的操作次数，先把数据读取(写入)到缓冲区中，相当于把缓冲区中的数据一次性与内存交互，提高了访问速度和设备利用率。

一般把带缓冲文件系统的输入输出称作标准输入输出(标准I/O)，而非缓冲文件系统的输入输出称为系统输入输出(系统I/O)。

ANSI C为正在使用的每个文件分配一个文件信息区，该信息区中包含文件描述信息、该文件所使用的缓冲区大小及缓冲区位置、该文件当前读写到的位置等基本信息。这些信息保存在一个结构体类型变量中，该结构体类型为FILE在stdio.h头文件中定义，不允许用户改变。每个C编译系统stdio.h文件中的FILE定义可能会稍有差别，但均包含文件读写的基本信息。本节仅介绍VC++ 6.0编译系统的stdio.h头文件中FILE结构体类型的定义。

VC++ 6.0编译环境中：

```
#ifndef _FILE_DEFINED
struct _iobuf
{
    char *_ptr;                 //指示当前文件的下一位置
    int  _cnt;                  //当前缓冲区的相对位置
    char *_base;                //文件基指针，指示文件的起始位置
    int  _flag;                 //文件标志
    int  _file;                 //文件描述符，作为文件控制块FCB的数组下标索引
    int  _charbuf;              //缓冲区状态标志，若无缓冲区则不读取
    int  _bufsiz;               //缓冲区大小
    char *_tmpfname;            //临时文件名
};
```

```
typedef struct _iobuf FILE;
#define _FILE_DEFINED
#endif
```

【复习思考题】

1. 简述二进制文件与文本文件的概念及差别。
2. 写出数据 5678 按二进制方式及文本方式存储的格式。假设整型占 4 个字节。
3. DOS/Windows 系统中二进制文件与文本文件在换行规则上一样吗？简述其差别。
4. 简述 DOS/Windows 系统中文本文件中的回车换行的含义。
5. 缓冲文件系统的特点是什么？
6. FILE 类型的文件信息区的用途是什么？不同编译系统中 FILE 的定义一定相同吗？

10.3 文件的打开与关闭

本书所涉及的文件如无特殊说明均指缓冲文件系统文件即 ANSI C 标准文件。C 程序中对任何文件进行操作，都必须先"打开"文件，即打开流；操作完成后，需"关闭"文件，即关闭流。这里的"打开"和"关闭"可调用标准库 stdio.h 中的 fopen 和 fclose 函数实现。

打开函数 fopen 的原型如下。

```
FILE * fopen(char *filename, char *mode);
```

说明：函数参数-filename：文件名，包括路径，如果不显式含有路径，则表示当前路径。

例如，"D:\\f1.txt"表示 D 盘根目录下的文件 f1.txt 文件。"f2.doc"表示当前目录下的文件 f2.doc。

函数参数-mode：文件打开模式，指出对该文件可进行的操作。常见的打开模式如"r"表示只读，"w"表示只写，"rw"表示读写，"a"表示追加写入。更多的打开模式如表 10-2 所示。

表 10-2 常见的文件打开模式

模式	含　义	说　明
r	只读	文件必须存在，否则打开失败
w	只写	若文件存在，则清除原文件内容后写入；否则，新建文件后写入
a	追加只写	若文件存在，则位置指针移到文件末尾，在文件尾部追加写入，故该方式不删除原文件数据；若文件不存在，则打开失败
r+	读写	文件必须存在。在只读 r 的基础上加'+'表示增加可写的功能。下同
w+	读写	新建一个文件，先向该文件中写入数据，然后可从该文件中读取数据
a+	读写	在"a"模式的基础上，增加可读功能
rb	二进制读	功能同模式"r"，区别：b 表示以二进制模式打开。下同
wb	二进制写	功能同模式"w"。二进制模式
ab	二进制追加	功能同模式"a"。二进制模式
rb+	二进制读写	功能同模式"r+"。二进制模式
wb+	二进制读写	功能同模式"w+"。二进制模式
ab+	二进制读写	功能同模式"a+"。二进制模式

返回值：打开成功，返回该文件对应的 FILE 类型的指针；打开失败，返回 NULL。故需定义 FILE 类型的指针变量，保存该函数的返回值。可根据该函数的返回值判断文件打开是否成功。

关闭函数 fclose 的原型如下。

```
int fclose(FILE *fp);
```

函数参数-fp：已打开的文件指针。

返回值：正常关闭，返回 0；否则返回 EOF(-1)。

例如：

```
FILE *fp1,*fp2;                      //定义两个文件指针变量 fp1 和 fp2
fp1=fopen("D:\\f1.txt","r");         //以只读模式打开文件 f1.txt
if(NULL==fp1)                        //以返回值 fp1 判断是否打开成功,如果为 NULL 表示失败
{
    printf("Failed to open the file!\n");
    exit(0);                         //终止程序,stdlib.h 头文件中
}
fp2=fopen("f2.txt","a");             //以追加写入的模式打开文件 f2.txt
if(NULL==fp2)
{
    printf("Failed to open the file!\n");
    exit(0);
}
//...

fclose(fp1);                         //关闭 fp1 指针对应文件(f1.txt)的流
fclose(fp2);                         //关闭 fp2 指针对应文件(f2.txt)的流
```

【复习思考题】

1. 简述文件打开与关闭函数的原型及参数、返回值的含义。
2. 列举常见的文件打开模式，以及需要注意的问题。

10.4 文件的顺序读写

对文件读取操作完成后，如果从文件中读取到的每个数据的顺序与文件中该数据的物理存放顺序保持一致，则称该读取过程为顺序读取；同理，对文件写入操作完成后，如果文件中所有数据的存放顺序与各个数据被写入的先后顺序保持一致，则称该写入过程为顺序写入。

本节主要介绍字符序列的顺序读写、字符串顺序读写、按格式化输入输出顺序读写等常见操作。

10.4.1 按字符输入输出

C 语言中提供了从文件中逐个输入字符及向文件中逐个输出字符的顺序读写函数 fgetc 和 fputc 及调整文件读写位置到文件开始处的函数 rewind。这些函数均在标准输

入输出头文件 stdio.h 中。

字符输入函数 fgetc 的函数原型为：

```
int fgetc(FILE *fp);
```

所在头文件：stdio.h。

函数功能：从文件指针 fp 所指向的文件中输入一个字符。输入成功，返回该字符；已读取到文件末尾，或遇到其他错误，即输入失败，则返回文本文件结束标志 EOF(EOF 在 stdio.h 中已定义，一般为-1)。

注意：由于 fgetc 是以 unsigned char 的形式从文件中输入(读取)一个字节，并在该字节前面补充若干 0 字节，使之扩展为该系统中的一个 int 型数并返回，而非直接返回 char 型。当输入失败时返回文本文件结束标志 EOF 即-1，也是整数。故返回类型应为 int 型，而非 char 型。

如果误将返回类型定义为 char 型，文件中特殊字符的读取可能会出现意想不到的逻辑错误。

由于在 C 语言中把除磁盘文件外的输入输出设备也当成文件处理，故从键盘输入字符不仅可以使用宏 getchar()实现，也可以使用 fgetc(stdin)实现。其中，stdin 指向标准输入设备——键盘所对应的文件。stdin 不需要人工调用函数 fopen 打开和 fclose 关闭。

字符输出函数 fputc 的函数原型为：

```
int fputc(int c, FILE *fp);
```

所在头文件：stdio.h

函数功能：向 fp 指针所指向的文件中输出字符 c，输出成功，返回该字符；输出失败，则返回 EOF(-1)。

向标准输出设备屏幕输出字符变量 ch 中保存的字符，不仅可以使用宏 putchar(ch)实现，也可以使用 fputc(ch,stdout);实现。其中，stdout 指向标准输出设备——显示器所对应的文件。stdout 也不需要人工调用函数 fopen 打开和 fclose 关闭。

对一个文件进行读写操作时，经常会把一个文件中读写位置重新调整到文件的开始处，可以使用函数 rewind 实现。

文件读写位置复位函数 rewind 的函数原型为：

```
void rewind(FILE *fp)
```

所在头文件：stdio.h

函数功能：把 fp 所指向文件中的读写位置重新调整到文件开始处。

例 1 从键盘输入若干个字符，同时把这些字符输出到 D 盘根目录下的文件 data_file.txt 中及屏幕上。**各个字符连续输入，最后按下回车键结束输入过程。**

【分析】

(1) C 语言中识别的目录间隔符可以是\\形式也可以是/形式，即 D:/data_file.txt 或 D:\\data_file.txt。该文件目录是一字符串，故可以保持到字符数组中。

(2) 可以使用 getchar()从标准输入设备——键盘输入字符。C 语言中把输入和输出

设备也看成了文件,并提供了三个标准输入输出文件,即:

stdin:标准输入流或指向标准输入设备文件——键盘。

stdout:标准输出流或指向标准输出设备文件——显示器。

stderr:标准错误输出流或指向标准错误输出文件——显示器。

故也可以使用 fgetc(stdin);表示从标准输入设备输入字符。

同理把字符变量 ch 中保存的字符,输出到标准输出设备屏幕上,不仅可以使用 putchar(ch);,也可以使用 fputc(ch,stdout);。

(3) 函数 fgetc 的返回类型为 int 型,而非 char 型。

(4) 输入过程的回车键,C 程序解析成换行符'\n'。

(5) 对文件操作必须调用 fopen 和 fclose 两个函数。

【参考代码 1】

```
#include<stdio.h>
#include<stdlib.h>
int main(void)
{
    char file_name[20]="D:/data_file.txt";
    FILE * fp=fopen(file_name,"w");  //打开文件
    int c;                           //c:接收 fgetc 的返回值,定义为 int,而非 char 型
    if(NULL==fp)
    {
        printf("Failed to open the file!\n");
        exit(0);
    }
    printf("请输入字符,按回车键结束: ");
    while((c=fgetc(stdin))!='\n')    //stdin:指向标准输入设备键盘文件
    {
        fputc(c,stdout);             //stdout:指向标准输出设备显示器文件
        fputc(c,fp);
    }
    fputc('\n',stdout);
    fclose(fp);                      //关闭文件
    return 0;
}
```

【参考代码 2】

```
#include<stdio.h>
#include<stdlib.h>
int main(void)
{
    char file_name[20]="D:\\data_file.txt";
    FILE * fp=fopen(file_name,"w");
    int c;
    if(NULL==fp)
    {
        printf("Failed to open the file!\n");
        exit(0);
```

```
    }
    printf("请输入字符,按回车键结束：");
    while((c=getchar())!='\n')      //getchar():从键盘获取字符
    {
        putchar(c);                 //向屏幕输出 c 中保存的字符
        fputc(c,fp);
    }
    putchar('\n');
    fclose(fp);
    return 0;
}
```

【运行结果】

请输入字符,按回车键结束：I Love C Programming!

I Love C Programming!

此时,查看 D 盘根目录下生成了 data_file.txt 文件,其内容截图如图 10-1 所示。

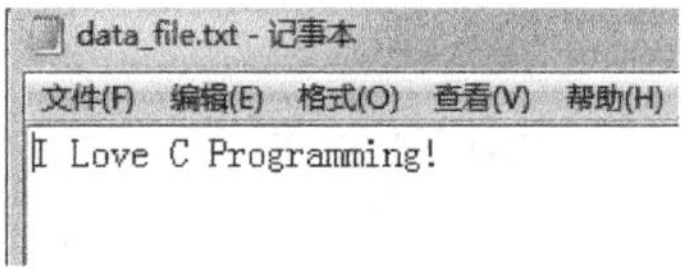

图 10-1　data_file.txt 文件内容截图

例 2　把 D 盘根目录下文本文件 f1.txt 的内容,复制到 E 盘根目录下文本文件 f2.txt 中,并把文件 f2.txt 中的内容输出到屏幕上。

【分析】

把 f1.txt 中的内容逐个字符复制到 f2.txt 中,故可使用 fgetc()函数。

(1) 只需从 f1.txt 中输入内容,故可设计为只读模式“r”。而 f2.txt 是先向其中写入,然后读出,且该文件可以初始不存在,故可用读写模式“w+”。注意不能选择读写模式“r+”,因为该模式文件f2.txt 初始必须存在,否则打开失败。

(2) 当 f1.txt 中的内容全部复制到 f2.txt 中后,调用 rewind 函数把 f2.txt 中的读写位置重新调整到该文件的开始处。

【参考代码】

```
#include<stdio.h>
#include<stdlib.h>
int main(void)
{
    char src_file[30]="D:\\f1.txt";
    char dest_file[30]="E:\\f2.txt";
    FILE *fp1,*fp2;
    int ch;
    fp1=fopen(src_file,"r");
    fp2=fopen(dest_file,"w+");      //可先输入再输出,文件初始可不存在
    if(NULL==fp1 ||NULL==fp2)       //此处也可分开写
    {
        printf("Failed to open the file!\n");
        exit(0);
    }
    while((ch=fgetc(fp1))!=EOF)     //读取 f1.txt 并复制到 f2.txt 中
    {
```

```
        fputc(ch,fp2);
    }
    rewind(fp2);                    //f2.txt 文件读写位置重新调整到文件的开始处
    while((ch=fgetc(fp2))!=EOF)
    {
        fputc(ch,stdout);
    }
    fputc('\n',stdout);
    fclose(fp1);
    fclose(fp2);
    return 0;
}
```

【运行结果】

如果 f1.txt 中内容如图 10-2 所示。

则运行该程序后，E 盘根目录下，生成了文件 f2.txt，其内容如图 10-3 所示。

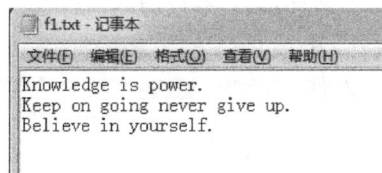

图 10-2　f1.txt 内容

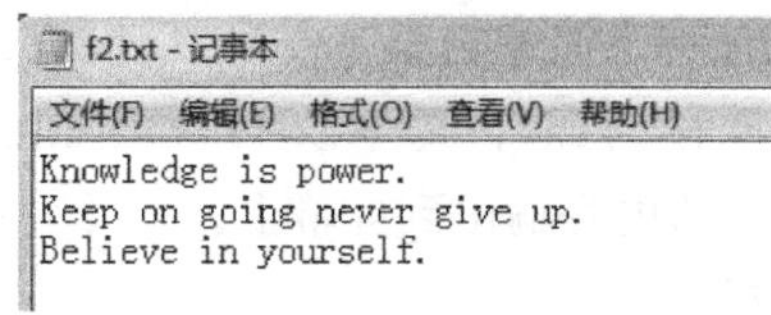

图 10-3　f2.txt 内容

同时屏幕上输出内容如下所示。

```
Knowledge is power.
Keep on going never give up.
Believe in yourself.
```

【复习思考题】

1. 调用 fgetc 函数从文件中读取数据，该函数的返回值保存到 char 型变量中，可以吗？为什么？

2. EOF(-1)能否作为二进制文件的结束标志？为什么？

3. 简述 rewind 函数所在的头文件及该函数的作用。

4. 进一步巩固理解文件打开模式“w+”与“r+”的区别。

10.4.2　按字符串输入输出

本节主要介绍文件中常见的字符串输入、输出函数 fgets 和 fputs。

字符串输入函数 fgets 的函数原型为：

```
char * fgets(char *s, int size, FILE * fp);
```

所在头文件：stdio.h

函数功能：从 fp 所指向的文件内，读取若干字符(一行字符串)，并在其后自动添加字符串结束标志'\0'后，存入 s 所指的缓冲内存空间中(s 可为字符数组名)，直到遇到回车换行符或已读取 size-1 个字符或已读到文件结尾为止。**该函数读取的字符串最大长度为**

size-1。

参数 fp:可以指向磁盘文件或标准输入设备 stdin。

返回值：读取成功，返回缓冲区地址 s；读取失败，返回 NULL。

说明：fgets 较之 gets 字符串输入函数是比较安全规范的。因为 fgets 函数可由程序设计者自行指定输入缓冲区 s 及缓冲区大小 size。即使输入的字符串长度超过了预定的缓冲区大小，也不会因溢出而使程序崩溃，而是自动截取长度为 size-1 的串存入 s 指向的缓冲区中。

字符串输出函数 fputs 的函数原型为：

```
int fputs(const char *str, FILE *fp);
```

所在头文件：stdio.h

函数功能：把 str(str 可为字符数组名)所指向的字符串，输出到 fp 所指的文件中。

返回值：输出成功，返回非负数；输出失败，返回 EOF(-1)。

例 3 从键盘输入若干字符串存入 D 盘根目录下文件 file.txt 中，然后从该文件中读取所有字符串并输出到屏幕上。

【分析】

(1) 文件 file.txt 的打开模式为"w+"，即先写入再读出，该文件初始可不存在。

(2) 从键盘输入字符串，即可使用 gets 函数，也可使用 fgets，建议使用后者，更安全规范。即采用如下形式。

```
#define MAX_SIZE 30
char str[MAX_SIZE];
fgets(str,MAX_SIZE,stdin);          //建议该方式
```

而不建议使用如下形式。

```
gets(str);                          //不建议此方式
```

(3) 当把所有串输出到文件 file.txt 后，需使用 rewind 函数把文件读写位置调整到文件开始处，然后才能从该文件中依次读取各个字符串。

(4) 当从文件 file.txt 中读取串时，只要调用函数 fgets(str,MAX_SIZE,fp)的返回值不为 NULL，就表示成功读取一个串，存入 str 数组中，然后把该数组中的串输出到标准输出设备屏幕上。即：

```
while(fgets(str,MAX_SIZE,fp)!=NULL)
{
    fputs(str,stdout);
}
```

【参考代码】

```
#include<stdio.h>
#include<stdlib.h>
#define N 3                         //字符串个数
#define MAX_SIZE 30                 //字符数组大小，要求每个字符串长度不超过 29
int main(void)
```

```
{
    char file_name[30]="D:\\file.txt";
    char str[MAX_SIZE];
    FILE *fp;
    int i;
    fp=fopen(file_name,"w+");      //"w+"模式:先写入后读出
    if(NULL==fp)
    {
        printf("Failed to open the file!\n");
        exit(0);
    }
    printf("请输入%d个字符串:\n",N);
    for(i=0;i<N;i++)
    {
        printf("字符串%d:",i+1);
        fgets(str,MAX_SIZE,stdin);//从键盘输入字符串,存入 str 数组中
        fputs(str,fp);             //把 str 中字符串输出到 fp 所指文件中
    }
    rewind(fp);                    //把 fp 所指文件的读写位置调整为文件开始处
    while(fgets(str,MAX_SIZE,fp)!=NULL)
    {
        fputs(str,stdout);         //把字符串输出到屏幕
    }
    fclose(fp);
    return 0;
}
```

【运行结果】

```
请输入 3 个字符串:
字符串 1:How are you going today?
字符串 2:Never speak die.
字符串 3:Good job!
How are you going today?
Never speak die.
Good job!
```

此时,D 盘根目录下已生成文件 file.txt,其内容截图如图 10-4 所示。

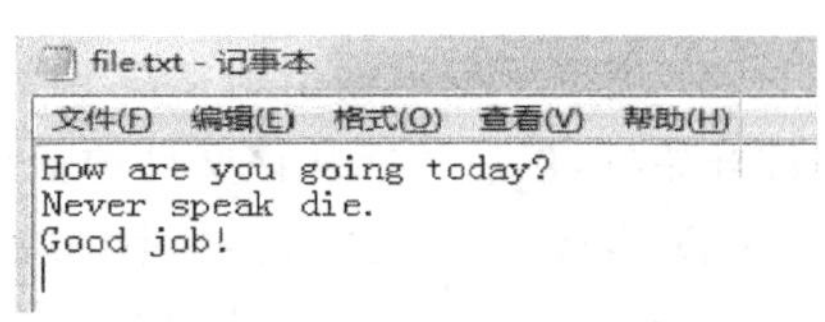

图 10-4 file.txt 内容

【复习思考题】

例 3 中,如果 MAX_SIZE 定义为 20,输入同样的三个字符串,会出现什么情况?分析其原因。

10.4.3 按格式化输入输出

文件操作中的格式化输入输出函数 fscanf 和 fprintf 在一定意义上就是 scanf 和 printf 的文本版本。程序设计者可根据需要采用多种格式灵活处理各种类型的数据,如整型、字符型、浮点型、字符串、自定义类型等。

文件格式化输入函数 fscanf 的函数原型为:

```
int fscanf(文件指针,格式控制串,输入地址表列);
```

所在头文件：stdio.h

函数功能：从一个文件流中执行格式化输入，当遇到空格或者换行时结束。注意该函数遇到空格时也结束，这是其与 fgets 的区别，fgets 遇到空格不结束。

返回值：返回整型，输入成功时，返回输入的数据个数；输入失败，或已读取到文件结尾处，返回 EOF(-1)。

故一般可根据该函数的返回值是否为 EOF 来判断是否已读到文件结尾处。

例如，若文件 f1.dat 中保存了若干整数，各整数之间用空格间隔，从文件中读取两个整数，依次保存到两个整型变量中。程序代码段如下。

```
int a,b;
FILE *fp=fopen("f1.dat","r");
if(NULL==fp)
{
    printf("Failed to open the file!\n");
    exit(0);
}
fscanf(fp,"%d%d",&a,&b);            //从 fp 所指文件中读取一个整数保存到变量 a 中
fclose(fp);
```

如果 f1.dat 中的整数用逗号间隔，则读取两个整数时，函数 fscanf 的调用格式如下所示。

```
fscanf(fp,"%d,%d",&a,&b);           //两个%d 之间也必须用逗号隔开
```

文件格式化输出函数 fprintf 的函数原型为：

```
int fprintf(文件指针,格式控制串,输出表列);
```

所在头文件：stdio.h

函数功能：把输出表列中的数据按照指定的格式输出到文件中。

返回值：输出成功，返回输出的字符数；输出失败，返回一负数。

例如，向当前目录文件 file.txt 中输入一个学生的姓名、学号和年龄，采用文本方式，参考代码如下。

```
#include<stdio.h>
#include<stdlib.h>
int main(void)
{
    FILE *fp=fopen("file.txt","w");
    char name[10]="张三";
    char no[15]="20170304007";
    int age=17;
    if(NULL==fp)
    {
        printf("Failed to open the file!\n");
        exit(0);
    }
```

```
    fprintf(fp,"%s\t%s\t%d\n",name,no,age);
    fclose(fp);
    return 0;
}
```

运行程序后，当前目录下生成了 file.txt 文件，其内容如图 10-5 所示。

例 4 从键盘输入若干名学生的姓名、学号、语数外三门课成绩并计算平均成绩，将这些学生信息以文本文件方式保存到当前目录文件 Stu_Info.txt 中。

file.txt - 记事本		
文件(F) 编辑(E) 格式(O) 查看(V) 帮助(H)		
张三	20170304007	17

图 10-5 file.txt 文件

【分析】

(1) 定义学生类型，类似学号、身份证号等位数较多的数字，建议使用字符串存储，最好不要使用 int 型或 long 型存储。定义无名的自定义类型并使用 typedef 给该自定义类型指定类型别名 STU，以方便使用。例如：

```
typedef struct
{
    char name[10];
    char no[15];                    //学号最好用字符串表示，不建议 long 型
    int sc[3];
    float aver;
}STU;                               //STU 类型别名
```

(2) printf 及 fprintf 的格式控制部分"%-10s"，表示该输出串占 10 位宽，且左对齐输出。由于每个汉字占两位宽，为使标题栏与数据上下对齐，故"姓名"可设置 4 位宽。文本文件中标题栏的输出格式可设计成：

```
fprintf(fp,"%4s\t%-10s\t%4s\t%4s\t%4s\t%6s\n",
"姓名","学号","语文","数学","外语","平均分");
```

【参考代码】

```
#include<stdio.h>
#include<stdlib.h>
typedef struct
{
    char name[10];
    char no[15];                    //学号最好用字符串表示，不建议 long 型
    int sc[3];
    float aver;
}STU;                               //STU 类型别名
#define N 3                         //学生人数
int main(void)
{
    STU t;                          //学生类型的临时变量，保存输入的学生信息
    int i;
    FILE *fp=fopen("Stu_Info.txt","w");
    if(NULL==fp)
    {
```

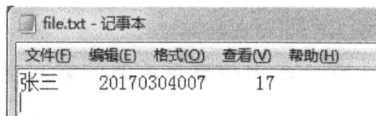

```
        printf("Failed to open the file!\n");
        exit(0);
    }
    fprintf(fp,"%4s\t%-10s\t%4s\t%4s\t%4s\t%6s\n",
                "姓名","学号","语文","数学","外语","平均分");
    for(i=0;i<N;i++)
    {
        printf("%dth stu(姓名、学号、语数外):",i+1);
        scanf("%s%s%d%d%d",t.name,t.no,&t.sc[0],&t.sc[1],&t.sc[2]);
        t.aver=(t.sc[0]+t.sc[1]+t.sc[2])/3.0;
        fprintf(fp,"%s\t%s\t%d\t%d\t%d\t%.2f\n",t.name,
                    t.no,t.sc[0],t.sc[1],t.sc[2],t.aver);
    }
    fclose(fp);
    return 0;
}
```

【运行结果】

如果键盘输入数据如下所示：

```
1th stu(姓名、学号、语数外):张三 2017030401 88 92 86
2th stu(姓名、学号、语数外):李四 2017030402 91 92 88
3th stu(姓名、学号、语数外):王五 2017030403 92 95 93
```

则运行程序后，当前目录下生成 Stu_Info.txt 文件，其内容如图 10-6 所示。

Stu_Info.txt - 记事本

文件(F) 编辑(E) 格式(O) 查看(V) 帮助(H)

姓名	学号	语文	数学	外语	平均分
张三	2017030401	88	92	86	88.67
李四	2017030402	91	92	88	90.33
王五	2017030403	92	95	93	93.33

图 10-6 Stu_Info.txt 内容

例 5 把例 4 文件 Stu_Info.txt 中的学生信息复制到 D 盘根目录下的文件 Stu_Info_cpy.txt 中，并把文件 Stu_Info_cpy.txt 中的信息输出到屏幕上。

【分析】

(1) 先提取并保存文件 Stu_Info.txt 中的标题栏：姓名、学号、语文、数学、外语、平均分等 6 个字符串到二维字符数组中的每一行。即：

```
char s[10][10];
fscanf(fp1,"%s%s%s%s%s%s",s[0],s[1],s[2],s[3],s[4],s[5]);
```

(2) 把提取出的各标题栏对应字符串输出到文件 Stu_Info_cpy.txt 和屏幕（标准输出文件）上。输出格式完全参照例 4 中的格式。

例 4 中标题栏输出语句：

```
fprintf(fp,"%4s\t%-10s\t%4s\t%4s\t%4s\t%6s\n",
"姓名","学号","语文","数学","外语","平均分");      //例 4 格式
```

故本例标题栏输出格式为：

```
fprintf(fp2,"%4s\t%-10s\t%4s\t%4s\t%4s\t%6s\n",s[0],
              s[1],s[2],s[3],s[4],s[5]);
```

其中，fp2 为目标文件 Stu_Info_cpy.txt 的文件指针。

把 fp2 替换成 stdout，其他均不变，即可实现向屏幕输出同样格式的标题栏。即：

```
fprintf(stdout,"%4s\t%-10s\t%4s\t%4s\t%4s\t%6s\n",s[0],
                s[1],s[2],s[3],s[4],s[5]);
```

当然也可以使用 printf 完成同样功能，即：

```
printf("%4s\t%-10s\t%4s\t%4s\t%4s\t%6s\n",s[0],s[1],s[2],s[3],s[4],s[5]);
```

(3) 使用 fscanf 读取源文件内容，读到文件结尾时返回 EOF，故只要 fscanf 的返回值不等于 EOF，一直读取，并把读到的学生信息存到学生类型变量 t 中，然后把 t 中的某个学生信息，同时输出到目标文件及屏幕。注意不要漏读平均分这一项。参考代码段如下。

```
while(fscanf(fp1,"%s%s%d%d%d%f",t.name,t.no,&t.sc[0],
                              &t.sc[1],&t.sc[2],&t.aver)!=EOF)
{
    fprintf(fp2,"%s\t%s\t%d\t%d\t%d\t%.2f\n",t.name,
                      t.no,t.sc[0],t.sc[1],t.sc[2],t.aver);
    fprintf(stdout,"%s\t%s\t%d\t%d\t%d\t%.2f\n",t.name,
                      t.no,t.sc[0],t.sc[1],t.sc[2],t.aver);
}
```

【参考代码】

```
#include<stdio.h>
#include<stdlib.h>
typedef struct
{
    char name[10];
    char no[15];
    int sc[3];
    float aver;
}STU;
int main(void)
{
    STU t;
    FILE *fp1=fopen("Stu_Info.txt","r");
    FILE *fp2=fopen("D:\\Stu_Info_cpy.txt","w");
    char s[10][10];                    //存放:姓名、学号、语文、数学、外语、平均分等字符串
    if(NULL==fp1 ||NULL==fp2)
    {
        printf("Failed to open the file!\n");
        exit(0);
    }
```

```
    //以下语句读取：姓名、学号、语文、数学、外语、平均分等标题
    fscanf(fp1,"%s%s%s%s%s%s",s[0],s[1],s[2],s[3],s[4],s[5]);
    fprintf(fp2,"%4s\t%-10s\t%4s\t%4s\t%4s\t%6s\n",s[0],s[1],s[2],s[3],s[4],s[5]);
    fprintf(stdout,"%4s\t%-10s\t%4s\t%4s\t%4s\t%6s\n",s[0],s[1],s[2],s[3],s[4],s[5]);
    while(fscanf(fp1,"%s%s%d%d%d%f",t.name,t.no,&t.sc[0],&t.sc[1],&t.sc[2],
                                                                  &t.aver)!=EOF)
    {
        fprintf(fp2,"%s\t%s\t%d\t%d\t%d\t%.2f\n",t.name,t.no,t.sc[0],t.sc[1],
                                                                t.sc[2],t.aver);
        fprintf(stdout,"%s\t%s\t%d\t%d\t%d\t%.2f\n",t.name,t.no,t.sc[0],t.sc[1],
                                                                t.sc[2],t.aver);
    }
    fclose(fp1);
    fclose(fp2);
    return 0;
}
```

【运行结果】

运行程序后，D 盘根目录下生成 Stu_Info_cpy.txt 文件，文件内容截图如图 10-7 所示。

图 10-7 Stu_Info_cpy.txt 内容

同时屏幕上输出如图 10-8 所示。

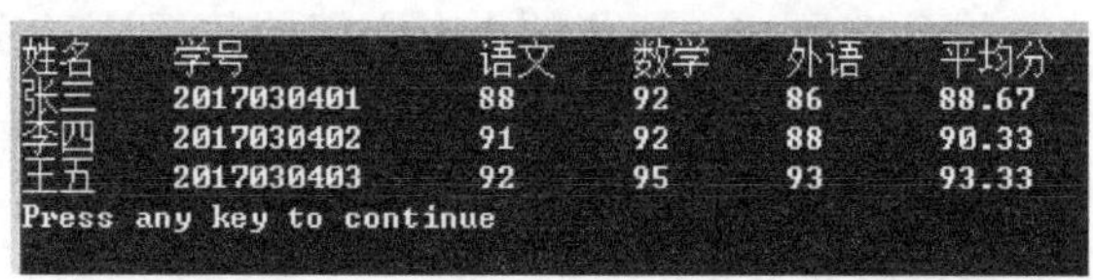

图 10-8 Stu_Info_cpy.txt 文件输出

【复习思考题】

1. 使用 fscanf 从文件输入数据时，如何判断是否已经到达文件尾部？

2. 本节中的例 3、例 4 处理学生信息时，采用文本文件方式，简述此类数据采用文本文件和二进制文件存储的差异。总结两种文件方式存储数据的应用场景。

3. 回顾梳理输出操作时，合理设置数据左右间距及上下数据对齐的格式设置方法。

10.4.4 按二进制方式读写数据块

本节介绍按块读写数据的函数 fread 和 fwrite，这两个函数主要应用于对二进制文

件的读写操作，不建议在文本文件中使用。接着介绍了 fread 读取二进制文件时，判断是否已经到达文件结尾的函数 feof。

数据块读取(输入)函数 fread 的函数原型为：

```
unsigned fread(void *buf,unsigned size,unsigned count,FILE* fp);
```

所在头文件：stdio.h

函数功能：从 fp 指向的文件中读取 count 个数据块，每个数据块的大小为 size。把读取到的数据块存放到 buf 指针指向的内存空间中。

返回值：返回实际读取的数据块(非字节)个数，如果该值比 count 小，则说明已读到文件尾或有错误产生。这时一般采用函数 feof 及 ferror 来辅助判断。

函数参数：

buf——指向存放数据块的内存空间，该内存可以是数组空间，也可以是动态分配的内存。void 类型指针，故可存放各种类型的数据，包括基本类型及自定义类型等。

size——每个数据块所占的字节数。

count——预读取的数据块最大个数。

fp——文件指针，指向所读取的文件。

数据块写入(输出)函数 fwrite 的函数原型为：

```
unsigned fwrite(const void *buf,unsigned size,unsigned count,FILE* fp);
```

所在头文件：stdio.h

函数功能：将 buf 所指向内存中的 count 个数据块写入 fp 指向的文件中。每个数据块的大小为 size。

返回值：返回实际写入的数据块(非字节)个数，如果该值比 count 小，则说明 buf 所指空间中的所有数据块已写完或有错误产生。这时一般采用 feof 及 ferror 来辅助判断。

函数参数：

buf——前加 const 的含义是 buf 所指的内存空间的数据块只读属性，避免程序中有意或无意的修改。

size——每个数据块所占的字节数。

count——预写入的数据块最大个数。

fp——文件指针，指向所读取的文件。

注意：使用 fread 和 fwrite 对文件读写操作时，一定要记住使用"二进制模式"打开文件，否则，可能会出现意想不到的错误。

在操作文件时，经常使用 feof 函数来判断是否到达文件结尾。

feof 函数的函数原型为：

```
int feof(FILE * fp);
```

所在头文件：stdio.h

函数功能：检查 fp 所关联文件流中的结束标志是否被置位，如果该文件的结束标志已被置位，返回非 0 值；否则，返回 0。

注意：

(1) 在文本文件和二进制文件中，均可使用该函数判断是否到达文件结尾。

(2) 文件流中的结束标志，是最近一次调用输入等相关函数(如 fgetc、fgets、fread 及 fseek 等)时设置的。只有最近一次操作输入的是非有效数据时，文件结束标志才被置位；否则，均不置位。

例 6 从键盘输入若干名学生的姓名、学号、语数外三门课成绩并计算平均成绩，将这些学生信息以二进制方式保存到当前目录文件 Stu_Info.dat 中。采用 fwrite 函数写入数据。存储空间要求采用数组形式。采用静态数组形式，仅为了复习数组作为函数参数的情况，且便于理解，实际编程中不建议采用这种方案。

【分析】

本例题仅实现学生数据写入文件的操作。采用模块化程序设计的方法，即每个独立的操作实现均设计成函数。本例可抽象出，输入学生信息的函数 Input_Info 及把学生信息写入文件的函数 Write_Info。

(1) 信息输入函数 Input_Info 框架：

```
void Input_Info(STU a[],int n)
{
    //循环输入 n 个学生信息,并计算平均分
}
```

(2) 信息输出(写入)函数 Write_Info 框架：

```
void Write_Info(STU a[],int n)
{
    FILE *fp=fopen("Stu_Info.dat","wb");     //"wb":二进制文件写操作
    //判断是否成功打开
    fwrite(a,sizeof(STU),n,fp);              //把 a 数组中 n 个学生信息写入文件
    fclose(fp);
}
```

上述文件打开方式一定要选择二进制模式打开即“wb”，尽管有些情况下写成“w”，功能照样能实现，依然不要写成“w”，因为这种操作是不规范的，会使程序存在很大隐患。

【参考代码】

```
#include<stdio.h>
#include<stdlib.h>
typedef struct
{
    char name[10];
    char no[15];
    int sc[3];
    float aver;
}STU;
void Input_Info(STU a[],int n);      //输入函数原型声明
void Write_Info(STU a[],int n);      //文件写入函数原型声明
#define N 10                         //最多可存储的学生数,可调整
int main(void)
```

```
{
    int n;
    STU a[N];                              //学生数组,最多容纳 N 人
    printf("输入学生人数:");
    scanf("%d",&n);
    Input_Info(a,n);                       //输入学生信息
    Write_Info(a,n);                       //写入文件
    return 0;
}
void Input_Info(STU a[],int n)
{
    int i;
    for(i=0;i<n;i++)
    {
        printf("%dth stu(姓名、学号、语数外):",i+1);
        scanf("%s%s%d%d%d",a[i].name,a[i].no,&a[i].sc[0],&a[i].sc[1],&a[i].sc[2]);
        a[i].aver=(a[i].sc[0]+a[i].sc[1]+a[i].sc[2])/3.0;
    }
}
void Write_Info(STU a[],int n)
{
    FILE *fp=fopen("Stu_Info.dat","wb");      //"wb":二进制文件写操作
    if(NULL==fp)
    {
        printf("Failed to open the file!\n");
        exit(0);
    }
    fwrite(a,sizeof(STU),n,fp);   //把 a 数组中 n 个学生信息写入文件
    fclose(fp);
}
```

【运行结果】

由于采用二进制形式存储,故打开生成的二进制文件 Stu_Info.dat 可能是“乱码”,目前还无法判断是否写入正确,例 7 中再输出验证该写入过程是否正确。

程序运行时,输入信息如图 10-9 所示。

图 10-9　程序输出

【说明】

本例题采用静态数组形式存储学生信息,仅是为了复习巩固数组类型作为函数参数的知识。如果数组空间设置过大,而实际存储元素个数较少,造成大量空间浪费;反之,如果数据元素个数超过数组空间大小,造成溢出。故不推荐使用。

数据元素个数动态变化的这类问题,最好不要使用本例题中的静态数组形式,而采用动态内存分配方式,动态申请内存,将在后续例题中讲解。

【复习思考题】

1. 既然有些时候使用文本模式打开二进制文件，也可以操作二进制文件，那么编程规范中为什么要求使用二进制模式打开二进制文件？

2. 在有些情况下计算数组长度采用如下形式：

```
int a[10];
int n=sizeof(a)/sizeof(a[0]);
```

上述代码段中方法可求出数组中元素个数。

那么例 6 的 Write_Info 函数中 fwrite 调用时第三个实参，能否采用该方式求数组大小？如果不可以，请说明原因。

```
void Write_Info(STU a[],int n)
{
    //...
    fwrite(a,sizeof(STU),sizeof(a)/sizeof(a[0]),fp);    //正确吗？
    //...
}
```

例 7 从例 6 中生成的二进制存储格式文件 Stu_Info.dat 中，读取所有学生信息，并在屏幕上显示。采用 fread 函数读出。

【分析】

(1) 由于对例 6 中二进制文件进行读取操作，故选择二进制只读模式“rb”打开该文件。避免使用文本模式打开二进制文件。

(2) 由于事先不知道该文件中数据块个数，故选择“死循环”结构，每次试图读取一个数据块，直到检测到相应文件流中的结束标志被置位为止。

由于调用类似 fgetc、fgets、fread、fseek 等函数时，均会影响文件结束标志的设置，只有这些函数读取到非有效数据后，才把文件结束标志置位，故本例中，每次在调用完 fread 后，使用 feof 检测，文件流中的结束标志是否已被置位，若是，则终止输入操作。

故读取数据的代码段如下。

```
while(1)
{
    fread(&t,sizeof(STU),1,fp); //每次仅读取一个数据块(学生信息)
    if(feof(fp))                //一旦检测到文件流中结束标志被置位，返回非 0，结束读取
        break;
    else
        fprintf(stdout,"%s\t%s\t%d\t%d\t%d\t%.2f\n",
                t.name,t.no,t.sc[0],t.sc[1],t.sc[2],t.aver);
}
```

【参考代码】

```
#include<stdio.h>
#include<stdlib.h>
typedef struct
{
    char name[10];
```

```
    char no[15];
    int sc[3];
    float aver;
}STU;
void Read_Print(void);
#define N 10
int main(void)
{
    Read_Print();
    return 0;
}
void Read_Print(void)
{
    STU t;
    int n;
    FILE *fp=fopen("Stu_Info.dat","rb");     //"rb":二进制文件读操作
    if(NULL==fp)
    {
        printf("Failed to open the file!\n");
        exit(0);
    }
    fprintf(stdout,"%4s\t%-10s\t%4s\t%4s\t%4s\t%6s\n","姓名","学号","语文",
                                                       "数学","外语","平均分");
    while(1)
    {
        fread(&t,sizeof(STU),1,fp);     //每次仅读取一个数据块(学生信息)
        if(feof(fp))                     //一旦文件流中结束标志被置位,返回非 0,结束读取
            break;
        else
            fprintf(stdout,"%s\t%s\t%d\t%d\t%d\t%.2f\n",t.name,t.no,
                                  t.sc[0],t.sc[1],t.sc[2],t.aver);
    }
    fclose(fp);
}
```

【运行结果】

```
姓名    学号          语文    数学    外语    平均分
李磊    2017030501    87      88      92      89.00
吉姆    2017030502    81      83      95      86.33
韩梅梅  2017030503    92      90      97      93.00
```

【说明】

由于 fread 函数返回成功读取的数据块个数,故可根据其返回值判断当前是否到达文件结尾,由于每次请求读取一个数据块(一个学生信息),如果成功读取,则返回 1;否则,返回非 1。程序代码段如下。

```
int n;
//...
while(1)
{
```

```
    n=fread(&t,sizeof(STU),1,fp); //n保存 fread 的返回值
    if(n!=1)                      //根据 fread 返回值判断是否达到文件尾部
        break;
    else
        fprintf(stdout,"%s\t%s\t%d\t%d\t%d\t%.2f\n",t.name,t.no,t.sc[0],t.sc[1],
                                                            t.sc[2],t.aver);
}
```

【复习思考题】

(1) 例 7 中,如果读写操作改为如下代码段,能得到正确结果吗?如果错误,写成输出结果,并分析其错误原因。

```
while(!feof(fp))                  //或者 for(;!feof(fp);)
{
    fread(&t,sizeof(STU),1,fp);
    fprintf(stdout,"%s\t%s\t%d\t%d\t%d\t%.2f\n",
              t.name,t.no,t.sc[0],t.sc[1],t.sc[2],t.aver);
}
```

(2) 例 7 中,循环读取的代码段与如下代码段 1 等价吗?

【代码段 1】

```
while(1)
{
    fread(&t,sizeof(STU),1,fp);   //每次仅读取一个数据块(学生信息)
    if(feof(fp))                  //一旦文件流中结束标志被置位,返回非 0,结束读取
        break;
    fprintf(stdout,"%s\t%s\t%d\t%d\t%d\t%.2f\n",
              t.name,t.no,t.sc[0],t.sc[1],t.sc[2],t.aver);
}
```

如果例 7 中,循环读取的代码段替换成如下代码段 2 能输出正确结果吗?分析原因。

【代码段 2】

```
while(1)
{
    if(feof(fp))
        break;
    fread(&t,sizeof(STU),1,fp);
    fprintf(stdout,"%s\t%s\t%d\t%d\t%d\t%.2f\n",
             t.name,t.no,t.sc[0],t.sc[1],t.sc[2],t.aver);
}
```

例 8 从键盘输入若干名学生的姓名、学号、语数外三门课成绩并计算平均成绩,将这些学生信息以二进制方式保存到当前目录文件 Stu_Info.dat 中,然后从该文件中读取学生信息并显示在屏幕上。采用 fread 和 fwrite 函数读写数据块。存储空间采用动态内存分配函数 malloc 分配。

【分析】

(1) 为输入的 n 个学生动态申请内存空间,因每个学生所占字节数为 sizeof(STU),

故 n 个学生需申请 sizeof(STU)*n 个字节的空间。即：

```
STU *pbuf;
pbuf=(STU*)malloc(sizeof(STU)*n);
```

(2) 如何根据指向动态空间的指针(初始地址)，定位每个元素(学生信息)存放的位置？如果 STU *p=pbuf;则：

第 1 个学生信息存放在*(p+0)对应空间中，或者 p[0]中。

第 2 个学生信息存放在*(p+1)对应空间中，或者 p[1]中。

…

第 i 个学生信息存放在*(p+i)对应空间中，或者 p[i]中。

故在发生调用关系 Input_Info(pbuf,n);的情况下，输入函数可设计成：

```
void Input_Info(STU *p,int n)
{
    int i;
    for(i=0;i<n;i++)
    {
        printf("%dth stu(姓名、学号、语数外):",i+1);
        scanf("%s%s%d%d%d",p[i].name,p[i].no,&p[i].sc[0],
                                    &p[i].sc[1],&p[i].sc[2]);
        p[i].aver=(p[i].sc[0]+p[i].sc[1]+p[i].sc[2])/3.0;
    }
}
```

【参考代码】

```
#include<stdio.h>
#include<stdlib.h>
typedef struct
{
    char name[10];
    char no[15];
    int sc[3];
    float aver;
}STU;
void Input_Info(STU *p,int n);
void Write_Info(STU *p,int n);
void Read_Print(void);
int main(void)
{
    int n;
    STU *pbuf;
    printf("输入学生人数:");
    scanf("%d",&n);
    pbuf=(STU*)malloc(sizeof(STU)*n);        //勿忘强制类型转换
    Input_Info(pbuf,n);
    Write_Info(pbuf,n);
    Read_Print();
    return 0;
```

```
}
void Input_Info(STU *p,int n)
{
    int i;
    for(i=0;i<n;i++)
    {
        printf("%dth stu(姓名、学号、语数外):",i+1);
        scanf("%s%s%d%d%d",p[i].name,p[i].no,&p[i].sc[0],&p[i].sc[1],&p[i].sc[2]);
        p[i].aver=(p[i].sc[0]+p[i].sc[1]+p[i].sc[2])/3.0;
    }
}
void Write_Info(STU *p,int n)
{
    FILE *fp=fopen("Stu_Info.dat","wb");    //"wb":二进制文件写操作
    if(NULL==fp)
    {
        printf("Failed to open the file!\n");
        exit(0);
    }
    fwrite(p,sizeof(STU),n,fp);
    fclose(fp);
}
void Read_Print(void)
{
    STU t;
    FILE *fp=fopen("Stu_Info.dat","rb");    //"rb":二进制文件读操作
    if(NULL==fp)
    {
        printf("Failed to open the file!\n");
        exit(0);
    }
    fprintf(stdout,"\n%4s\t%-10s\t%4s\t%4s\t%4s\t%6s\n",
                    "姓名","学号","语文","数学","外语","平均分");
    while(1)
    {
        fread(&t,sizeof(STU),1,fp);         //每次仅读取一个数据块(学生信息)
        if(feof(fp))                    //一旦检测到文件结束标志被置位,返回非0,结束读取
            break;
        else
            fprintf(stdout,"%s\t%s\t%d\t%d\t%d\t%.2f\n",
                    t.name,t.no,t.sc[0],t.sc[1],t.sc[2],t.aver);
    }
    fclose(fp);
}
```

【运行结果】

```
输入学生人数:3
1th stu(姓名、学号、语数外):李磊 2017030501 87 88 92
2th stu(姓名、学号、语数外):吉姆 2017030502 81 83 95
3th stu(姓名、学号、语数外):韩梅梅 2017030503 92 90 97
```

```
姓名    学号          语文   数学   外语   平均分
李磊    2017030501    87     88     92     89.00
吉姆    2017030502    81     83     95     86.33
韩梅梅  2017030503    92     90     97     93.00
```

【说明】

如果循环读取的代码替换成如下形式:

```
while(!feof(fp))                                //或者 for(;!feof(fp);)
{
    fread(&t,sizeof(STU),1,fp);
    fprintf(stdout,"%s\t%s\t%d\t%d\t%d\t%.2f\n",
                t.name,t.no,t.sc[0],t.sc[1],t.sc[2],t.aver);
}
```

由于文件结束标志是由类似 fgetc、fgets、fread、fseek 的函数影响的,是执行完 fread 没有读取到有效数据时,才把结束标志置位的。

由于最后一个学生信息也是有效数据,当成功读完最后一个学生信息时,即此时 fread 并没有把文件结束标志置位,下一次循环的条件依然满足,而下一轮循环中 fread 并没有读到有效数据,故 t 中值没发生改变,依然是上一次读取的最后一名学生信息,所以这种形式的代码,最后一条数据一定会输出两遍,属于逻辑错误的代码。

【复习思考题】

复习动态内存分配相关知识,简述 pbuf=(STU*)malloc(sizeof(STU)*n);中为什么要进行强制类型转换。

10.5 文件的随机读写

前面几节介绍的都是文件的顺序读写操作,即每次只能从文件头开始,从前往后依次读写文件中的数据。在实际的程序设计中,经常需要从文件的某个指定位置处开始对文件进行选择性的读写操作,这时,首先要把文件的读写位置指针移动到指定处,然后再进行读写,这种读写方式称为对文件的随机读写操作。

C 语言程序中常使用 rewind、fseek 函数移动文件读写位置指针。使用 ftell 获取当前文件读写位置指针。函数 rewind 的功能是把位置指针移动到文件开始处,前面已经介绍并使用过该函数。本节主要介绍函数 fseek 和 ftell。

函数 fseek 的函数原型为:

```
int fseek(FILE *fp, long offset, int origin);
```

所在头文件:stdio.h

函数功能:把文件读写指针调整到从 origin 基点开始偏移 offset 处,即把文件读写指针移动到 origin+offset 处。

函数参数:

origin——文件读写指针移动的基准点(参考点)。基准位置 origin 有三种常量取值:SEEK_SET、SEEK_CUR 和 SEEK_END,取值依次为 0,1,2。

SEEK_SET：文件开头，即第一个有效数据的起始位置。

SEEK_CUR：当前位置。

SEEK_END：文件结尾，即最后一个有效数据之后的位置。**注意：此处并不能读取到最后一个有效数据，必须前移一个数据块所占的字节数，使该文件流的读写指针到达最后一个有效数据块的起始位置处。**

offset——位置偏移量，为 long 型，当 offset 为正整数时，表示从基准 origin 向后移动 offset 个字节的偏移；若 offset 为负数，表示从基准 origin 向前移动 |offset| 个字节的偏移。

返回值：成功，返回 0；失败，返回 -1。

例如，若 fp 为文件指针，则：

```
fseek(fp,10L,0);把读写指针移动到从文件开头向后 10 个字节处。
fseek(fp,10L,1);把读写指针移动到从当前位置向后 10 个字节处。
fseek(fp,-20L,2);把读写指针移动到从文件结尾处向前 20 个字节处。
```

调用 fseek 函数时，第三个实参，建议不要使用 0、1、2 等数字，最好使用可读性较强的常量符号形式，使用如下格式取代上面三条语句。

```
fseek(fp,10L,SEEK_SET);
fseek(fp,10L,SEEK_CUR);
fseek(fp,-20L,SEEK_END);
```

函数 ftell 的函数原型：

```
long ftell(FILE *fp);
```

所在头文件：stdio.h

函数功能：用于获取当前文件读写指针相对于文件头的偏移字节数。

例 9 分析以下程序，输出其运行结果。

【程序代码】

```
#include<stdio.h>
#include<stdlib.h>
#define N 3                                          //动物数
typedef struct
{
    char name[10];
    int age;
    char duty[20];
}Animal;
int main(void)
{
    Animal a[N]={{"兔朱迪",5,"交通警察"},{"尼克",8,"协警"},
                                  {"闪电",10,"车管所职工"}},t;
    int i;
    FILE *fp=fopen("Animal_Info.bat","wb+");
    if(NULL==fp)
    {
        printf("Failed to open the file!\n");
        exit(0);
```

```
    }
    fwrite(a,sizeof(Animal),N,fp);
    fprintf(stdout,"%s\t%s\t%s\n","名字","年龄","职务");
    for(i=1;i<=N;i++)
    {
        fseek(fp,0-i*sizeof(Animal),SEEK_END);
        fread(&t,sizeof(Animal),1,fp);
        fprintf(stdout,"%s\t%d\t%-s\n",t.name,t.age,t.duty);
    }
    fclose(fp);
    return 0;
}
```

【分析】

本例是把若干动物信息以二进制形式写入文件中,然后再把该二进制文件中的信息逆序读取出来,并输出到屏幕上。

fseek 函数是定位文件流中读写指针的函数。

fseek(fp,0,SEEK_END);该语句是把文件流中的读写指针定位到文件结束位置(最后一个有效数据的后面),故在此位置并不能读取到最后一个有效数据块,通常读取的是乱码。解决方法:往前移动一个数据块所占的字节数,使文件流读写指针到达最后一个有效数据块的起始位置。

```
fseek(fp,0-1*sizeof(Animal),SEEK_END);      //最后一个数据起始位置
fseek(fp,0-2*sizeof(Animal),SEEK_END);      //倒数第二个数据的起始位置
fseek(fp,0-3*sizeof(Animal),SEEK_END);      //第一个数据的起始位置
```

由此可见,输出顺序属于从后往前逆序输出。

【运行结果】

```
名字    年龄    职务
闪电    10      车管所职工
尼克    8       协警
兔朱迪  5       交通警察
```

【复习思考题】

1. 调用函数 fseek(fp,0,SEEK_END);后,文件流中的读写指针指向最后一个数据的开始还是结尾?在此处能否成功读取到最后一个有效数据?如果不能,如何解决?

2. 总结输出格式上下对齐的方法。

小 结

本章主要介绍了与文件输入、输出相关的概念及对文件的基本操作函数。重点讲述了文本文件及二进制文件的读写操作。最后,简要介绍了随机读写的概念和方法。

本章的重点是按行(字符串)读写函数、按格式读写函数及按数据块读写函数。

字符串输入函数 fgets 的函数原型为:

```
char * fgets(char *s, int size, FILE * fp);
```

注意：因为该缓冲区空间为 size 个字节，系统会自动在字符串结尾加一个'\0'，故该函数读取的字符串最大长度(有效字符个数)为 size-1。

字符串输出函数 fputs 的函数原型为：

```
int fputs(const char *str, FILE *fp);
```

数据块读取(输入)函数 fread 的函数原型为：

```
unsigned fread(void *buf,unsigned size,unsigned count,FILE* fp);
```

数据块写入(输出)函数 fwrite 的函数原型为：

```
unsigned fwrite(const void *buf,unsigned size,unsigned count,FILE* fp);
```

注意：按块读写二进制文件时，为避免不必要的错误，文件打开模式必须为二进制模式，如"rb"、"wb"、"wb+"等。

本章的难点是判断文件结尾的函数 feof 及修改文件读写指针的函数 fseek。

feof 函数的函数原型为：

```
int feof(FILE * fp);
```

该函数是检查文件结束标志是否被置位，如果是，返回 1；否则，返回 0。

而文件流中的结束标志，是受输入等相关函数(如 fgetc、fgets、fread 及 fseek 等)影响的，如果输入函数调用时，没有获取到有效数据，这时，才把文件结束标志置位。故一般要输入函数调用之后，再使用 feof 函数判断文件的结束标志是否被置位，否则，可能会出现重复读取最后一条数据的逻辑错误。

文件读写指针的修改函数 fseek 中，当修改为文件尾部时，即：

```
fseek(fp,0L,SEEK_END);
```

在此位置并不能读取到最后一个有效数据，因为文件流中的读写指针，当前是在最后一个有效数据的结束位置。如果想读取最后一个有效数据，必须前移一个数据所占的字节数，使文件流中的读写指针到达最后一个有效数据的起始位置。

习　　题

1. 文件及其分类

(1) C 程序中使用"D:\f1.txt"表示文件是否正确？如有错误，请指出并写出正确的表示形式。

(2) C 程序中使用"D:/Temp/f2.dat"表示文件是否正确？如有错误，请指出错误原因。

2. 二进制文件与文本文件

(1) 关于二进制文件和文本文件描述正确的是(　　)。

A. 文本文件把每一个字节转换成 ASCII 代码的形式，只能存放字符或字符串数据

B. 把数据对应的二进制形式存储到文件中，是字节序列文件，可存放字符形式的数据

C. 二进制文件可以节省外存空间和转换时间，不能存放字符形式的数据

D. 无论数据采用文本存储还是二进制存储，文件所占字节数没有差别

(2) 写出数据 1234 按二进制方式及文本方式存储的格式。假设整型占 4 个字节。

3. 文件的打开与关闭

(1) 改错题。以下程序段试图打开和关闭文件操作，指出其中的错误并修改。

```
FILE fp1;
fp1=fopen("D:\f1.txt","r+");
if(NULL = fp1)
{
    printf("Failed to open the file!\n");
    exit(0);
}
//...

fclose("f1.txt");                    //关闭文件 f1.txt
```

(2) 调用 fopen 函数打开文件时，若打开失败，则函数返回(　　)。

A. 非空文件指针　　B. NULL　　C. 1　　D. EOF

(3) 使用 fopen 函数打开一个可以不存在的二进制文件，该文件要既能读也能写，则该文件的打开模式串应为(　　)。

A. "ab+"　　B. "wb+"　　C. "rb+"　　D. "ab"

(4) 调用 fclose 函数成功关闭文件后，函数返回(　　)。

A. 0　　B. 文件指针　　C. 1　　D. EOF

4. 文件的顺序读写

(1) 从键盘输入若干个字符并输出到 D 盘根目录下的文件 file.dat 中，各个字符连续输入，最后按下回车键结束输入过程。然后再读取文件 file.dat 中的内容，并输出到屏幕上。要求使用 fgetc、fputc 实现。

(2) 把 D 盘根目录下文本文件 f1.txt 中的若干行字符串，复制到 E 盘根目录下文本文件 f2.txt 中，并把文件 f2.txt 中的所有字符串输出到屏幕上，统计并输出字符串的个数。要求使用 fgets、fputs 实现。

(3) 从键盘输入若干名学生的信息，包括姓名、学号、性别、出生日期(年月日)、电话号码等信息，并保存到文件 Stu_Info.txt 中。使用 fprintf 实现。

(4) 从上题文件 Stu_Info.txt 中输入所有学生信息，复制到文件 Stu_Info_Cpy.txt 中并输出到屏幕上。使用 fscanf 和 fprintf 实现。

(5) 从键盘输入若干名学生的姓名、学号、语数外三门课成绩并计算平均成绩，将这些学生信息以二进制方式保存到当前目录文件 Stu_Info.dat 中，然后把该文件内容复制到二进制文件 Stu_Info_Cpy.dat 中，并输出到屏幕上。采用 fread 和 fwrite 函数读写数据块。存储空间采用静态数组方案。

(6) 从键盘输入若干名学生的姓名、学号、语数外三门课成绩并计算平均成绩，将这些学生信息以二进制方式保存到当前目录文件 Stu_Info.dat 中，然后把该文件内容复制到二进制文件 Stu_Info_Cpy.dat 中，并输出到屏幕上。采用 fread 和 fwrite 函数读写数

据块。存储空间采用动态内存分配函数 malloc 分配。

5. 文件的顺序读写

(1) 函数调用语句:fseek(fp,-10L,SEEK_END);的含义是(   )。

A. 将文件读写位置指针移到距离文件头 10 个字节处

B. 将文件读写位置指针从当前位置向前移动 10 个字节

C. 将文件读写位置指针从文件末尾处向前移动 10 个字节

D. 将文件读写位置指针移到距离当前位置向前 10 个字节处

(2) 从键盘输入若干名学生的姓名、学号、语数外三门课成绩并计算平均成绩,将这些学生信息以二进制方式保存到当前目录文件 Stu_Info.dat 中,然后把该文件内容逆序读出,并输出到屏幕上。

第11章 预处理和位操作

本章学习目标

- 预处理器工作原理
- 预处理过程和编译过程的差异
- 掌握带参数和不带参数的宏定义
- 掌握常用的条件编译指令
- 掌握6种位运算符的使用

在前面章节中，经常会用到如#include、#define等指令，这些标识开头的指令被称为预处理指令，预处理指令由预处理程序(预处理器)操作。较之其他编程语言，C/C++语言更依赖预处理器，故在阅读或开发C/C++程序过程中，可能会接触大量的预处理指令。

本章首先介绍预处理器的工作原理，接着介绍带参数和不带参数的宏定义，以及常见的条件编译指令，最后介绍了位操作的基本知识及6种位运算符的应用。

11.1 预处理指令与预处理器

1. 预处理指令及分类

C/C++程序中的源代码中包含以#开头的各种编译指令，这些指令称为预处理指令。预处理指令不属于C/C++语言的语法，但在一定意义上可以说预处理扩展了C/C++。

ANSI C定义的预处理指令主要包括：文件包含、宏定义、条件编译和特殊控制等4类。

文件包含：#include是C程序设计中最常用的预处理指令。例如，几乎每个需要输入输出的C程序，都要包含#include<stdio.h>指令，表示把stdio.h文件中的全部内容，替换该行指令。

包含文件的格式有#include后面跟尖括号<>和双引号""之分。两者的主要差别是搜索路径的不同。

尖括号形式：如#include<math.h>，预处理器直接到系统目录对应文件中搜索math.h文件，搜索不到则报错。系统提供的头文件一般采用该包含方式，而自定义的头文件不能采用该方式。

双引号形式：如#include"cal.h"，首先到当前工作目录下查找该文件，如果没有找到，再到系统目录下查找。包含自定义的头文件，一般采用该方式。虽然系统头文件采用此方式也正确，但浪费了不必要的搜索时间，故系统头文件不建议采用该包含方式。

宏定义：包括定义宏#define和宏删除#undef。

以#define开头，可以定义无参数宏和带参的宏定义。程序中经常使用无参宏定义来定义符号常量。例如：

```
#define PI 3.1416                    //定义无符号宏，或定义符号常量 PI
```

#undef表示删除已定义的宏，例如：

```
#undef PI                            //删除前面该宏的定义
```

条件编译：主要是为了有选择性地执行相应操作，防止宏替换内容(如文件等)的重复包含。常见的条件编译指令有#if、#elif、#else、#endif、#ifdef、#ifndef。

特殊控制：ANSI C还定义了特殊作用的预处理指令，如#error、#pragma。

#error：使预处理器输出指定的错误信息，通常用于调试程序。

#pragma：是功能比较丰富且灵活的指令，可以有不同的参数选择，从而完成相应的特定功能操作。调用格式为：#pragma 参数。

其中，参数可以有message类型、code_seg、once、warning、pack等。通常使用如下的预处理指令来设定内存以n字节对齐方式。

```
#pragma pack(n)                      //其中n称为对齐系数，取1、2、4、8…
```

本教程对#error、#pragma的各用法不做详细介绍，如有需要，请参阅相关书籍。

2. 预处理器工作原理

C预处理器(C Pre-Processor)也常简写为CPP，是一个与C编译器独立的小程序，预编译器并不理解C语言语法，它仅是在程序源文件被编译之前，实现文本替换的功能。

目前预编译器已集成到集成开发环境中，一般并没有执行预处理操作的选项，而包含在了编译操作中，即选择编译操作时，首先调用的是预处理器，处理源程序文件中的预处理指令，预处理器的输出再送给编译器，编译器从C语言语法角度检查程序是否正确，如果正确，则生成目标代码文件或机器指令文件。

C预处理器及C编译器的执行顺序及输入输出文件类型，如图11-1所示。

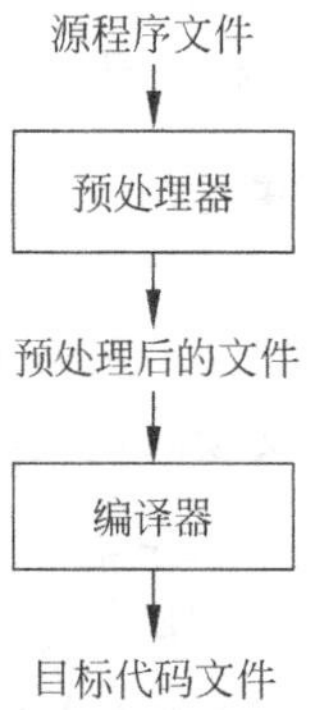

图11-1 预处理与编译

【复习思考题】

1. 简述预处理指令的定义及分类。
2. 预处理指令属于C语法吗？
3. 简述文件包含指令中尖括号方式和双引号方式的差别。
4. 简述宏定义的分类。
5. 列举常见的条件编译的指令及含义。
6. 简述预处理器的工作原理。
7. 预处理器能对源程序代码进行编译吗？

11.2 宏　定　义

宏定义是比较常用的预处理指令，即使用“标识符”来表示“替换列表”中的内容。标识符称为宏名，在预处理过程中，预处理器会把源程序中所有宏名，替换成宏定义中替换列表中的内容。

常见的宏定义有两种，不带参数的宏定义和带参数的宏定义。本节将详细介绍这两种宏定义类型。

11.2.1 无参宏定义

无参数宏定义的格式为：

```
#define 标识符替换列表
```

替换列表可以是数值常量、字符常量、字符串常量等，故可以把宏定义理解为使用标识符表示一常量，或称符号常量。

说明：

(1) #可以不在行首，但只允许它前面有空格符。

例如：

```
#define PI 3.1416                    //正确，该行#前允许有空格
int a; #define N 5                   //错误，该行#前不允许有空格外的其他字符
```

(2) 标识符和替换列表之间不能加赋值号=，替换列表后不能加分号

```
#define N =5                         //虽语法正确，但预处理器会把 N 替换成=5
int a[N];                            //错误，因为宏替换之后为 int a[=5];
```

宏定义不是语句，是预处理指令，故结尾不加分号。如果不小心添加了分号，虽然有时该宏定义没问题，但在宏替换时，可能导致 C 语法错误，或得不到预期结果。例如：

```
#define N 5;                         //虽语法正确，但会把 N 替换成 5;
int a[N];                            //语法错误，宏替换后，为 int a[5;];错误
```

(3) 由于宏定义仅是做简单的文本替换，故替换列表中如有表达式，必须把该表达式用括号括起来，否则可能会出现逻辑上的“错误”。

例如：

```
#define N 3+2
int r=N*N;
```

宏替换后为：

```
int r=3+2* 3+2;                      //r=11
```

如果采用如下形式的宏定义：

```
#define N (3+2)
int r=N*N;
```

则宏替换后，为：

```
int r=(3+2)*(3+2);            //r=25
```

(4) 当替换列表一行写不下时，可以使用反斜线\作为续行符延续到下一行。

例如：

```
#define USA "The United \
States of \
America"
```

该宏定义中替换列表为字符串常量，如果该串较长，或为了使替换列表的结构更清晰，可使用续行符\把该串分若干行来写，除最后一行外，每行行尾都必须加续行符\。

如果调用 printf 函数，以串的形式输出该符号常量，即：

```
printf("%s\n",USA);
```

则输出结果为：The United States of America

注意：续行符后直接按回车键换行，不能含有包括空格在内的任何字符，否则是错误的宏定义形式。

【复习思考题】

1. 无参宏定义后能有分号吗？

2. 设有以下宏定义：

```
#define N 2+6
```

则执行语句 int r=N/2;后，r 的值是多少？

3. 简述宏定义中使用续行符\需注意的问题。

11.2.2 带参宏定义

带参数的宏定义格式为：

```
#define 标识符(参数 1,参数 2,…,参数 n) 替换列表
```

例如，求两个参数中最大值的带参宏定义为：

```
#define MAX(a,b) ((a)>(b)?(a):(b))
```

当有如下语句时：

```
int c=MAX(5,3);
```

预处理器会将带参数的宏替换成如下形式：

```
int c=((5)>(3)?(5):(3));
```

故计算结果 c=5。

删除宏定义的格式为：

```
#undef 标识符
```

说明：

(1) 标识符与参数表的左括号之间不能有空格，否则预处理器会把该宏理解为普通的无参宏定义，故以下是错误的带参宏定义形式。

```
#define MAX (a,b) ((a)>(b)?(a):(b))        //错误的带参宏定义格式
```

(2) 宏替换列表中每个参数及整个替换列表，都必须用一对小括号()括起来，否则可能会出现歧义。

例 1　以下程序试图定义求两个参数乘积的宏定义，欲使用该宏求 3 与 6 的乘积，分析该程序能否实现预期功能，如果不能，请给出修改方案。

【程序代码】

```
#include<stdio.h>
#define MUL(a,b) (a*b)
int main(void)
{
    int t;
    t=MUL(3,5+1);
    printf("c=%d\n",c);
    return 0;
}
```

【分析】

(1) 由于该宏定义中的替换列表中的参数没有加括号，故宏调用时，如果参数是个表达式，可能会出现歧义，得不到预期结果。

本例中宏调用 c=MUL(3,5+1);会替换成 c=(3*5+1)=16;，与预期功能不符。

(2) 虽然把宏调用时的参数 5+1 括起来，可达到题目要求的效果，但这属于治标不治本。为统一编程规范，把替换列表中的每个参数均加括号，整个替换列表也加括号。

同时，为达到标本兼治，在宏定义时，除单一值参数外，应显式加括号。

【修改方案】

```
#include<stdio.h>
#define MUL(a,b) ((a)*(b))            //修改处 1
int main(void)
{
    int t;
    t=MUL(3,(5+1));                   //修改处 2
    printf("c=%d\n",c);
    return 0;
}
```

例 2　以下程序试图定义用于求两参数值中较大值的宏，希望 c 中保存 a 和 b 中较大值的二倍。分析该程序能否实现预期功能。如不能，请给出修改方案。

【程序代码】

```
#include<stdio.h>
#define MAX(a,b) (a)>(b)?(a):(b)
int main(void)
```

```
{
    int a=3,b=5,c;
    c=2*MAX(a,b);
    printf("c=%d\n",c);
    return 0;
}
```

【分析】

虽然该宏的替换列表中各个参数均加了括号,但由于整个替换列表没有加括号,照样会产生歧义。

即宏调用 c=2*MAX(a,b);经过预处理器处理后,变成:

```
c=2*(a)>(b)?(a):(b);
```

由于算术运算符*的优先级高于关系运算符>及条件运算符?:的优先级,故此条件表达式中是 2*(a)与 b 的值比较,输出结果为 c=6,有悖初衷。

【修改方案】

宏定义修改为如下形式:

```
#define MAX(a,b) ((a)>(b)?(a):(b))//替换列表整体加括号()
```

【说明】

针对带参宏定义在定义或调用时容易出现语义错误及产生歧义的情况,应该从定义和调用两方面保障:定义时,每个参数及总结果均显式加括号;调用时,每个参数均显式加括号。

(3) 不管宏替换列表中最后一条操作是表达式还是语句(即结尾有无分号),为了使宏调用与函数调用的格式在形式上一致,即其后加分号。故在宏调用时,统一加分号,哪怕多执行一条空语句。

(4) 宏替换列表中最好不出现变量定义,若确有需要,则用一对大括号{}把整个替换列表括起来,形成复合语句块。且该变量定义为 C 语句,即其后要加分号。

例 3 以下程序试图定义用于交换两参数值的带参宏定义,分析调用该宏是否会出现错误,如果错误,请给出修改方案。

【程序代码】

```
#include<stdio.h>
#define SWAP(a,b)\
    int t;\
    t=a;\
    a=b;\
    b=t;
int main(void)
{
    int a=3,b=5;
    printf("调用交换宏:\n");
    SWAP(a,b)
    printf("a=%d,b=%d\n",a,b);
    return 0;
}
```

【分析】

(1) 程序代码中 SWAP 为带参数的宏定义,而替换列表中却出现了变量 t 定义语句。这个变量定义语句就限制了宏调用只能在所有执行语句的前面。如果在执行语句后调用该宏,则会报语法错误。经预处理器处理后,即宏替换后,main 函数中的代码如下。

```
int main(void)
{
    int a=3,b=5;
    printf("调用交换宏:\n");
    int t;                      //错误,C 中的变量定义应放在所有操作语句的前面
    t=a;
    a=b;
    b=t;
    printf("a=%d,b=%d\n",a,b);
    return 0;
}
```

(2) 修改方案一:如果在宏定义中不可避免地使用变量定义,建议把宏定义的整个替换列表用一对大括号括起来。这样整个宏替换就像一条复合语句,而在复合语句块中是允许定义变量的,且该定义变量仅在该复合语句块中有效,不影响外部变量。

```
#define SWAP(a,b)\
{\
    int t;\
    t=a;\
    a=b;\
    b=t;\
}
```

宏替换后,main 函数中的代码如下。

```
int main(void)
{
    int a=3,b=5;
    printf("调用交换宏:\n");
    {
        int t;                  //正确。复合语句块中定义变量 t,仅在该语句块中有效
        t=a;
        a=b;
        b=t;
    }
    printf("a=%d,b=%d\n",a,b);
    return 0;
}
```

当宏替换列表中有多条语句时,建议用一对大括号把这些语句括起来。

(3) 修改方案二:交换两参数值的操作,也可以不增加中间变量,例如:

```
#define SWAP(a,b)\
a=a+b;\
```

```
b=a-b;\
a=a-b;
```

(4) 当宏替换中最后一条已经是语句,即已有分号,如本例,则宏调用时不用加分号,但为了与函数调用保持一致,建议宏调用时统一加分号,即使是多执行了一条空语句。

如果替换列表中是逗号表达式,则宏调用时,必须加分号,否则替换后会报语法错误。

```
#define SWAP(a,b)\
a=a+b,\
b=a-b,\
a=a-b;
```

【修改方案 1】

```
#define SWAP(a,b)\
{\
    int t;\
    t=a;\
    a=b;\
    b=t;\
}
int main(void)
{
    int a=3,b=5;
    printf("调用交换宏:\n");
    SWAP(a,b);                        //宏定义后统一加分号
    printf("a=%d,b=%d\n",a,b);
    return 0;
}
```

【修改方案 2】 建议采用该方案

```
#define SWAP(a,b)\
a=a+b,\
b=a-b,\
a=a-b
```

【复习思考题】

1. 简述带参宏定义中需要注意的事项。

2. 如何有效保障带参宏定义及调用时避免出现语义或产生歧义?举例说明。

11.2.3 带参宏调用与函数调用

本节将从调用发生时间、参数类型检查、参数是否需要空间、运行速度等几个主要方面进行对比分析带参宏调用与函数调用的差异。

1. 调用发生的时间

在源程序进行编译之前,即预处理阶段进行宏替换;而函数调用则发生在程序运行期间。

2. 参数类型检查

函数参数类型检查严格。程序在编译阶段,需要检查实参与形参个数是否相等及类型是否匹配或兼容,若参数个数不相同或类型不兼容,则会编译不通过。

在预处理阶段,对带参宏调用中的参数不做检查。即宏定义时不需要指定参数类型,既可以认为这是宏的优点,即适用于多种数据类型,又可以认为这是宏的一个缺点,即类型不安全。故在宏调用时,需要程序设计者自行确保宏调用参数的类型正确。

3. 参数是否需要空间

函数调用时,需要为形参分配空间,并把实参的值复制一份赋给形参分配的空间中。而宏替换,仅是简单的文本替换,且替换完就把宏名对应标识符删除掉,即不需要分配空间。

4. 执行速度

函数在编译阶段需要检查参数个数是否相同、类型等是否匹配等多个语法,而宏替换仅是简单文本替换,不做任何语法或逻辑检查。

函数在运行阶段参数需入栈和出栈操作,速度相对较慢。

5. 代码长度

由于宏替换是文本替换,即如果需替换的文本较长,则替换后会影响代码长度;而函数不会影响代码长度。

故使用较频繁且代码量较小的功能,一般采用宏定义的形式,比采用函数形式更合适。

前面章节频繁使用的 getchar(),准确地说,是宏而非函数。

为了使该宏调用像函数调用,故把该宏设计成了带参数的宏定义:

```
#define getchar() getc(stdin)
```

故调用该宏时,需要加括号,即传空参数:getchar()。

【复习思考题】

1. 简述带参数的宏和函数的差异。
2. 总结什么样的功能操作适合定义成宏的形式。

11.3 条件编译

条件编译是指预处理器根据条件编译指令,有条件地选择源程序代码中的一部分代码作为输出,送给编译器进行编译。主要是为了有选择性地执行相应操作,防止宏替换内容(如文件等)的重复包含。常见的条件编译指令如表 11-1 所示。

表 11-1 常见的条件编译指令

条件编译指令	说　明
#if	如果条件为真,则执行相应操作
#elif	如果前面条件为假,而该条件为真,则执行相应操作
#else	如果前面条件均为假,则执行相应操作
#endif	结束相应的条件编译指令
#ifdef	如果该宏已定义,则执行相应操作
#ifndef	如果该宏没有定义,则执行相应操作

本节主要讲解部分常用的条件编译指令。

1. #if-#else-#endif

其调用格式为:

```
#if 条件表达式
   程序段 1
#else
   程序段 2
#endif
```

功能为：如果#if 后的条件表达式为真，则程序段 1 被选中，否则程序段 2 被选中。

注意：必须使用#endif 结束该条件编译指令。

例如：

```
#include<stdio.h>
#define RESULT 0                    //定义 RESULT 为 0
int main(void)
{
#if !RESULT                         //或者 0==RESULT
    printf("It's False!\n");
#else
    printf("It's True!\n");
#endif                              //标志结束#if
    return 0;
}
```

上述程序中，首先定义了 RESULT 为 0，在 main 中使用#if-#else-#endif 条件判断语句，如果 RESULT 为 0，则输出 It's False!，否则输出 It's True!。本例输出为：It's False!。

2. #ifndef-#define-#endif

其调用格式为：

```
#ifndef 标识符
#define 标识符替换列表
//...
#endif
```

功能为：一般用于检测程序中是否已经定义了名字为某标识符的宏，如果没有定义该宏，则定义该宏，并选中从#define 开始到#endif 之间的程序段；如果已定义，则不再重复定义该符号，且相应程序段不被选中。

例如：

```
#ifndef PI
#define PI 3.1416
#endif
```

上述程序段，用于判断是否已经定义了名为 PI 的宏，如果没有定义 PI，则执行如下宏定义。

```
#define PI 3.1416
```

如果检测到已经定义了 PI，则不再重复执行上述宏定义。

该条件编译指令更重要的一个应用是防止头文件重复包含。

如果 f.c 源文件中包含 f1.h 和 f2.h 两个头文件，而 f1.h 头文件及 f2.h 头文件中均包含 x.h 头文件，则 f.c 源文件中重复包含 x.h 头文件。可采用条件编译指令，来避免头文件的重复包含问题。所有头文件中都按如下格式：

```
#ifndef _HEADNAME_H_
#define _HEADNAME_H_
//头文件内容
#endif
```

当该头文件第一次被包含时，由于没检测到该头文件名对应的符号（宏名）_HEADNAME_H_，则定义该头文件名对应的符号（宏），其值为该系统默认。并且，该条件编译指令选中 #endif 之前的头文件内容；如果该头文件再次被包含时，由于检测到已存在以该头文件名对应的符号（宏名），则忽略该条件编译指令之间的所有代码，从而避免了重复包含。

3. #if-#elif-#else-#endif

其调用格式为：

```
#if 条件表达式 1
程序段 1
#elif 条件表达式 2
程序段 2
#else
程序段 3
#endif
```

功能为：先判断条件 1 的值，如果为真，则程序段 1 被选中编译；如果为假，而条件表达式 2 的值为真，则程序段 2 被选中编译；其他情况，程序段 3 被选中编译。

4. #ifdef-#endif

其调用格式为：

```
#ifdef 标识符
程序段
#endif
```

功能为：如果检测到已定义该标识符，则选择执行相应程序段被选中编译；否则，该程序段会被忽略。

例如：

```
#ifdef N
#undef N
程序段
#endif
```

功能：如果检测到符号 N 已定义，则删除其定义，并选中相应的程序段。

【复习思考题】

理解并熟练掌握#ifndef-#define-#endif 在避免头文件重复包含中的应用，并在实际头文件编写中验证该功能。

11.4 位 操 作

计算机中的所有数据均是以二进制形式存储和处理的。所谓位操作就是直接把计算机中的二进制数进行操作，无须进行数据形式的转换，故处理速度较快。

本节先介绍十进制数与二进制数的转换，接着介绍原码、反码和补码的基本知识及转换关系，最后重点介绍C语言提供的6种位运算符的特点及应用。

11.4.1 原码、反码、补码

位(bit)是计算机中处理数据的最小单位，其取值只能是0或1。

字节(Byte)是计算机处理数据的基本单位，通常系统中一个字节为8位。即：

```
1 Byte=8 bit
```

为便于演示，本节表示的原码、反码及补码均默认为8位。

准确地说，数据在计算机中是以其补码形式存储和运算的。在介绍补码之前，先了解原码和反码的概念。

正数的原码、反码、补码均相同。

原码：用最高位表示符号位，其余位表示数值位的编码称为原码。其中，正数的符号位为0，负数的符号位为1。

负数的反码：把原码的符号位保持不变，数值位逐位取反，即可得原码的反码。

负数的补码：在反码的基础上加1即得该原码的反码。

例如：

```
+11的原码为：0000 1011
+11的反码为：0000 1011
+11的补码为：0000 1011

-7的原码为：1000 0111
-7的反码为：1111 1000
-7的补码为：1111 1001
```

注意：对补码再求一次补码操作就可得该补码对应的原码。

$$(补码)_{补码}=原码$$

11.4.2 位操作符

C语言中提供了6个基本的位操作符，如表11-2所示。

表11-2 C语言位运算符

运算符	功　能	运 算 规 则
&	按位与	对应位均为1时，结果才为1
|	按位或	两位中只要有一位为1，结果为1。 只有两位同时为0时，结果为才为0
^	按位异或	两位相异时，结果为1；两位相同时，结果为0

续表

运算符	功　能	运算规则
<<	左移	将运算数的各二进制位均左移若干位,高位丢弃(不包含 1),低位补 0。每左移一位,相当于该数乘以 2
>>	右移	将运算数的各二进制位全右移若干位,正数左补 0,负数左补 1,右边移出的位丢弃
~	按位取反	0 变 1,1 变 0

注意:计算机中位运算操作,均是以二进制补码形式进行的。

1. 按位与(&)

只有两位同时为 1 时,结果才为 1;只要两位中有一位为 0,则结果为 0。

```
0&0=0    0&1=0    1&0=0    1&1=1
```

复合赋值运算符:&=按位与后赋值。

例如,计算 20 和 9 按位与的结果,如下所示。

```
    0  0  0  1  0  1  0  0
 &  0  0  0  0  1  0  0  1
---------------------------
    0  0  0  0  0  0  0  0
```

$(20)_D \& (9)_D = (0001\ 0100)_B |\ (0000\ 1001)_B = (0000\ 0000)_B = (0)_D$

即:20&9=0

应用一:使用 0x01 与一个数按位与,可获取该数对应二进制数的最低位。

应用二:使用 0x00 与一个数按位与,可使该数低位的一个字节清零。

例如,9&0x1 可求得 9 对应二进制数 0000 1001 的最低位 1。

例 4　分析以下程序的功能,并输出其运行结果。

【程序代码】

```
#include<stdio.h>
int main(void)
{
    int n;
    for(n=1;n<=20;n++)
        if(0 ==(n&0x1))
            printf("%d ",n);
    printf("\n");
    return 0;
}
```

【分析】

n&0x1 的功能是取出 n 对应补码二进制数的最低位(最右端位),如果该位为 0,则输出。二进制数 $b_{n-1}b_{n-2}b_{n-3}\cdots b_2b_1b_0$ 对应的十进制数 N 的表达式为:

$$N = b_0 \times 2^0 + b_1 \times 2^1 + b_2 \times 2^2 + b_3 \times 2^3 + b_4 \times 2^4 + \cdots$$

由于从上式中第二项开始的每一项都是偶数,故 N 是否偶数取决于 b_0 是否偶数,故 b_0 为 1 时是奇数,为 0 时是偶数。

【运行结果】

```
2 4 6 8 10 12 14 16 18 20
```

【说明】

由于关系运算符==的优先级高于按位与 & 的优先级，故 0 ==(n&0x1)必须加括号，否则会出现逻辑错误。

2. 按位或(|)

只要两位中有一位为 1，结果为 1；只有两位同时为 0 时，结果才为 0。

```
0|0=0    0|1=1    1|0=1    1|1=1
```

复合赋值运算符：|=按位或后赋值。

例如，计算 20 和 9 按位或的结果，如下所示。

```
    0  0  0  1  0  1  0  0
 |  0  0  0  0  1  0  0  1
--------------------------
    0  0  0  1  1  1  0  1
```

$(20)_D|(9)_D=(0001\ 0100)_B|(0000\ 1001)_B=(0001\ 1101)_B=(29)_D$

即：20|9=29

3. 按位异或(^)

当两位相同时，即同为 1 或同为 0 时，结果为 0；当两位相异时，即其中一位为 1，另一位为 0 时，结果为 1。即相同为 0，相异为 1。

```
0^0=0    0^1=1    1^0=1    1^1=0
```

由此可得按位异或的 6 个性质或特点如下。

(1) a^0=a。即 0 与任意数按位异或都得该数本身。

(2) 1 与任意二进制位按位异或都得该位取反(0 变 1，1 变 0)。

(3) a^a=0。即任意数与自身按位异或都得 0。

(4) a^b=b^a。即满足交换律。

(5) (a^b)^c=a^(b^c)。即满足结合律。

(6) a^b^b=a^(b^b)=a^0=a。

复合赋值运算符：^=按位异或后赋值。

例如，计算 22 和 7 按位异或的结果，如下所示。

```
    0  0  0  1  0  1  1  0
 ^  0  0  0  0  0  1  1  1
--------------------------
    0  0  0  1  0  0  0  1
```

$(22)_D$^$(7)_D=(0001\ 0110)_B|(0000\ 0111)_B=(0001\ 0001)_B=(17)_D$

即：22^7=17

例 5 分析以下程序的功能，并输出其运行结果。

【程序代码】

```
#include<stdio.h>
```

```
int main(void)
{
    int a=3,b=5;
    a=a^b;
    b=a^b;
    a=a^b;
    printf("a=%d,b=%d\n",a,b);
    return 0;
}
```

【分析】

本题是对按位异或的性质和特点的综合运用，由于没有使用中间变量，故在理解上存在一定的难度。

由于 a=a^b;故：

```
b=a^b=a^b^b=a^(b^b)=a^0=a。即 b=3。
a=a^b=(a^b)^a=(b^a)^a=b^(a^a)=b^0=b。即 a=5。
```

故实现了 a 与 b 的交换。

【运行结果】

```
a=5,b=3
```

【说明】

如果使用中间变量，则会更清晰明了。参考代码如下所示。

```
#include<stdio.h>
int main(void)
{
    int a=3,b=5,t;
    t=a^b;
    b=t^b;                          //b=a^b^b=a^0=a
    a=t^a;                          //a=a^b^a=b^a^a=b^0=b
    printf("a=%d,b=%d\n",a,b);
    return 0;
}
```

4. 左移(<<)

将运算数的各二进制位均左移若干位，高位丢弃(不包含 1)，低位补 0。左移时舍弃的高位不包含 1，则每左移一位，相当于该数乘以 2。

复合赋值运算符：<<=左移后赋值。

例如，计算 10 左移两位的结果，如下所示。

```
          0  0  0  0  1  0  1  0
 <<                             2
 ---------------------------------
 [0  0]   0  0  1  0  1  0  0  0
```

$(10)_D$<<2 = $(0000\ 1010)_B$<<2 = $([00]0010\ 1000)_B$ = $(40)_D$

丢弃左边高位移出去的 0，低位补 0。

左移一位相当于该数乘以 2，本例中左移两位，故相当于乘以 4。

即：10<<2 = 10×2×2 = 40

5. 右移（>>）

将运算数的各二进制位全部右移若干位，正数左补 0，负数左补 1，右边移出的位丢弃。

复合赋值运算符：>>=右移后赋值。

例如，计算 70 右移两位的结果，如下所示。

```
      0  1  0  0  0  1  1  0
  >>                       2
  ------------------------------
      0  0  0  1  0  0  0  1 [1  0]
```

$(70)_D$>>2 =$(0100\ 0110)_B$>> 2 =$(0001\ 0001\ \mathbf{[10]})_B$=$(17)_D$

丢弃右边移出去的所有位，由于该数为正数，左边补 0。

右移一位相当于该数除以 2 取整，本例中右移两位，故相当于除以 4 取整。

即：70>>2 = 70/4 = 17

6. 按位取反（~）

0 变 1，1 变 0。

~0=1　~1=0

应用：**~a+1=-a** 即对任意数按位取反后加 **1**，得该数的相反数。

例如，计算 10 按位取反的结果，如下所示：

```
  10 的补码   ~   0  0  0  0  1  0  1  0
  -----------------------------------------
  按位取反        1  1  1  1  0  1  0  1
```

由于计算机中位运算均是以补码形式操作的，正数的补码是其本身，负数的补码为其反码加 1。

$$\sim(10)_D=\sim(0000\ 1010)_{B补}=(1111\ 0101)_B$$

所得显然是负数的补码，对补码 **1111 0101** 再做一次求补操作，即可得该补码对应的原码。

求 1111 0101 补码的过程如下所示。

1111 0101

反码 1000 1010　　　　--符号位 1 保持不变，数值位按位取反

补码 1000 1011　　　　--反码加 1

根据 $(补码)_{补码}$ = 原码

故补码 1111 0101 对应的原码为 1000 1011 = -11

即：$\sim(10)_D=\sim(0100\ 0110)_{B补}=(1111\ 0101)_{B补}$ = -11

由此可见，~10+1=-11+1=-10 即满足~a+1=-a

【复习思考题】

1. 理解位和字节的概念。
2. 掌握求正负数如+12 与-12 的原码、反码、补码的过程。
3. 掌握 C 语言提供的 6 种位运算符的使用。

小　　结

1. 本章主要知识点梳理

本章前三节主要介绍了预处理器与常见的预处理指令。第四节介绍了 C 语言提供的 6

种位运算符及其使用举例。本章的重点是掌握宏定义(无参数和带参数)及 6 种位运算符的使用。本章知识点小结如表 11-3 所示。

表 11-3 本章主要知识点梳理

知 识 点	示 例	说 明
无参数宏定义	#define N 10 #define PI 3.14159	宏定义是预处理指令,不属于语句,故宏定义结尾不能有分号,且不能用赋值号
带参数宏定义	例如,定义两个参数相乘的带参宏定义: #define MUL(a,b) ((a)*(b))	设计带参数的宏定义时要特别注意,替换列表中每个参数及整个替换列表都必须用小括号()括起来,以免出现歧义

多行宏定义	当宏替换内容超过一行时,可以使用续行符\。
	#define SWAP(a,b)\
	{\
	    int t;\
	    t=a;\
	    a=b;\
	    b=t;\
	}
		本例中的多行替换内容,使用一对大括号括起来。目的是为了使宏定义调用时的格式与函数调用的格式相一致

常见条件编译指令	#if-#else-#endif #ifndef-#define-#endif #if-#elif-#else-#endif #ifdef-#endif	重点掌握条件编译指令: #ifndef-#define-#endif 在避免头文件重复包含时的作用
原码、反码、补码	-12 原码 1 1100 -12 反码 1 0011 -12 补码 1 0100 +12 的原码、反码、补码均为:0 1100	正数的原码、反码、补码相同。 负数的反码为:符号位保持不变,数值位按位取反。 负数的补码为:其反码加 1
按位与的应用	使用按位与运算符可以获取数据对应二进制数的某一位。 例如,使用 a&0x1 可获取 a 对应二进制数的最低位。 使用一个数与 0x00 按位与可使一个字节清零	
按位异或的性质	掌握按位异或的常用性质: a ^ 0=a a ^ a=0 (a ^ b)^ c=a ^ (b ^ c) a ^ b=b ^ a a ^ b ^ a=(a ^ b)^ a=(b ^ a)^ a=b ^ (a ^ a) =b ^ 0=b	

2. 本章易错知识点

本章易错知识点见表 11-4。

表 11-4　本章易错知识点

易错知识点	错误示例	说　　明
无参宏定义错误 1	#define N=10	宏定义不能使用赋值号
无参宏定义错误 2	#define N 10;	非语句，末尾不能加分号
带参宏定义语义错误 1	常见错误： #define ADD(a,b) a+b 原因，当调用宏定义参与运算时，将容易出现歧义，如：ADD(5,2)* 3=5+2*3=11 正确形式： #define ADD (a,b) ((a)+(b))	本教材把容易出现歧义的地方均叫错误。 容易出现语义错误，产生歧义
带参宏定义语义错误 2	常见错误： #define MUL(a,b) (a*b) 虽然解决了宏调用参与运算时的歧义，但当调用参数为表达式时，仍然容易出现语义错误。例如，调用该宏做 2 与 3+5 的乘法操作时。 MUL(2,3+5)=(2* 3+5)=11 正确形式： #define MUL(a,b) ((a)*(b))	容易出现语义错误，产生歧义。 应从定义和调用两方面保障：定义时，每个参数及总结果均显式加括号；调用时，每个参数均显式加括号

习　　题

1. 预处理指令与预处理器

(1) 简述预处理器和编译器的区别。

(2) 源程序可以省略预处理环节，直接送给编译器吗？

2. 宏定义

(1) 设有如下宏定义：

```
#define a 10
#define b a-2
```

则执行赋值语句：int c=b*b;后，c 的值是多少？

(2) 以下程序试图定义用于交换两参数值的带参宏定义。

① 分析调用该宏是否会出现错误，如果错误，请给出修改方案。

② SWAP(a,b);此处分号是否一定需要？分析宏替换列表中使用表达式还是语句更合理。

【程序代码】

```
#include<stdio.h>
#define SWAP(a,b)\
    int t,\
    t=a,\
```

```
    a=b,\
    b=t;
int main(void)
{
    int a=3,b=5;
    printf("调用交换宏:\n");
    SWAP(a,b)
    printf("a=%d,b=%d\n",a,b);
    return 0;
}
```

(3) 使用带参数的宏定义来实现把输入的小写字母转换成对应大写字母的功能。

3. 条件编译

(1) 分析以下程序的运行结果。

【程序代码】

```
#include<stdio.h>
#define N 10
#ifdef N
#undef N
#define N 20
#endif
int main(void)
{
    printf("%d\n",N);
    return 0;
}
```

(2) 编写多个头文件的程序,使用#ifndef-#define-#endif 条件编译指令,避免头文件的重复包含。

4. 位操作

(1) 统计并输出一个 unsigned char 类型的整数对应二进制补码中,值为 1 的二进制位的个数。

(2) 分析以下程序是否能实现交换 a 和 b 的功能,输出该程序的运行结果。

【程序代码】

```
#include<stdio.h>
int main(void)
{
    int a=3,b=5;
    a=a^b;
    a=a^b;
    b=a^b;
    printf("a=%d,b=%d\n",a,b);
    return 0;
}
```

(3) 已知有变量定义：int a=13,b;,执行语句 b=a<<2;后,b 的值是多少?

参 考 文 献

[1] Stephen Prata. C Primer Plus[M].5版.云巅工作室,译.北京：人民邮电出版社,2005.

[2] 谭浩强.C程序设计[M].3版.北京：清华大学出版社,2005.

[3] 朱战立.数据结构——使用C语言[M].4版.北京：电子工业出版社,2009.

[4] Brian W Kernighan. C程序设计语言[M].2版.徐宝文,译.北京：机械工业出版社,2004.

[5] Stanley B Lippman. C++ Primer[M].李师贤,译.北京：人民邮电出版社,2006.

附　　录

附录 A　VC++ 6.0 环境中开发 C 程序的步骤

1. 安装并打开 VC++ 6.0 开发环境

VC++ 6.0 开发环境如附图 A-1 所示。

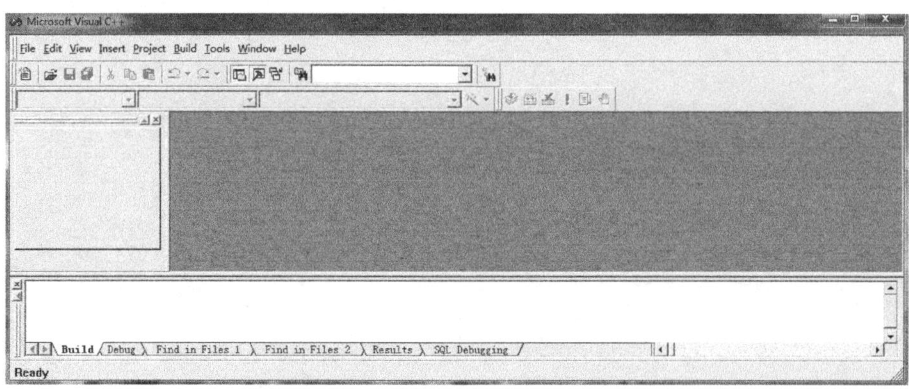

附图 A-1　VC++ 6.0 开发环境

2. 创建工程

(1) 单击菜单 File->New，得到如附图 A-2 所示界面。

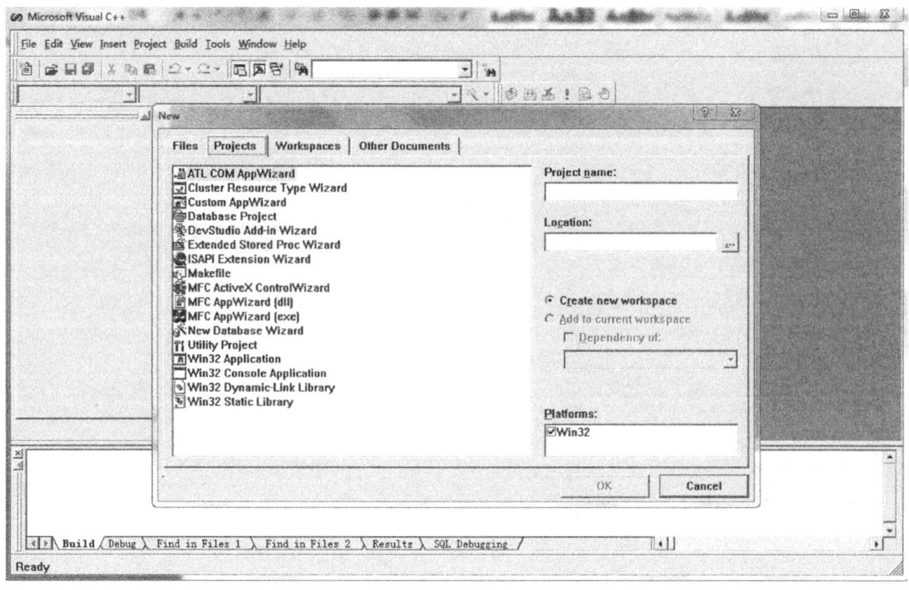

附图 A-2　新建工程

(2) 在弹出的对话框中，选择 Projects 选项卡中的 Win32 Console Application 得到如附图 A-3 所示界面。

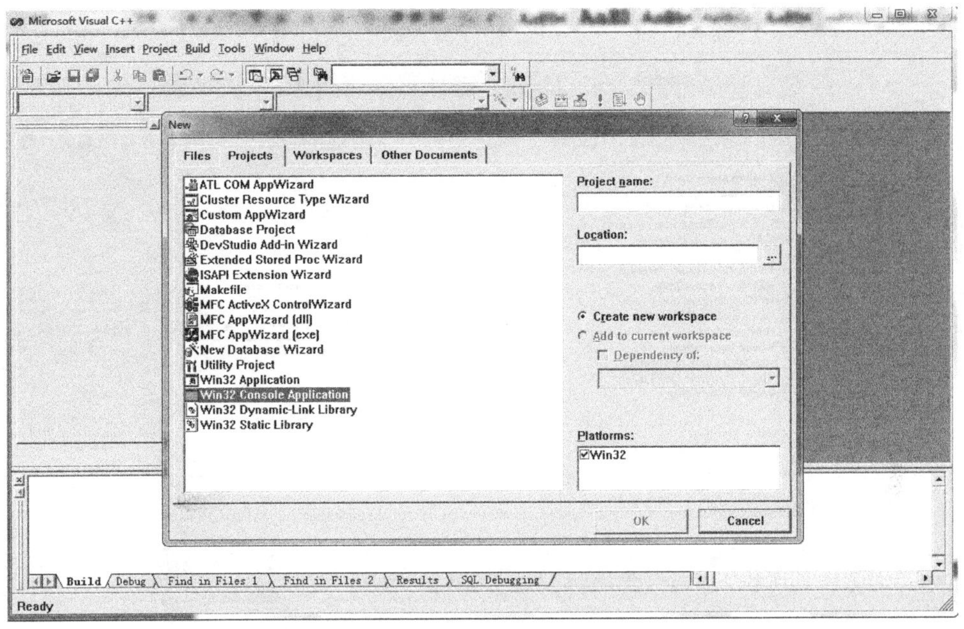

附图 A-3 选择项目类型

(3) 为该工程选择存放位置即确定工程空间，并给工程命名，例如，在 F 盘先创建文件夹 C_WorkSpace 作为工程空间，所有的 C 程序工程均放在该工程空间目录下。单击 Location 右边的 按钮，选择浏览 F 盘，得到如附图 A-4 所示界面。

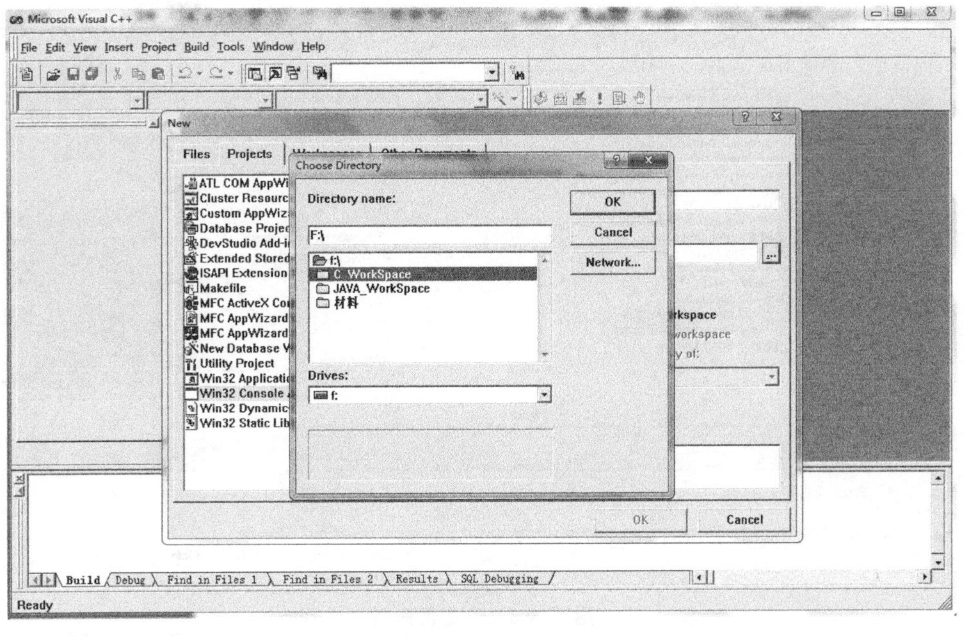

附图 A-4 选择存放位置

(4) 单击 OK 按钮,得到如附图 A-5 所示界面。

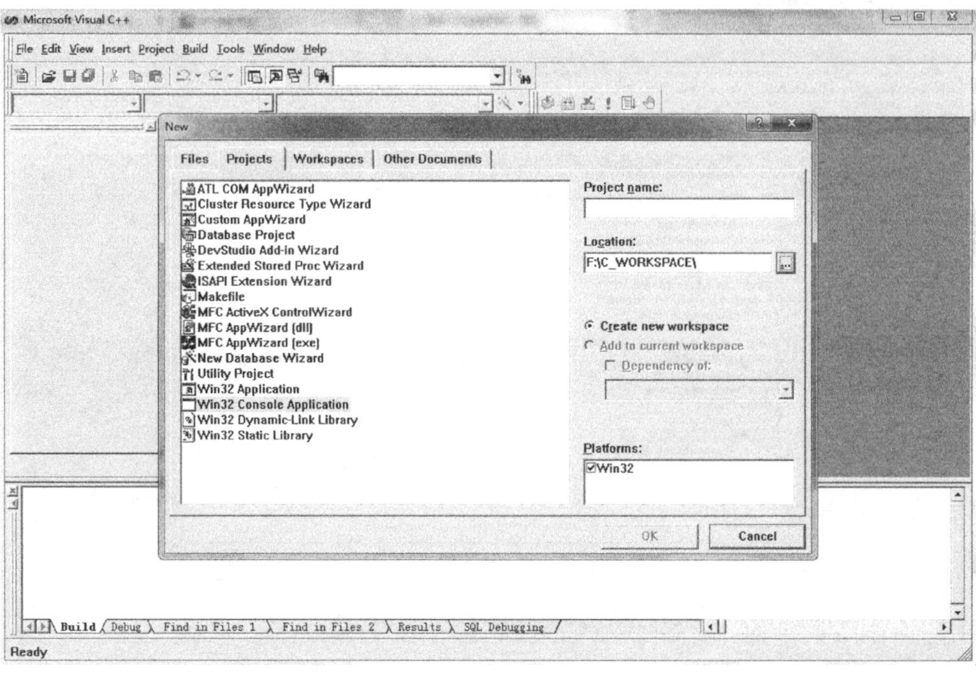

附图 A-5 选择 Location

(5) 为本工程命名,如 Proj_1,得到如附图 A-6 所示界面。

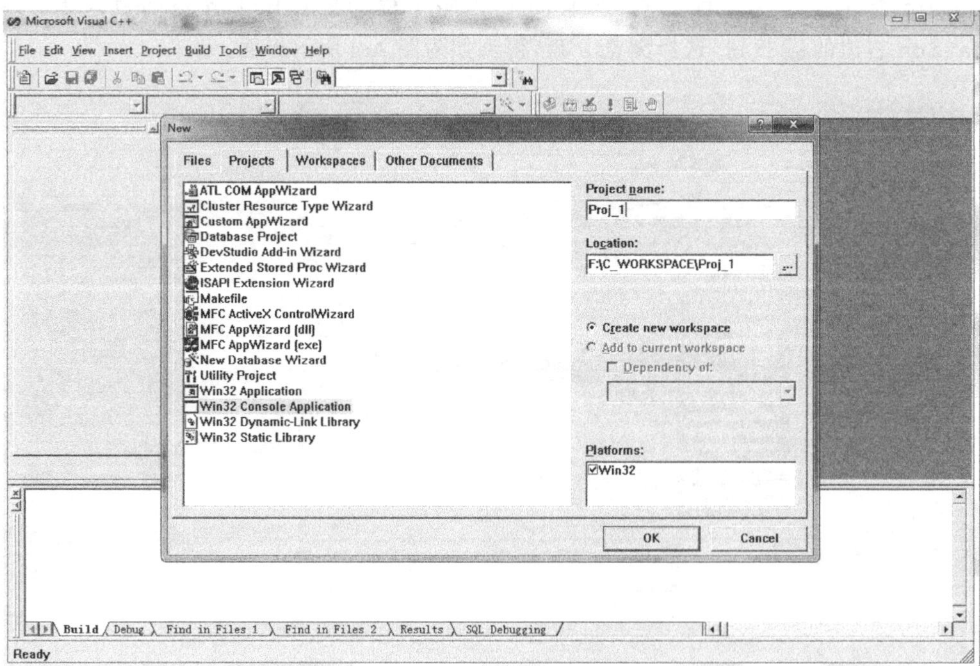

附图 A-6 为工程命名

(6) 单击 OK 按钮，得到如附图 A-7 所示界面。

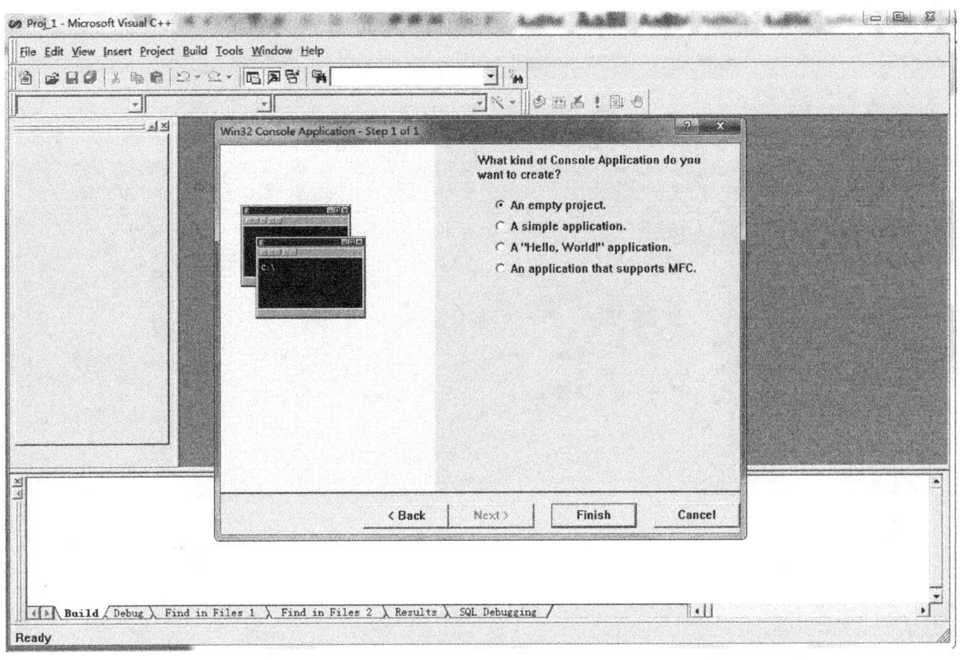

附图 A-7　选择工程类型

(7) 选择默认的 An empty project，然后单击 Finish 按钮，得到如附图 A-8 所示界面。

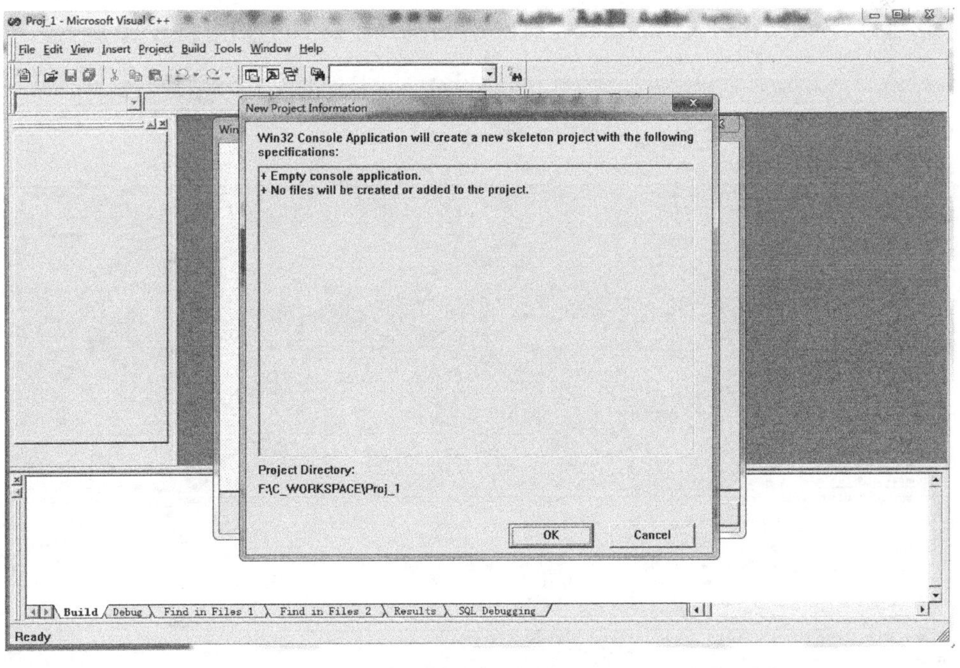

附图 A-8　新建空工程

(8) 弹出的 New Project Information 信息框是对刚才所做选择的概括，单击 OK 按钮即可，得到如附图 A-9 所示界面。

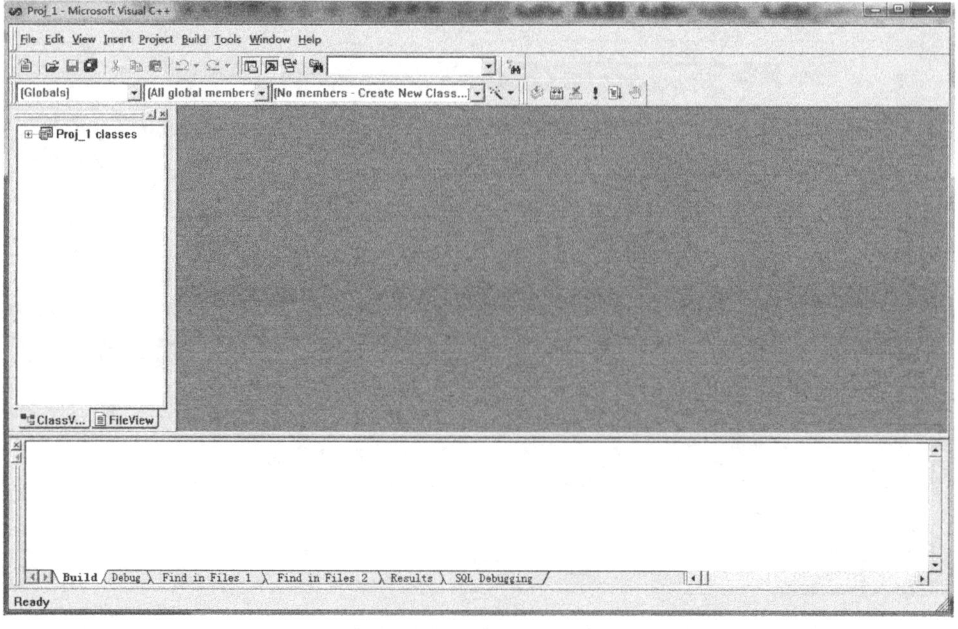

附图 A-9　空工程界面

至此，已在工程空间 F:\C_WorkSpace 中成功创建了一个空的工程 Proj_1。选择 FileView 选项卡可看到工程空间 C_WorkSpace 下有工程 Proj_1，而该工程包含三个文件夹，分别为 Source Files、Header Files、Resource Files，如附图 A-10 所示。

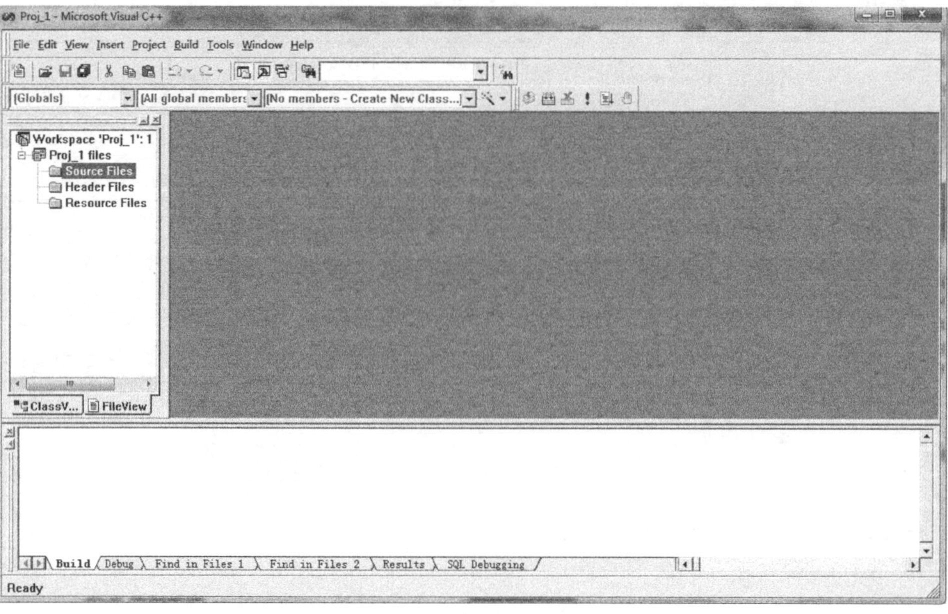

附图 A-10　工程中包含的文件夹

3. 在该空工程中创建并编辑源程序文件

(1) 选择 File->New 命令，得到如附图 A-11 所示界面。

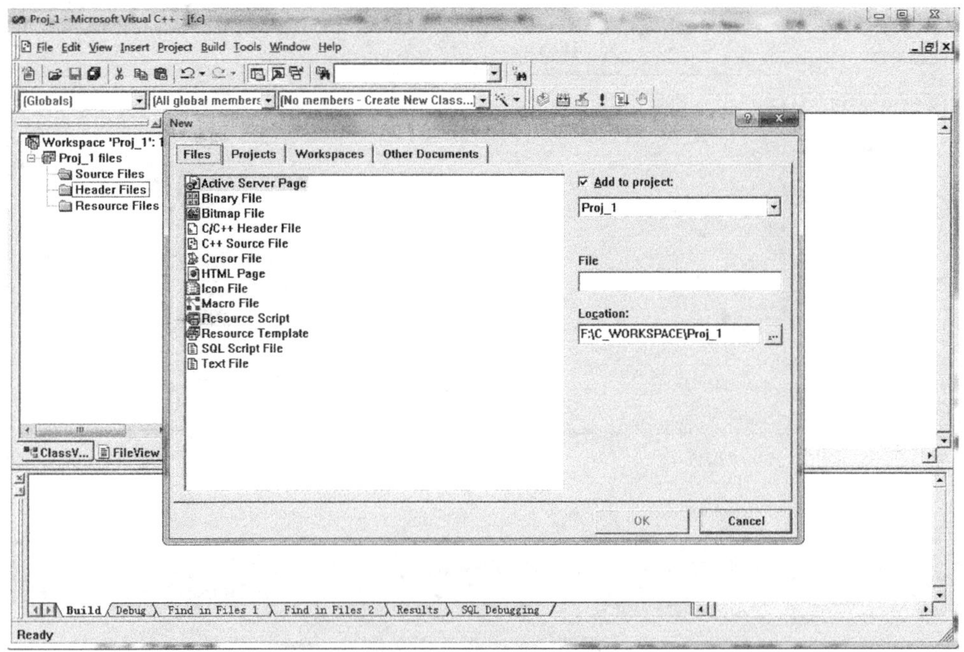

附图 A-11　新建源程序文件

(2) 选择 Files->C++ Source File，确保勾选 Add to project 复选框，并为该源文件命名，填入 File 框，例如 hello.c。Location 内容一般自动生成，得到如附图 A-12 所示界面。

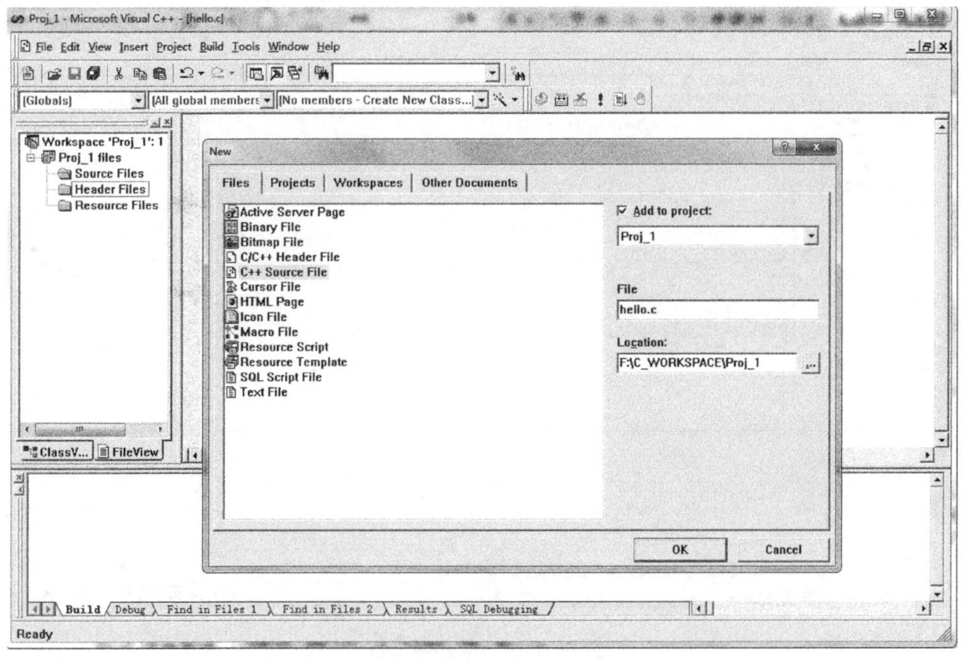

附图 A-12　选择 Location

(3) 单击 OK 按钮，得到如附图 A-13 所示界面。

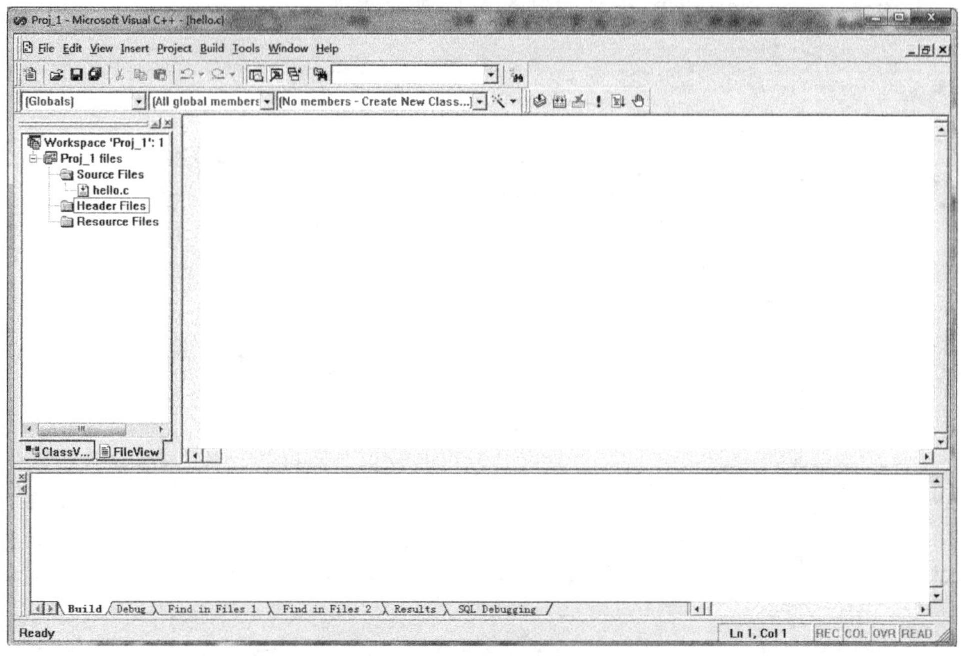

附图 A-13　源程序文件

(4) 双击 Source Files 下的源文件 hello.c，打开对应的源文件编辑器，并在其中输入程序代码，然后单击 ■ 按钮或者按 Ctrl+S 组合键保存源文件，如附图 A-14 所示。

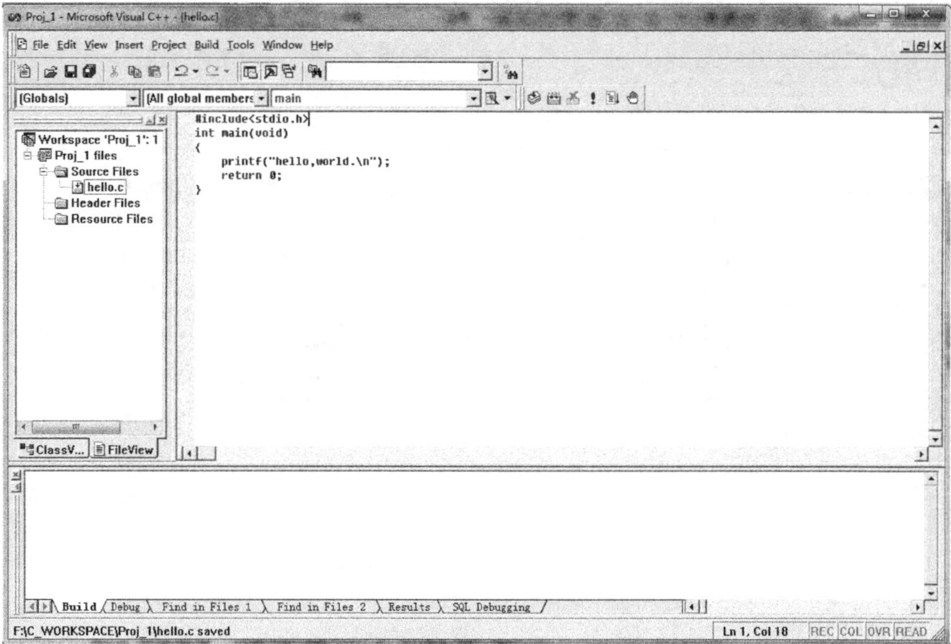

附图 A-14　保存源文件

4. 编译源程序文件

编译选项有 Compile( )及 Build( )，一般较小的文件可以直接选择 Build。两者的区别是：Build=Compile+Link 生成.exe 可执行文件，即 Build 是编译、链接合二为一，直接生成可执行文件；而 Compile 仅编译，生成.obj 目标代码文件。例如，单击 Build 按钮时，得到如附图 A-15 所示界面，输出框中有编译及连接过程及生成的可执行文件名称(与工程名相同)，以及输出是否有 warning 和 error。

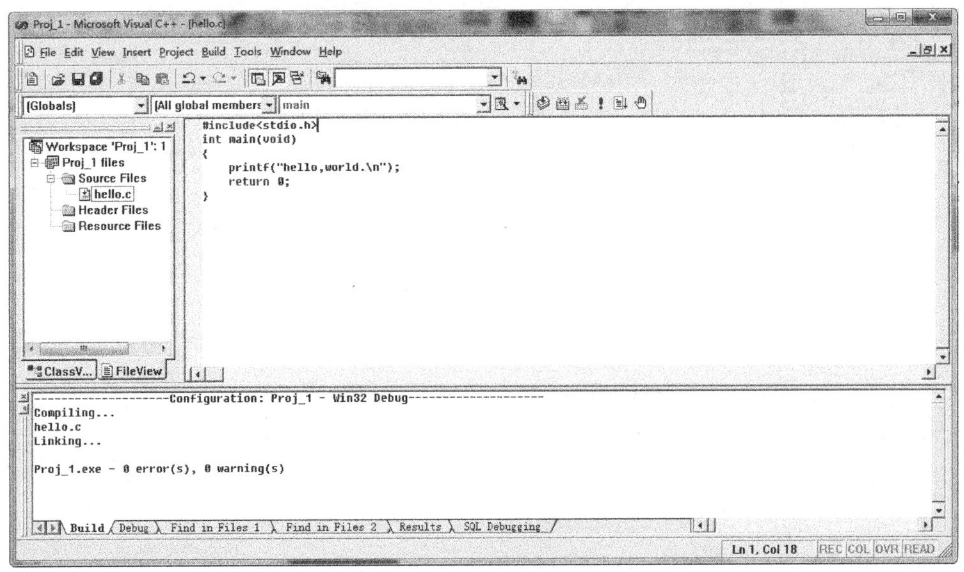

附图 A-15 Build 源程序文件

5. 运行程序

单击 Execute Program 即 ! 按钮，即可得到程序的运行结果，如附图 A-16 所示。

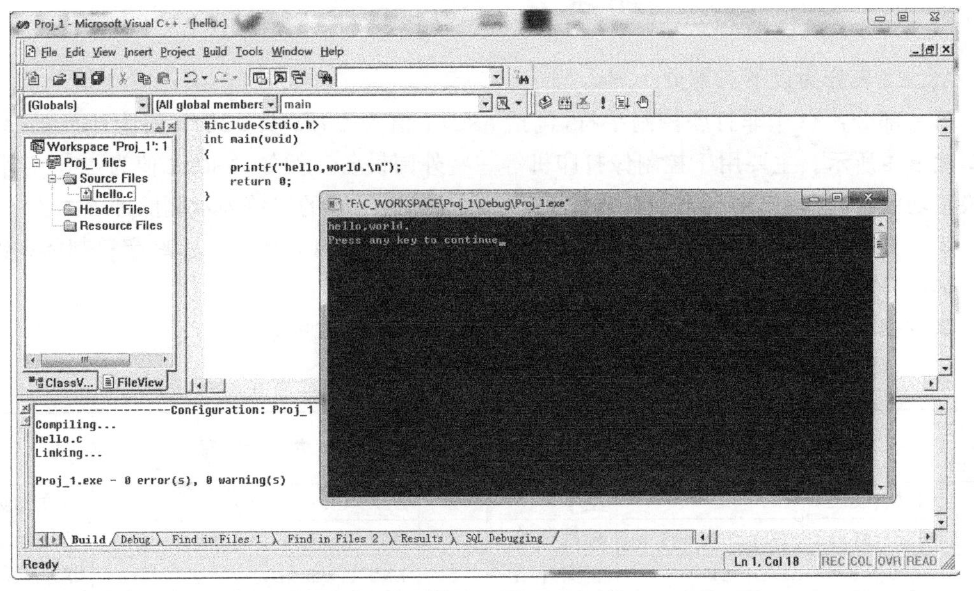

附图 A-16 运行程序

按任意键即可关闭输出窗口。

6. 先关闭工作空间,然后再创建下一个工程项目

(1) 选择 File->Close Workspace 命令,弹出"Do you want to close all document windows?"信息,如附图 A-17 所示。

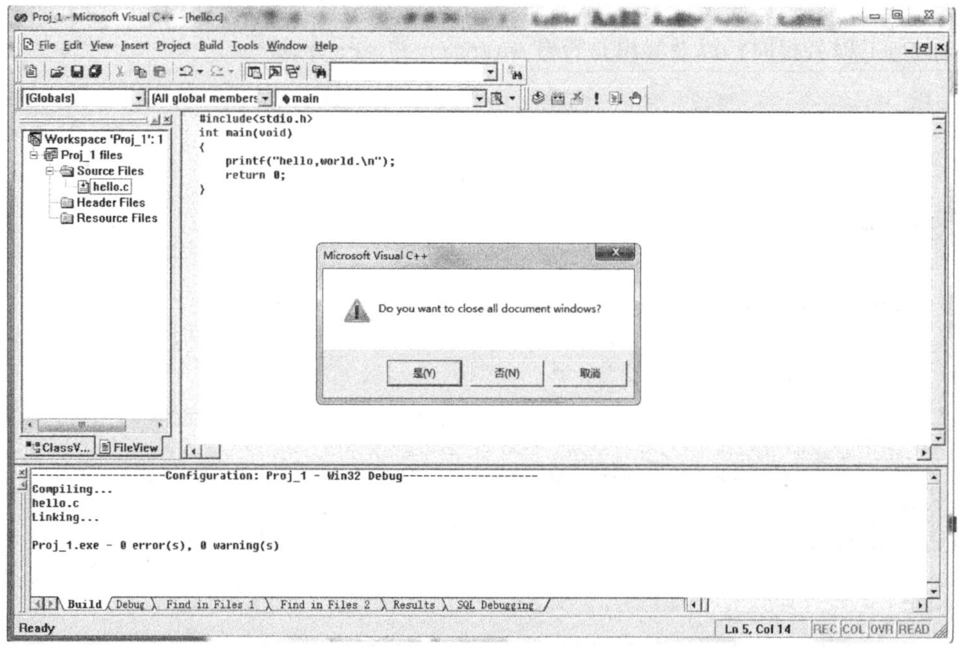

附图 A-17 关闭工作空间

(2) 单击"是"按钮即可关闭该项目的工作空间,然后重新创建新的工程。

附录 B ASCII 表

ASCII 表分为以下三部分。

第一部分: 33 个非打印控制字符,包括 ASCII 值为 0~31 及 ASCII 值为 127 的字符,如附表 B-1 所示。主要用于控制像打印机等一些外围设备。例如,ASCII 值为 12 的字符表示换页功能,即打印机跳到下一页的开头; ASCII 值为 127 的字符表示删除即 DEL。

第二部分: 95 个打印字符 (ASCII 值 32~126),如附表 B-2 所示。这些字符都能在键盘上找到符号,可以输出。

第三部分: 128 个扩展的 ASCII 可打印字符,本教材不涉及。

附表 B-1 非打印控制字符

ASCII (Dec)	常用缩写	功能	ASCII (Dec)	常用缩写	功能
0	NUL (null)	空字符	3	ETX (end of text)	正文结束
1	SOH (start of headling)	标题开始	4	EOT (end of transmission)	传送结束
2	STX (start of text)	正文开始	5	ENQ (enquiry)	请求

续表

ASCII (Dec)	常用缩写	功能	ASCII (Dec)	常用缩写	功能
6	ACK (acknowledge)	确认	20	DC4 (device control 4)	设备控制 4
7	BEL (bell)	响铃	21	NAK(negative acknowledge)	非应答
8	BS (backspace)	退格	22	SYN (synchronous idle)	同步空闲
9	HT (horizontal tab)	水平制表	23	ETB (end of trans. block)	传输块结束
10	LF (NL line feed, new line)	换行	24	CAN (cancel)	取消
11	VT (vertical tab)	垂直制表	25	EM (end of medium)	介质中断
12	FF (NP form feed, new page)	换页	26	SUB (substitute)	替代
13	CR (carriage return)	回车键	27	ESC (escape)	溢出
14	SO (shift out)	不切换	28	FS (file separator)	文件分隔符
15	SI (shift in)	启用切换	29	GS (group separator)	分组符
16	DLE (data link escape)	数据链路转义	30	RS(record separator)	记录分离符
			31	US(unit separator)	单元分隔符
17	DC1 (device control 1)	设备控制 1	32	Space	空格
18	DC2 (device control 2)	设备控制 2	127	DEL(delete)	删除
19	DC3 (device control 3)	设备控制 3			

附表 B-2 打印字符

ASCII (Dec)	字符	ASCII (Dec)	字符	ASCII (Dec)	字符	ASCII (Dec)	字符
32	输出空格	56	8	80	P	104	h
33	!	57	9	81	Q	105	i
34	”	58	:	82	R	106	j
35	#	59	;	83	S	107	k
36	$	60	<	84	T	108	l
37	%	61	=	85	U	109	m
38	&	62	>	86	V	110	n
39	'	63	?	87	W	111	o
40	(	64	@	88	X	112	p
41	)	65	A	89	Y	113	q
42	*	66	B	90	Z	114	r
43	+	67	C	91	[	115	s
44	,	68	D	92	\	116	t
45	--	69	E	93	]	117	u
46	.	70	F	94	^	118	v
47	/	71	G	95	_	119	w
48	0	72	H	96	`	120	x
49	1	73	I	97	a	121	y
50	2	74	J	98	b	122	z
51	3	75	K	99	c	123	{
52	4	76	L	100	d	124	|
53	5	77	M	101	e	125	}
54	6	78	N	102	f	126	~
55	7	79	O	103	g		

附录C 运算符的优先级和结合性

运算符的优先级和结合性如附表 C-1 所示。

附表 C-1 运算符的优先级和结合性

<table>
<tr><th>优先级</th><th>运 算 符</th><th>名称或含义</th><th>结 合 性</th><th>说 明</th></tr>
<tr><td rowspan="4">1</td><td>[]</td><td>数组下标</td><td rowspan="4">从左到右</td><td rowspan="4">无</td></tr>
<tr><td>()</td><td>圆括号</td></tr>
<tr><td>.</td><td>成员选择(对象)</td></tr>
<tr><td>-></td><td>成员选择(指针)</td></tr>
<tr><td rowspan="8">2</td><td>-</td><td>负号</td><td rowspan="8">从右到左</td><td rowspan="8">单目</td></tr>
<tr><td>~</td><td>按位取反</td></tr>
<tr><td>++ --</td><td>自增、自减</td></tr>
<tr><td>*</td><td>取内容(指针)</td></tr>
<tr><td>&</td><td>取地址</td></tr>
<tr><td>!</td><td>逻辑非</td></tr>
<tr><td>(Type)</td><td>强制类型转换</td></tr>
<tr><td>sizeof</td><td>求所占字节数</td></tr>
<tr><td rowspan="2">3</td><td>* /</td><td>乘除</td><td rowspan="2">从左到右</td><td rowspan="2">双目</td></tr>
<tr><td>%</td><td>整数相除取余</td></tr>
<tr><td>4</td><td>+ -</td><td>加减</td><td>从左到右</td><td>双目</td></tr>
<tr><td>5</td><td><< >></td><td>左移、右移</td><td>从左到右</td><td>双目</td></tr>
<tr><td rowspan="2">6</td><td>>>=</td><td>大于、大于等于</td><td rowspan="2">从左到右</td><td rowspan="2">双目</td></tr>
<tr><td><<=</td><td>小于、小于等于</td></tr>
<tr><td>7</td><td>== !=</td><td>等于、不等于</td><td>从左到右</td><td>双目</td></tr>
<tr><td>8</td><td>&</td><td>按位与</td><td>从左到右</td><td>双目</td></tr>
<tr><td>9</td><td>^</td><td>按位异或</td><td>从左到右</td><td>双目</td></tr>
<tr><td>10</td><td>|</td><td>按位或</td><td>从左到右</td><td>双目</td></tr>
<tr><td>11</td><td>&&</td><td>逻辑与</td><td>从左到右</td><td>双目</td></tr>
<tr><td>12</td><td>‖</td><td>逻辑或</td><td>从左到右</td><td>双目</td></tr>
<tr><td>13</td><td>? :</td><td>条件运算符</td><td>从右到左</td><td>三目</td></tr>
<tr><td rowspan="11">14</td><td>=</td><td>赋值</td><td rowspan="11">从右到左</td><td rowspan="11">双目</td></tr>
<tr><td>/=</td><td>除赋值</td></tr>
<tr><td>*=</td><td>乘赋值</td></tr>
<tr><td>%=</td><td>取余赋值</td></tr>
<tr><td>+=</td><td>加赋值</td></tr>
<tr><td>-=</td><td>减赋值</td></tr>
<tr><td><<=</td><td>左移赋值</td></tr>
<tr><td>>>=</td><td>右移赋值</td></tr>
<tr><td>&=</td><td>按位与赋值</td></tr>
<tr><td>^=</td><td>按位异或赋值</td></tr>
<tr><td>|=</td><td>按位或赋值</td></tr>
<tr><td>15</td><td>,</td><td>逗号运算符</td><td>从左到右</td><td>从左向右依次求值</td></tr>
</table>

附录 D　ANSI C 常用库函数

1. 常见数学函数

附表 D-1 的常见数学函数中，除了求整数绝对值的函数 abs 所在头文件为 stdlib.h 外，其余所在头文件均为 math.h。

附表 D-1　数学函数

函数名	函 数 原 型	功　　能
abs	int abs(int n);	返回整数 n 的绝对值
acos	double acos(double x);	返回余弦值为 x 的角度
asin	double asin(double x);	返回正弦值为 x 的角度
atan	double atan(double x);	返回正切值为 x 的角度
atan2	double atan2(double x,double y);	返回正切值为 x/y 的角度
cos	double cos(double x);	返回 x 的余弦值
cosh	double cosh(double x);	返回 x 的双曲余弦值
exp	double exp(double x);	返回 e 的 x 次幂 e^x 的值
fabs	double fabs(double x);	返回 x 的绝对值
floor	double floor(double x);	返回不大于 x 的最大整数值，该整数值对应的双精度实数
fmod	int fmod(double x,double y);	对浮点数求余 x，求余结果的符号与 x 相同，例如：fmod(6.2,2.0)=0.2
frexp	double frexp(double v,int * pn);	把浮点型参数 v 分解为 $v=x*2^n$ 的形式，其中 (0.5≤x<1)，函数返回 x 值，并把 n 保存到指针 pn 所指向的变量中
log	double log(double x);	返回 x 的自然对数
log10	double log10(double x);	返回 x 的以 10 为底的对数
modf	double modf(double n, double *p);	把参数 n 分解为整数部分和小数部分，把整数部分保存到指针 p 所指向的变量中，并返回小数部分
pow	double pow(double x, double y);	返回 x 的 y 次幂 x^y
round	double round(double x); (C99)	以四舍五入的方式把 x 舍入为最近的整数并返回
sin	double sin(double x);	返回 x 的正弦值
sinh	double sinh(double x);	返回 x 的双曲正弦值
sqrt	double sqrt(double x);	返回 x 的平方根
tan	double tan(double x);	返回弧度 x 的正切值
tanh	double tanh(double x);	返回 x 的双曲正切值

在使用数学库函数时，包含如下预处理命令。

```
#include<math.h>                    //规范。推荐格式
#include"math.h"                    //虽然没有错误，但不规范
#include<stdlib.h>                  //调用 abs 函数时
```

2. 常见字符处理函数

调用如附表 D-2 所示字符处理函数时，需包含头文件 ctype.h。

```
#include<ctype.h>
```

注意：当函数返回值为真时，即返回非 0 值，并不一定是 1；返回假时，即返回 0。

附表 D-2 字符处理函数

函数名	函 数 原 型	功 能
isalnum	int isalnum(int c);	如果 c 为字母或数字字符，则返回真(非 0)，否则返回假(0)。下同
isalpha	int isalpha(int c);	如果 c 为字母，则返回真
isblank	int isblank(int c); (C99)	如果 c 是空格或水平制表符，则返回真
iscntrl	int iscntrl(int c);	如果 c 为 ASCII 值 0~31 之间的控制字符，则返回真
isdigit	int isdigit(int c);	如果 c 为数字字符，则返回真
isgraph	int isgraph(int c);	如果 c 为除空格之外的任何其他打印字符，则返回真
islower	int islower(int c);	如果 c 为小写字母，则返回真
isprint	int isprint(int c);	如果 c 为可打印字符 ASCII(32~126)，则返回真
ispunct	int ispunct(int c);	如果 c 为标点符号(除空格及数字字符外的其他所有字符)，则返回真
isspace	int isspace(int c);	如果 c 为下列空白字符，则返回真。如：空格、回车、换行、水平制表、垂直制表等
isupper	int isupper(int c);	如果 c 为大写字母，则返回真
isxdigit	int isxdigit(int c);	如果 c 为十六进制数码字符，则返回真
tolower	int tolower(int c);	如果 c 为大写字母，则返回其对应的小写字母，否则返回原字符
toupper	int toupper(int c);	如果 c 为小写字母，则返回其对应的大写字母，否则返回原字符

3. 常见字符串处理函数

调用如附表 D-3 所示字符串处理函数时，需包含头文件 string.h。

```
#include<string.h>
```

附表 D-3 字符串处理函数

函数名	函 数 原 型	功 能
strcat	char * strcat (char * s1, const char *s2);	把 s2 指向的串(包括结束符\0)链接到 s1 所指串的后面。串 s2 的第一个字符覆盖 s1 的结束符，并返回指针 s1
strchr	char* strchr (char *s,int c);	在 s 所指串中查找并返回字符 c 第一次出现的位置，即返回指针变量，如果没找到，返回 NULL
strcmp	char * strcmp (const char * s1, const char *s2);	比较 s1 和 s2 所指向的字符串，如果完全匹配，则返回 0；否则，根据第一个不匹配的字符的 ASCII 值，判断两串的大小。如果 s1 串大于 s2 串，则返回大于 0 的值，否则返回小于 0 的值
strcpy	char * strcpy (char * s1, const char *s2);	把 s2 指向的串(包括结束符\0)复制(覆盖)到 s1 指向的位置。返回指针 s1

续表

函数名	函数原型	功能
strlen	int strlen (const char *s);	返回 s 所指字符串中有效字符个数(不计算字符串结束符\0)
strncat	char* strncat (char *s1, const char *s2,unsigned int n);	把 s2 所指串中不多于 n 个字符链接到 s1 所指串的后面,s2 所指串的第一个字符覆盖 s1 所指串的结束符\0。链接完成后,总是在最后添加字符串结束符\0,并返回指针 s1
strncmp	char* strncmp (const char *s1, const char *s2,unsigned int n);	比较 s1 和 s2 所指串至多前 n 个字符是否相等,如果相等,返回 0;如果 s1 大于 s2 所指串,则返回大于 0 的值;如果 s1 小于 s2 所指串,返回小于 0 的值
strncpy	char* strncpy (char *s1, const char *s2,unsigned int n);	如果 s2 所指串长度大于等于 n,则把其前 n 个字符(不包含结束符\0)复制到 s1 所指的位置,返回指针 s1;如果 s2 所指串长度小于 n,则把 s2 所指串的所有有效字符及若干结束符\0,凑齐 n 个字符,复制到 s1 所指位置,返回 s1 指针
strstr	char* strstr (const char *s1, const char *s2);	在 s1 所指串中查找并返回第一次出现 s2 所指串的起始位置(字符指针),查找失败,返回 NULL

4. 常见动态内存处理函数

ANSI C 提供了 4 个常用的内存处理函数,如附表 D-4 所示。支持 ANSI C 标准的编译器要求包含头文件 stdlib.h,而少数编译器则要求包含头文件 malloc.h。

附表 D-4 动态内存处理函数

函数名	函数原型	功能
calloc	void* calloc (unsigned int n,unsigned int size);	申请分配能容纳下 n 个元素的连续内存空间,每个元素大小均为 size 个字节。分配成功,返回该空间的起始地址;分配失败,返回空指针 NULL
free	void free(void *p);	释放 p 所指向的内存空间,该内存空间应该是调用 calloc、malloc 或 realloc 动态申请的空间
malloc	void* malloc (unsigned int size);	申请分配 size 个字节大小且未初始化的内存空间,若分配成功,返回该空间的起始地址;分配失败,返回 NULL
realloc	void * realloc (void * p, unsigned int size);	把 p 所指向的已分配的内存块大小改为 size 个字节。 (1) 若 size 小于原内存块大小,则原空间前 size 个字节内容保持不变。分配成功,返回重新分配后的内存起始地址,可能与原内存起始地址不同。分配失败,返回 NULL,不改变原块。 (2) 若 size 大于或等于原内存块大小,则原内存块内容均不变。分配成功,返回重新分配后的内存起始地址,可能与原内存起始地址不同。分配失败,返回 NULL,不改变原块

5. 标准I/O库函数

标准I/O库函数如附表D-5所示，所在头文件stdio.h，使用这些函数时，包含#include<stdio.h>。

附表 D-5　标准 I/O 库函数

函数名	函数原型	功　能
clearerr	void clearerr(FILE* fp);	清除fp所指向文件的结尾及错误指示器
fopen	FILE* fopen(const char *filename, const char *mode);	以mode模式打开filename对应的文件。打开成功，返回该文件指针；打开失败，返回NULL
fclose	int fclose (FILE* fp);	关闭fp所指文件，关闭成功返回0，关闭失败返回-1
feof	int feof(FILE* fp);	测试是否到达fp所指文件的结尾。如果达到结尾，则返回非0值；否则返回0值
fgetc	int fgetc(FILE* fp);	从fp所指的文件中输入(读取)下一个字符。输入成功，返回该字符；输入失败，返回EOF(-1)
fputc	int fputc(int c,FILE* fp);	把字符c(整型的低8位)输出(写入)到fp所指文件中。输出成功，返回该字符；否则，返回EOF
getc	int getc(FILE* fp);	从fp所指文件中输入(读取)一个字符。输入成功，则返回该字符；输入失败，则返回EOF
putc	int putc(int c,FILE* fp);	把字符c(整型的低8位)输出(写入)到fp所指文件中。输出成功，返回该字符；否则，返回EOF
getchar	int getchar ();	从标准输入中输入(读取)下一个字符。输入成功，返回该字符；输入失败，返回EOF
putchar	int putchar(int c);	把字符c(整型的低8位)输出(写入)到标准输出设备中。输出成功，返回该字符；否则，返回EOF
gets	char *gets(char * s);	从标准输入设备输入(读取)一行字符串(末尾自动加结束符\0)，保存到s所指内存空间中(如数组)，遇到行尾结束符为止。输入成功，返回s指针；输入失败，返回NULL
puts	int puts(const char *s);	把s所指串输出到标准输出设备中。输出成功，将\0转换为回车换行，即光标移动到下一行的行首；输出失败，返回EOF
scanf	int scanf (const char * format, addr1,addr2,…);	从标准输入设备按format所指格式串的格式输入(读取)数据，保存到输出列表addr1,addr2等对应地址空间中。返回成功输入(读取)的数据个数(读取0个数据，返回0；读取1个返回1,…)；遇到错误或遇文件结束，返回EOF(-1)
printf	int printf (const char *format, list1,list2,…);	按format所指格式串的格式把输出列表中各项的值输出到标准输出设备上。返回成功输出数据项的个数；遇到错误，输出EOF
fscanf	int scanf (FILE* fp ,const char *format,addr1,addr2,…);	从fp所指文件中按format所指格式串的格式输入(读取)数据，保存到输出列表addr1,addr2等对应地址空间中。返回成功输入(读取)的数据个数(读取0个数据，返回0；读取1个返回1,…)；遇到错误或遇文件结束，返回EOF(-1)

续表

函数名	函 数 原 型	功　　能
fprintf	int fprintf (FILE * fp , const char*format,list1,list2,…);	按 format 所指格式串的格式把输出列表中各项的值输出到 fp 所指文件中。返回成功输出数据项的个数；遇到错误,输出 EOF
fread	unsigned fread (void * buf, unsigned size, unsigned n, FILE *fp);	从 fp 所指的文件中输入(读取)n 个数据项,每个数据项大小为 size 个字节,保存到 buf 所指内存空间中。返回实际输入数据项个数；文件结束或输入失败,返回 0(以二进制形式)
fwrite	unsigned fwrite (const void * buf,unsigned size,unsigned n, FILE*fp);	把 buf 所指内存空间中的 n 个数据项,每个数据项大小为 size 个字节,输出(写入)到 fp 所指文件中。返回实际输出的数据项个数(以二进制形式)
fseek	int fseek(FILE*fp,long offset, int base);	把 fp 所指文件的指针设置到从基准 base 开始,偏移 offset 处。设置成功,返回 0；设置失败,返回非 0 值
ftell	long ftell(FILE*fp);	获得并返回 fp 所指文件的当前读写位置
fflush	int fflush(FILE*fp);	刷新、清除 fp 所指文件对应的缓冲区。成功返回 0；失败返回 EOF(-1)。 (1) 通常用于清除输出缓冲区,一般只有当需要立马把输出缓冲区的内容进行物理写入时使用。 (2) 不建议调用该函数清空输入缓冲区,如 fflush(stdin);虽然个别编译器支持该功能,但属于非标准方式,将会影响程序的可移植性
rewind	void rewind(FILE*fp);	将 fp 所指文件的读写位置重新定位到文件开头
rename	int rename(const char *oldname, const char *newname);	把文件的原名字或原路径 oldname 更改为新名字或新路径 newname。成功返回 0；失败返回 EOF(-1)
remove	int remove(const char *filename);	删除 filename 所指串对应的文件,删除成功返回 0；删除失败返回 EOF(-1)

6. stdlib.h 中其他常见函数

其他常见函数见附表 D-6。

附表 D-6　其他常见函数

函数名	函 数 原 型	功　　能
abs	int abs(int n);	返回 n 的绝对值
exit	void exit(int status);	使程序退出。如果 status 为 0 为正常退出；如果不为 0,为异常退出,并把 status 返回给操作系统
rand	int rand(void);	返回 0 到 RAND_MAX 范围内的一个伪随机数
srand	void srand(unsigned int seed);	随机数发生器的初始化函数,把 seed 设置为随机数生成器的种子,rand 函数在产生随机数之前,需要系统提供的生成伪随机数序列的种子

图书资源支持

感谢您一直以来对清华版图书的支持和爱护。为了配合本书的使用，本书提供配套的资源，有需求的读者请扫描下方的“书圈”微信公众号二维码，在图书专区下载，也可以拨打电话或发送电子邮件咨询。

如果您在使用本书的过程中遇到了什么问题，或者有相关图书出版计划，也请您发邮件告诉我们，以便我们更好地为您服务。

我们的联系方式：

地　　址：北京海淀区双清路学研大厦 A 座 707

邮　　编：100084

电　　话：010－62770175－4604

资源下载：http://www.tup.com.cn

电子邮件：weijj@tup.tsinghua.edu.cn

QQ：883604（请写明您的单位和姓名）

资源下载、样书申请

书圈

用微信扫一扫右边的二维码，即可关注清华大学出版社公众号“书圈”。